U0158483

"十三五"国家重点出版物出版规划项目

海洋机器人科学与技术丛书
封锡盛 李 硕 主编

自主水下机器人设计理论
与优化方法

庞永杰 曹 建 杨卓懿 等 著

科学出版社
龙门书局
北京

内 容 简 介

本书系统地阐述了自主水下机器人的设计与优化,全书共 9 章,包括自主水下机器人设计概述、总体设计基础、性能分析方法、设计方案评价、工程优化理论与算法、结构性能优化方法、水动力性能优化方法、螺旋桨和舵翼的优化设计、多学科设计优化方法。内容基本上覆盖了自主水下机器人设计专题方向的知识。

本书适合从事自主水下机器人总体设计研究及应用的科技人员以及高等院校相关专业的教师及研究生使用。

图书在版编目(CIP)数据

自主水下机器人设计理论与优化方法 / 庞永杰等著. —北京:龙门书局,2020.11

(海洋机器人科学与技术丛书/封锡盛,李硕主编)

"十三五"国家重点出版物出版规划项目 国家出版基金项目

ISBN 978-7-5088-5783-1

Ⅰ. ①自… Ⅱ. ①庞… Ⅲ. ①水下作业机器人—设计 Ⅳ. ①TP242.2

中国版本图书馆 CIP 数据核字(2020)第 087274 号

责任编辑:姜 红 张 震 纪四稳 / 责任校对:樊雅琼
责任印制:师艳茹 / 封面设计:无极书装

科学出版社 出版
龙门书局
北京东黄城根北街 16 号
邮政编码:100717
http://www.sciencep.com
中国科学院印刷厂 印刷
科学出版社发行 各地新华书店经销

*

2020 年 11 月第 一 版 开本:720 × 1000 1/16
2020 年 11 月第一次印刷 印张:19 3/4 插页:4
字数:398 000

定价:148.00 元
(如有印装质量问题,我社负责调换)

丛书前言一

浩瀚的海洋蕴藏着人类社会发展所需的各种资源，向海洋拓展是我们的必然选择。海洋作为地球上最大的生态系统不仅调节着全球气候变化，而且为人类提供蛋白质、水和能源等生产资料支撑全球的经济发展。我们曾经认为海洋在维持地球生态系统平衡方面具备无限的潜力，能够修复人类发展对环境造成的伤害。但是，近年来的研究表明，人类社会的生产和生活会造成海洋健康状况的退化。因此，我们需要更多地了解和认识海洋，评估海洋的健康状况，避免对海洋的再生能力造成破坏性影响。

我国既是幅员辽阔的陆地国家，也是广袤的海洋国家，大陆海岸线约 1.8 万千米，内海和边海水域面积约 470 万平方千米。深邃宽阔的海域内潜含着的丰富资源为中华民族的生存和发展提供了必要的物质基础。我国的洪涝、干旱、台风等灾害天气的发生与海洋密切相关，海洋与我国的生存和发展密不可分。党的十八大报告明确提出："提高海洋资源开发能力，发展海洋经济，保护海洋生态环境，坚决维护国家海洋权益，建设海洋强国。"[1]党的十九大报告明确提出："坚持陆海统筹，加快建设海洋强国。"[2]认识海洋、开发海洋需要包括海洋机器人在内的各种高新技术和装备，海洋机器人一直为世界各海洋强国所关注。

关于机器人，蒋新松院士有一段精彩的诠释：机器人不是人，是机器，它能代替人完成很多需要人类完成的工作。机器人是拟人的机械电子装置，具有机器和拟人的双重属性。海洋机器人是机器人的分支，它还多了一重海洋属性，是人类进入入海洋空间的替身。

海洋机器人可定义为在水面和水下移动，具有视觉等感知系统，通过遥控或自主操作方式，使用机械手或其他工具，代替或辅助人去完成某些水面和水下作业的装置。海洋机器人分为水面和水下两大类，在机器人学领域属于服务机器人中的特种机器人类别。根据作业载体上有无操作人员可分为载人和无人两大类，其中无人类又包含遥控、自主和混合三种作业模式，对应的水下机器人分别称为无人遥控水下机器人、无人自主水下机器人和无人混合水下机器人。

---

[1] 胡锦涛在中国共产党第十八次全国代表大会上的报告. 人民网, http://cpc.people.com.cn/n/2012/1118/c64094-19612151.html

[2] 习近平在中国共产党第十九次全国代表大会上的报告. 人民网, http://cpc.people.com.cn/n1/2017/1028/c64094-29613660.html

　　无人水下机器人也称无人潜水器，相应有无人遥控潜水器、无人自主潜水器和无人混合潜水器。通常在不产生混淆的情况下省略"无人"二字，如无人遥控潜水器可以称为遥控水下机器人或遥控潜水器等。

　　世界海洋机器人发展的历史大约有 70 年，经历了从载人到无人，从直接操作、遥控、自主到混合的主要阶段。加拿大国际潜艇工程公司创始人麦克法兰，将水下机器人的发展历史总结为四次革命：第一次革命出现在 20 世纪 60 年代，以潜水员潜水和载人潜水器的应用为主要标志；第二次革命出现在 70 年代，以遥控水下机器人迅速发展成为一个产业为标志；第三次革命发生在 90 年代，以自主水下机器人走向成熟为标志；第四次革命发生在 21 世纪，进入了各种类型水下机器人混合的发展阶段。

　　我国海洋机器人发展的历程也大致如此，但是我国的科研人员走过上述历程只用了一半多一点的时间。20 世纪 70 年代，中国船舶重工集团公司第七〇一研究所研制了用于打捞水下沉物的"鱼鹰"号载人潜水器，这是我国载人潜水器的开端。1986 年，中国科学院沈阳自动化研究所和上海交通大学合作，研制成功我国第一台遥控水下机器人"海人一号"。90 年代我国开始研制自主水下机器人，"探索者"、CR-01、CR-02、"智水"系列等先后完成研制任务。目前，上海交通大学研制的"海马"号遥控水下机器人工作水深已经达到 4500 米，中国科学院沈阳自动化研究所联合中国科学院海洋研究所共同研制的深海科考型 ROV 系统最大下潜深度达到 5611 米。近年来，我国海洋机器人更是经历了跨越式的发展。其中，"海翼"号深海滑翔机完成深海观测；有标志意义的"蛟龙"号载人潜水器将进入业务化运行；"海斗"号混合型水下机器人已经多次成功到达万米水深；"十三五"国家重点研发计划中全海深载人潜水器及全海深无人潜水器已陆续立项研制。海洋机器人的蓬勃发展正推动中国海洋研究进入"万米时代"。

　　水下机器人的作业模式各有长短。遥控模式需要操作者与水下载体之间存在脐带电缆，电缆可以源源不断地提供能源动力，但也限制了遥控水下机器人的活动范围；由计算机操作的自主水下机器人代替人工操作的遥控水下机器人虽然解决了作业范围受限的缺陷，但是计算机的自主感知和决策能力还无法与人相比。在这种情形下，综合了遥控和自主两种作业模式的混合型水下机器人应运而生。另外，水面机器人的引入还促成了水面与水下混合作业的新模式，水面机器人成为沟通水下机器人与空中、地面机器人的通信中继，操作者可以在更远的地方对水下机器人实施监控。

　　与水下机器人和潜水器对应的英文分别为 underwater robot 和 underwater vehicle，前者强调仿人行为，后者意在水下运载或潜水，分别视为"人"和"器"，海洋机器人是在海洋环境中运载功能与仿人功能的结合体。应用需求的多样性使得运载与仿人功能的体现程度不尽相同，由此产生了各种功能型的海洋机器人，如观察型、作业型、巡航型和海底型等。如今，在海洋机器人领域 robot 和 vehicle 两词的内涵逐渐趋同。

信息技术、人工智能技术特别是其分支机器智能技术的快速发展，正在推动海洋机器人以新技术革命的形式进入"智能海洋机器人"时代。严格地说，前述自主水下机器人的"自主"行为已具备某种智能的基本内涵。但是，其"自主"行为泛化能力非常低，属弱智能；新一代人工智能相关技术，如互联网、物联网、云计算、大数据、深度学习、迁移学习、边缘计算、自主计算和水下传感网等技术将大幅度提升海洋机器人的智能化水平。而且，新理念、新材料、新部件、新动力源、新工艺、新型仪器仪表和传感器还会使智能海洋机器人以各种形态呈现，如海陆空一体化、全海深、超长航程、超高速度、核动力、跨介质、集群作业等。

海洋机器人的理念正在使大型有人平台向大型无人平台转化，推动少人化和无人化的浪潮滚滚向前，无人商船、无人游艇、无人渔船、无人潜艇、无人战舰以及与此关联的无人码头、无人港口、无人商船队的出现已不是遥远的神话，有些已经成为现实。无人化的势头将冲破现有行业、领域和部门的界限，其影响深远。需要说明的是，这里"无人"的含义是人干预的程度、时机和方式与有人模式不同。无人系统绝非无人监管、独立自由运行的系统，仍是有人监管或操控的系统。

研发海洋机器人装备属于工程科学范畴。由于技术体系的复杂性、海洋环境的不确定性和用户需求的多样性，目前海洋机器人装备尚未被打造成大规模的产业和产业链，也还没有形成规范的通用设计程序。科研人员在海洋机器人相关研究开发中主要采用先验模型法和试错法，通过多次试验和改进才能达到预期设计目标。因此，研究经验就显得尤为重要。总结经验、利于来者是本丛书作者的共同愿望，他们都是在海洋机器人领域拥有长时间研究工作经历的专家，他们奉献的知识和经验成为本丛书的一个特色。

海洋机器人涉及的学科领域很宽，内容十分丰富，我国学者和工程师已经撰写了大量的著作，但是仍不能覆盖全部领域。"海洋机器人科学与技术丛书"集合了我国海洋机器人领域的有关研究团队，阐述我国在海洋机器人基础理论、工程技术和应用技术方面取得的最新研究成果，是对现有著作的系统补充。

"海洋机器人科学与技术丛书"内容主要涵盖基础理论研究、工程设计、产品开发和应用等，囊括多种类型的海洋机器人，如水面、水下、浮游以及用于深水、极地等特殊环境的各类机器人，涉及机械、液压、控制、导航、电气、动力、能源、流体动力学、声学工程、材料和部件等多学科，对于正在发展的新技术以及有关海洋机器人的伦理道德社会属性等内容也有专门阐述。

海洋是生命的摇篮、资源的宝库、风雨的温床、贸易的通道以及国防的屏障，海洋机器人是摇篮中的新生命、资源开发者、新领域开拓者、奥秘探索者和国门守卫者。为它"著书立传",让它为我们实现海洋强国梦的夙愿服务,意义重大。

本丛书全体作者奉献了他们的学识和经验,编委会成员为本丛书出版做了组织和审校工作,在此一并表示深深的谢意。

本丛书的作者承担着多项重大的科研任务和繁重的教学任务,精力和学识所限,书中难免会存在疏漏之处,敬请广大读者批评指正。

中国工程院院士 封锡盛

2018 年 6 月 28 日

丛书前言二

改革开放以来，我国海洋机器人事业发展迅速，在国家有关部门的支持下，一批标志性的平台诞生，取得了一系列具有世界级水平的科研成果，海洋机器人已经在海洋经济、海洋资源开发和利用、海洋科学研究和国家安全等方面发挥重要作用。众多科研机构和高等院校从不同层面及角度共同参与该领域，其研究成果推动了海洋机器人的健康、可持续发展。我们注意到一批相关企业正迅速成长，这意味着我国的海洋机器人产业正在形成，与此同时一批记载这些研究成果的中文著作诞生，呈现了一派繁荣景象。

在此背景下"海洋机器人科学与技术丛书"出版，共有数十分册，是目前本领域中规模最大的一套丛书。这套丛书是对现有海洋机器人著作的补充，基本覆盖海洋机器人科学、技术与应用工程的各个领域。

"海洋机器人科学与技术丛书"内容包括海洋机器人的科学原理、研究方法、系统技术、工程实践和应用技术，涵盖水面、水下、遥控、自主和混合等类型海洋机器人及由它们构成的复杂系统，反映了本领域的最新技术成果。中国科学院沈阳自动化研究所、哈尔滨工程大学、中国科学院声学研究所、中国科学院深海科学与工程研究所、浙江大学、华侨大学、东华理工大学等十余家科研机构和高等院校的教学与科研人员参加了丛书的撰写，他们理论水平高且科研经验丰富，还有一批有影响力的学者组成了编辑委员会负责书稿审校。相信丛书出版后将对本领域的教师、科研人员、工程师、管理人员、学生和爱好者有所裨益，为海洋机器人知识的传播和传承贡献一份力量。

本丛书得到 2018 年度国家出版基金的资助，丛书编辑委员会和全体作者对此表示衷心的感谢。

"海洋机器人科学与技术丛书"编辑委员会

2018 年 6 月 27 日

前　言

海洋作为人类尚未完全开发的领域，其开发已经成为各国争相发展的重要战略目标。自主水下机器人(autonomous underwater vehicle，AUV)也称自治式潜水器，作为人类认识海洋、开发海洋的重要工具，无论在军事上还是在民用方面都有着广阔的应用前景，引起了各国工业界、科研单位和军方的广泛关注。伴随着计算机、人工智能、微电子、材料科学、能源等科学技术的突飞猛进，AUV 必将得到更大的发展。

作者多年来一直从事水下机器人相关技术研究，在水下机器人系统研发及总体设计方面做了较多的研究工作。针对当前国内少有系统介绍 AUV 设计原理的学术专著这一情况，作者对多年来在 AUV 设计理论与优化方法方面取得的研究成果进行了梳理，并补充了相关研究内容，结合多年的研究经历，经过悉心整理形成此书。本书力图让从事 AUV 研究的科研人员、行业相关技术人员全面而深刻地理解 AUV 总体设计所应用的理论与方法，为使用先进的设计方法解决实际工程问题提供参考和借鉴。

本书系统地介绍 AUV 设计理论与优化方法，全书共 9 章，其中：

第 1 章为 AUV 设计概述，主要介绍 AUV 的基本概念、工作模式、用途与特点、系统组成及功能、主要特性和参数、设计阶段划分和总体设计过程。

第 2 章为 AUV 总体设计基础，介绍 AUV 方案设计的基本内容，并重点介绍 AUV 流体动力设计、结构设计、性能预报的方法和过程。

第 3 章为 AUV 性能分析方法，包括艇体水动力性能分析方法、结构性能分析方法、螺旋桨推进性能分析方法、舵翼水动力性能分析方法、续航力性能分析方法。

第 4 章简单介绍 AUV 设计方案的评价准则和评价方法。

第 5 章为工程优化设计的重要数学理论与算法，包括传统优化方法中的梯度法、复合形法、惩罚函数法，现代优化方法中的遗传算法、粒子群优化算法、模拟退火算法以及试验设计与近似模型的基本理论等。

第 6 章为 AUV 结构性能优化方法，将数学规划理论与结构有限元分析方法结合起来，以计算机为工具，介绍一种高效、可靠、自动的 AUV 结构优化设计方法。

第 7 章为 AUV 水动力性能优化方法，在介绍计算流体力学方法、试验流体力学方法以及两者相结合的水动力性能研究的基础上，结合枚举优化、数值优化和智能优化算法，介绍主艇体形状及附体布局的优化方法。

第 8 章主要介绍基于近似模型的 AUV 螺旋桨和舵翼优化设计案例。

第 9 章介绍多学科设计优化方法以及 AUV 总体方案设计的多学科优化应用案例。

本书由庞永杰负责大纲的制定和全书的统稿、定稿。第 1 章由庞永杰、曹建、杨卓懿合作撰写，第 2、3、4 章由曹建撰写，第 5、9 章由杨卓懿撰写，第 6、8 章由高婷撰写，第 7 章由杨卓懿、王亚兴合作撰写。

本书在写作过程中得到了赵金鑫、蔡昊鹏、张铁栋、李岳明的大力支持，在此表示衷心感谢。

本书在撰写过程中参考了国内外相关资料，包括各国研究机构、高等院校、工业部门的研究报告、学术论文、产品介绍，以及期刊、网站的信息资料，在每章的参考文献中列出了引用的成果和资料。在此，向参考文献的作者表示诚挚的谢意，向相关资料的著作权方表示衷心感谢。

由于作者水平有限，书中疏漏与不足之处在所难免，恳请读者提出宝贵意见。

作 者

2019 年 7 月

目　　录

1

AUV 设计概述

1.1 AUV 的基本概念

AUV（autonomous underwater vehicle，自主水下机器人）又称自治式潜水器，是将人工智能、自动控制、模式识别、信息融合与理解、系统集成等技术应用于传统的载体上，在无人驾驶的情况下自主完成复杂海洋环境中预定任务的机器人[1]。AUV 自带能源、自推进，不需要母船通过拖带线缆提供能源及进行遥控。作业时，操作人员只需通过水声、无线电或卫星等通信方式下达任务指令给 AUV，所有任务都由 AUV 自主完成。依靠自身携带的能源和自主控制，AUV 可长期在水下替代人类执行大量危险、复杂、重复的工作，并能回收和反复使用。

AUV 不仅在海洋资源勘探与开发、海洋环境监测、海事管理等方面具有广阔的应用前景，而且在水下信息获取、情报侦察与监视、精确打击等方面发挥着重要作用，目前已成为各国研究的重点。

1.2 AUV 的主要用途、工作模式及特点

1.2.1 AUV 民用领域主要用途

综合国内外各种 AUV 在民用领域中的主要用途，可归纳为以下几个方面[2]：

(1) 海洋学研究和调查，包括海水科学取样、海洋水文调查、海洋水声测量、海洋环境数据监测等。

(2) 海洋地理学和地球学研究，包括海底地形勘察和测绘、海底山脉调查和三维海底地形构造观察等。

(3) 航道、港湾的勘测及搜索。

(4)海上油田和气田调查,海底矿物勘察。

(5)大直径输水隧洞巡检、人工鱼礁等水下设施勘察。

(6)沉船和失事飞机等水下目标的搜索定位。

(7)海底通信电缆、管道线路勘察,敷设后检查,辅助海底管线敷设。

(8)海上搜救和辅助打捞。

(9)海洋渔业开发。

(10)冰层下敷设光缆、电缆。

1.2.2 AUV 军事领域主要用途

综合国外各种 AUV 在军事方面的使命任务,结合美国军方 AUV 发展计划中赋予的使命,可以将 AUV 在军事领域中的主要用途归纳为以下几个方面[2, 3]:

(1)战术海洋学、军事海洋水文和气象调查。

(2)海洋环境监视和测量。

(3)军事海底地形探查和测绘。

(4)情报、监视和侦察,大范围水面信息收集,沿岸和港口水面目标监视,水下目标探测。

(5)反水雷任务,实施公开的探雷任务和秘密的水雷侦察、识别和定位等。

(6)快速环境评估和水下障碍物搜索定位。

(7)水中爆炸物探测,港口安全作业。

(8)反恐和部队保护、海上安全和特种部队支持。

(9)通信和导航网络节点,秘密导航标记、移动通信中继、与水下系统的信息读取和交换。

(10)反潜战,巡逻、探测和跟踪敌潜艇,收集敌方潜艇信息,攻击敌方潜艇。

(11)载荷输送,如布放微小型 AUV、攻势水雷、反潜战传感器等。

(12)信息战,作为潜艇模拟器,用于反潜训练;作为潜艇诱饵,诱骗敌方反潜兵力,保护己方潜艇;作为信息战平台,堵塞敌人信息通道或向敌方通信计算机网络植入虚假数据等。

(13)时敏目标打击,自主发射武器攻击敌方目标,或者将武器舱运送到敌方军事目标附近的发射点,对敌方时敏目标实施快速打击。

(14)水下辅助打捞和救生。

(15)标记或摧毁敌方布置在海床上的基础设施和设备。

1.2.3 AUV 工作模式

AUV 有三种工作模式:自主模式、半自主模式和监督模式[2]。工作模式之间的转换是无缝的，在一个任务中是可以组合的。

1. 自主模式

在自主模式下，AUV 独立作业，甚至没有母船。操作人员不实时监督和控制 AUV。该模式作业的主要优点是：若作业区域在敌方（水雷或水面威胁），则可以确保母船的安全；作业可以完全隐蔽进行；母船是自由的，在 AUV 执行任务时可执行其他任务。

2. 半自主模式

在半自主模式下，AUV 独立于母船作业，但是需按一定时间间隔向母船反馈信息，也可以接收简单指令。在水下或合理的距离内，AUV 与母船通信采用水声通信。当处于水面时，AUV 与母船或其他节点通信采用无线电或卫星通信系统。该模式作业的主要优点是：需经常更新 AUV 和传感器状态；近实时数据采样；操作者可以干预任务规划（如改变任务目标或程序）；对母船没有风险（存在水雷或水面威胁时）；母船是自由的，在 AUV 执行任务时，可执行其他任务；AUV 在网络中心作战概念中可以担当重要信息提供者角色。

3. 监督模式

在监督模式下，AUV 作业一般与母船联系紧密，工作在声学定位系统和水声通信系统有效距离内。该模式有三个主要优点：较高的定位精度，组合差分全球定位系统（global positioning system，GPS）和水声定位数据可以自动传给 AUV，在一定时间间隔内，为导航系统更新数据；任何级别操作者的干预都是可以的，如任务规划修改、载荷配置等；操作人员可以连续接收来自 AUV 反馈的任务执行、系统状态和任务载荷数据，也就是几乎完全了解正在执行的任务情况。

1.2.4 AUV 主要特点

AUV 能担负多种任务，可由不同的搭载平台携带和布放回收，具有以下主要特点[2]：

（1）目标特征小，隐蔽性好。相比于潜艇等大型平台，AUV 体积小、噪声低、电磁场信号弱、自身目标特征小，敌方难以有效探测，具有较强的隐蔽性。

（2）行动无人化，使用风险低。AUV 具有无人特性，可自主控制，不需要操作人员对其持续监控，极大地减少或消除了环境和敌方对人员的威胁，降低了使用风险。

（3）布放形式多样，作战使用灵活。AUV 可根据任务需要从舰艇、飞机和岸上设施等各种平台进行布放，一次出航可反复回收使用，具有灵活的作战使用特性。

(4)任务重构能力强，可执行多种任务。AUV 可以通过探测、信息对抗、通信等电子设备，以及武器和发射(或布放)装置的单一或组合配置，满足不同任务的需求。但其受尺寸、排水量和能源的限制，与潜艇、舰船等大型载人平台相比，其负载能力、续航力和机动能力较弱。其受人工智能技术水平和信息处理能力的限制，自主完成复杂作战环境下作战和支援保障任务能力有限。

(5)系统简单，成本低。相比有人平台，由于没有了人的加入，无须考虑生命保障，且对安全自救能力要求更低，使得系统更加简单，大大降低了研制、生产和使用成本。

1.3 AUV 系统组成及功能

按照功能可将 AUV 系统划分为七个部分，包括智能规划与运动控制系统、导航定位系统、能源系统、推进与操纵系统、通信系统、任务载荷及水面监控系统等，如图 1.1 所示。

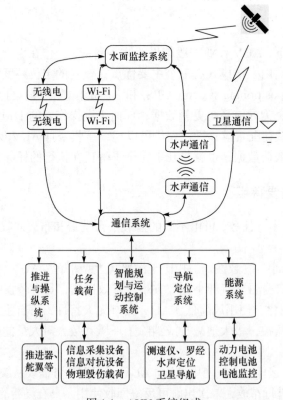

图 1.1 AUV 系统组成

1.3.1 智能规划与运动控制系统

智能规划与运动控制系统(简称控制系统)是 AUV 的"大脑",其作用相当于舰艇上的舰长、航海长和动力长三者职能之和,主要用于对 AUV 进行使命和任务规划,控制 AUV 上的推进器、舵等执行机构和探测声呐、光电探测器等任务载荷,按照要求完成航行机动、实施正确动作并完成相应的任务。AUV 控制系统与潜艇、鱼雷等控制系统有很大差别,既不像潜艇那样严格依赖于艇员的操纵和控制,也不像鱼雷那样在较短的几十分钟内根据作战人员指令或预先编制的程序完成机动控制,而是需要在长时间无人介入的条件下自主操纵和控制,完成规定的任务、行为和动作。

1. 硬件体系结构

AUV 控制系统的硬件可以分为 AUV 艇载硬件和水面监控系统硬件。AUV 艇载硬件包括布置在 AUV 内部的主控单元、导航处理单元和任务载荷处理单元等;水面监控系统硬件主要是布置在母船(艇)或岸上的操作员工作台,或者是安装有控制系统软件的便携式计算机等。操作人员通过卫星通信、数传电台通信或水声通信等无线通信方式,光纤等有线通信方式,或者它们之间的组合方式指挥、控制、监测 AUV;AUV 可以通过上述通信方式,向操作人员传送自身状态信息、目标信息、环境信息、任务执行情况等。

以哈尔滨工程大学某 AUV 为例,其控制系统硬件体系结构如图 1.2 所示,采用了基于 PC104 总线的多模块组成的嵌入式系统[4]。核心模块运行操作系统及控制软件,同时承担网络通信功能和数据记录存储功能。串口模块负责接收所有 RS232 通信接口的传感器原始数据,包括光纤陀螺、声学多普勒测速仪(Doppler

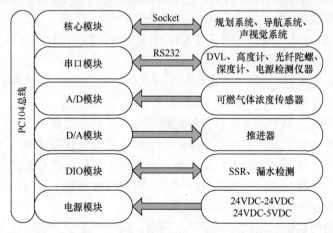

图 1.2 基于 PC104 总线的某 AUV 主控单元硬件体系结构(Socket 指套接字)

velocity logger，DVL）、深度计、高度计、电源检测仪器等。A/D 模块负责采集和转换可燃气体浓度传感器输出的电压信号。D/A 模块负责将 8 个推进器的数字调速信号转换为模拟信号。DIO 模块用来直接驱动控制设备电源的固态继电器(solid state relay, SSR)，同时采集漏水检测输出的报警信息。电源模块为整个嵌入式系统提供 5V 电源，其最大功率可达 50W。

2. 软件体系结构

AUV 控制系统的软件包括运动控制软件和智能规划软件。运动控制软件用于控制 AUV 的航行状态和姿态，并对部分传感器进行控制；智能规划软件用于完成 AUV 的使命规划、任务规划或航行规划。

控制系统软件体系结构是基于功能和抽象等级标准的模块化软件。AUV 作为自主式智能平台，需要有较高的实时性和可靠性。以哈尔滨工程大学某 AUV 为例，其采用基于优先级的抢占式多任务调度的嵌入式实时操作系统 VxWorks[5]，控制系统在 VxWorks 下的实现具体体现为多个任务的调度，任务的划分在软件体系结构中显得尤其重要。根据信息流程将任务划分为以下几类：

(1)无缆监控。从网络通信获取由规划系统转发的监控指令，将其同步至全局共享数据等待执行，并将机器人回复的信息反馈至规划系统，规划系统负责将该信息发送至水面监控系统。

(2)数据接收。接收传感器信号，完成数据格式转换，得到传感器原始数据并将其更新成全局共享数据。

(3)数据预处理。获得更新的传感器原始数据后，进行野点剔除，得到传感器数据，并将结果放入全局共享数据中。

(4)数据处理。对传感器数据进行平滑与滤波，得到机器人状态信息并将其更新成全局共享数据。

(5)控制器解算。根据当前机器人状态信息与规划指令信息计算所需控制力，并将其同步成全局共享数据。

(6)推力分配。将控制力分配到各个推进器，并完成推力-调速电压转换，由D/A 模块发送至推进器。

(7)网络通信。从规划系统获得规划指令信息并将其更新至运动控制系统成为全局共享数据；将机器人状态数据发送给导航系统，并获取导航系统实时船位，推算得到大地坐标系下机器人位置信息并将其同步至运动控制系统成为全局共享数据；声视觉系统对水声图像进行处理，分析得到障碍物方位与距离信息并将其同步至运动控制系统成为全局共享数据。

各功能模块数据交换情况如图 1.3 所示。图中圆角矩形表示任务，平行四边形表示设备，圆形表示共享内存，双实线箭头表示信息交换，单虚线箭头表示任务执行的时间顺序。

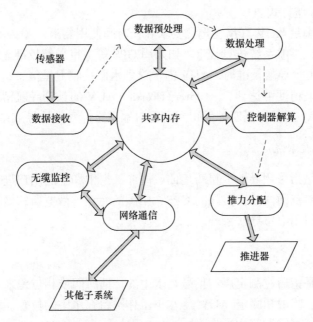

图 1.3　某 AUV 控制系统信息流

1.3.2　导航定位系统

　　AUV 导航定位系统为 AUV 提供位置、航向、深度、速度和姿态等信息，以保障 AUV 安全航行、作战或作业。导航定位系统相关设备主要包括惯性导航系统（inertial navigation system，INS）、DVL、卫星定位系统（GPS、北斗、伽利略等），还有前视声呐、磁罗经、光纤陀螺、激光陀螺、深度计、高度计、测深仪、声学多普勒流速剖面仪（acoustic Doppler flow profiler，ADCP）、水声定位系统（长基线、短基线和超短基线）等。

1.　水下自主导航系统

　　为满足 AUV 隐蔽或大范围机动要求，AUV 导航系统主要采用自主导航方式。自主导航是指 AUV 不依赖外界导航信息，仅靠自身导航设备产生的信息就能够实现载体定位和导航。目前常用的水下自主导航主要有两种：①基于 INS、声学测速仪（包括 DVL 和 ADCP）、压力传感器、高度计等设备的惯性组合自主导航；②基于罗经（包括光纤罗经、磁罗经等）、DVL、压力传感器、高度计等设备的船位推算自主导航，其基本思路是用 DVL 测量对地速度，用罗经测量航向角，从起始点通过推算计算相对位置，即通过对速度的时间积分来推算载体位置。惯性组合自主导航系统定位精度更高，最高可达航行距离的 0.1%，是目前使用最为广泛的 AUV 水下导航方式。

为更好地满足 AUV 高精度定位要求和长时间使用要求，AUV 还可采用其他外部信息对惯性导航系统进行校准，如采用 GPS 等卫星导航校准、地形匹配导航校准等。采用卫星导航校准时，AUV 需上浮到水面接收卫星信息，与惯性导航系统组合后的导航精度可达到 3~10m，有效保障 AUV 的长期导航精度。采用地形匹配导航时，AUV 可根据匹配后得到的绝对地理坐标对惯性导航系统进行校准。

2. 卫星导航系统

卫星导航是指采用导航卫星对地面、海洋、空中和空间用户进行导航定位的技术。目前世界范围内仅有美国的 GPS、中国的北斗、俄罗斯的格洛纳斯和欧洲的伽利略四种商用卫星导航系统。

3. 水声定位系统

水声定位是指通过测定声波信号在水中的传播时间或相位差来进行定位的技术，用于跟踪、监视和测定 AUV 等水下工作平台在水中的位置。水声定位系统主要由应答器、声信标等构成。

按应答器基阵或接收基阵的基线长度，水声定位技术分为长基线(long base-line，LBL)、短基线(short base-line，SBL)、超短基线(ultra short base-line，USBL)三种。

长基线水声定位系统的基线长度在几千米到几十千米量级，通过测量水下目标(AUV)声源到各个基元(应答器)间的距离确定目标的位置。工作时，首先在海底布置不少于三个应答器，呈三角形或多边形布置，应答器间距根据 AUV 工作范围和应答器响应距离确定，一般为几千米。AUV 上搭载有声信标或应答器。当 AUV 到达某一位置时，发出询问脉冲信号，各应答器收到信号后，立即发出应答信号，AUV 上的水听器接收从各应答器返回的信号，根据信号往返时间，计算出 AUV 到各应答器的距离。再根据应答器的深度，解得 AUV 位置。长基线水声定位系统的定位范围大于 10km，定位精度为 2~3m，测距分辨率为 0.2m，方位分辨率为±0.30°~±0.50°。

短基线水声定位系统基线长度一般在几米到几十米量级，利用目标应答器发出的信号到达接收基阵各个基元的时间差，解算目标的方位和距离。使用时，在 AUV 上布置一个应答器，在水面船等平台上布置一个询问器和三个水听器。AUV 上的应答器接收到水面船上发出的询问信号后，立即发出应答信号，水面船通过测出应答信号到达三个水听器的时间差，可求得 AUV 相对于水面船的位置，再通过水下通信将位置信息传回 AUV，以实现自身的定位。短基线水声定位系统的定位范围为几千米，定位精度为 1～5m，方位精度为 0.10°。这种方式由于存在水下通信转送数据，存在一定的定位时延。

超短基线水声定位系统将不少于三个声单元集中安装在一个换能器中组成声基阵，声单元之间的相互位置可以精确测定，组成声基阵坐标系，声基阵坐标系与搭载平台的坐标系之间的关系要在安装时精确测定，包括位置和姿态。声单元之间的距离一般为几厘米到几十厘米，因此系统通过测定声单元之间的相位差来确定基阵到目标(应答器或声信标)的方位(垂直和水平角度)；换能器与目标的距离通过测定声波传播的时间，再用声速剖面修正波束线确定距离。超短基线水声定位系统定位精度为 1m 左右，主要有两种使用方式：声基阵布置在水面船或其他平台上，应答器或声信标布置在 AUV 上，此时水面船等平台可获得 AUV 的位置，通过通信告知 AUV 来实现对其的定位，这种方式由于需要额外的通信转接，存在一定的定位时延；声基阵布置在 AUV 上，应答器或声信标布置在水面船等平台或海底，以此直接获取 AUV 的位置，由于不存在定位时延，定位实时性更好，适合自主导航应用，但声基阵尺寸和功耗较大，不适合小型 AUV 搭载使用。

4. 其他导航方式

随着技术的进步，研究人员又发展出了与地球物理属性匹配的水下导航定位系统，包括地形/地貌匹配导航、重力匹配导航、地磁匹配导航等。挪威 "HUGIN 1000" AUV 就具备了地形匹配导航的功能。

1.3.3　能源系统

能源系统是为 AUV 运动提供动力源，为设备、任务载荷等提供电能的各种装置的集合，是提供 AUV 作战或作业能力的主要因素之一。AUV 对能源系统的要求包括体积小、重量轻、比能量高、安全可靠和成本低等。

AUV 应用的能源大致包括铅酸电池、银锌电池、镍基电池、锂电池、燃料电池、小型核动力装置、封闭式循环柴油机系统、海洋温差能等多种类型，下面分别加以简单介绍。

1. 铅酸电池

铅酸电池的优点如下：

(1)价格低廉。铅酸电池的原材料容易得到而且价格低廉、技术成熟、生产方便、产品一致性好，在世界范围内均可实现大规模生产，这也是铅酸电池得到广泛应用的主要原因之一。

(2)比功率高。铅酸电池电势高，大电流放电性能优良。

(3)浮充寿命长。铅酸电池的浮充寿命要远远高于镍氢电池和锂电池，其 25℃

下浮充状态使用可达 20 年。

（4）使用安全。铅酸电池易于识别电池荷电状态，可在较宽的温度范围内使用，而且电性能稳定可靠。

（5）再生率高。铅酸电池回收再生率远远高于其他二次电池，是镍氢电池和锂电池的 5 倍。

鉴于上述优点，早期 AUV 多选用铅酸电池作为动力能源，如早期的"REMUS"和"SAHRV"，以及"ABE""NPS AUV II""Phoenix""Explorer"等 AUV 都装载了铅酸电池。

然而，铅酸电池也存在如下缺点：

（1）比能量低。铅酸电池的实际比能量较理论比能量要低很多，理论值为 $170W \cdot h/kg$，但实际比能量只有 $10 \sim 50W \cdot h/kg$。

（2）循环寿命较短。铅酸电池循环寿命最多只有 500 次左右（80%DOD[①]），低于国际循环寿命指标值。

（3）自放电。铅酸电池的自放电比其他电池严重很多。

（4）维护烦琐，污染严重。

虽然铅酸电池优良的性价比使得它在二次电池领域中长时间占据统治地位，但随着电池新技术的不断采用、应用领域的不断开拓和深入、镍基电池和锂电池成本的降低和能量性能的提高，铅酸电池的应用前景面临着很大的挑战。

2. 银锌电池

与铅酸电池相比，银锌电池的发展要晚一些。在商用蓄电池中，银锌电池具有如下优点：

（1）可提供最高的比功率。可连续供出 $600W/kg$ 的比功率，短时脉冲可供出比功率 $2500W/kg$。

（2）高比能量。银锌电池的比能量可达 $300W \cdot h/kg$ 和 $750W \cdot h/kg$，较铅酸电池高 $1 \sim 3.5$ 倍。

（3）自放电率低，每月约 5%。

（4）机械强度高。

（5）能很好地承受短期超负荷，一直到放电结束其电压都保持相对平衡。

但是，银锌电池自身也存在诸多缺陷，如下所述：

（1）价格昂贵，为铅酸电池价格的 $8 \sim 10$ 倍。

（2）湿态寿命短，低速率电池湿态寿命最长为 $2 \sim 3$ 年，高速率电池湿态寿命只有 $3 \sim 18$ 个月。

---

① DOD 是指放电深度。

(3)容量衰减快,使可用的循环寿命降低,根据充放电速率和温度等使用条件,最长循环寿命为 50～100 次。

(4)充电时间长,约 15h。

上述不利因素限制了银锌电池作为 AUV 能源的应用。另外,深海的低温对银锌电池的性能存在影响,当温度下降时,会导致锌电极钝化,电解液电导率下降(电池内阻增加),从而极大影响电池放电性能。综上所述,由于水下工作环境的恶劣性及 AUV 艇体体积的严格限制,在水下使用银锌电池时更重要的是考虑可靠性和安全性。

3. 镍基电池

镍基电池主要是指镍镉电池和镍氢电池两类。与铅酸电池相比,镍电池在使用便捷性等方面取得了长足进步,但镍镉电池比能量较低,且其对环境的污染非常严重,在某些国家已被禁止生产。然而,镍镉电池在大电流放电、自放电和价格上的突出优点,使其在很多 AUV 应用中尚未被完全取代。20 世纪 70 年代中后期出现的实用化镍氢电池在许多方面优于镍镉电池,是镍镉电池的升级替代产品,近些年发展很迅速,和锂电池一同成为目前二次电池市场上的主流产品。镍基电池的发展为 AUV 提供了低成本、长寿命、中等能源密度的电池能源方案选择,如 "Theseus" 等 AUV 上就应用了镍镉电池。可见,镍基电池自身虽然存在某些缺点,但是随着技术的进步,它们在 AUV 上还是得到了一定的应用。

4. 锂电池

锂电池是目前综合性能最好的电池体系。由于锂电池不含贵金属和重金属,原材料便宜,降价空间很大,目前也是性价比最高的电池。与传统的二次电池相比,锂电池具有如下突出优点:

(1)工作电压高。锂电池的工作电压为 3.6V,是镍镉电池和镍氢电池工作电压的 3 倍。

(2)比能量高。锂电池比能量目前已达 140W·h/kg,是镍镉电池的 3 倍,镍氢电池的 1.5 倍。

(3)循环寿命长。锂电池循环寿命已达 1000 次以上,在低放电深度下可达几万次,超过了其他几种二次电池。

(4)无记忆效应。锂电池可以根据要求随时充电,而不会降低电池性能。

(5)对环境无污染。锂电池中不存在有害物质,是名副其实的 "绿色电池"。

(6)可快速充电。与铅酸电池相比,锂电池的放电特性在前段较好,在后段较差。其在 1h 内可以充满 80% 的电池电量,在 2h 内可充满 97% 的电池电量。锂/氧化钴电池可在 6h 内完全充电,而锌/氧化银电池,制造商推荐的充电时间为 30h。

(7) 工作温度范围宽。锂电池可在−20～60℃的范围内正常工作。

(8) 维护费用低。

锂电池的缺点主要包括：造价高，电池尺寸不能太大，线路复杂并且充放电电压有限制。

但是，由于锂电池突出的性能优势，其近几年在 AUV 中得到了较广泛的应用。如美国的"Bluefin"系列、"REMUS"系列（图 1.4(a)）、挪威的"HUGIN"系列、英国的"AUTOSUB 6000"、日本的"r2D4"（图 1.4(b)）等 AUV 都将锂电池用于其能源系统，并出色地完成了各自的使命任务，证明了锂电池在 AUV 应用中的优良性能。可以预见，锂电池将是未来二次高能电池的主要发展方向之一，必将对 AUV 的发展产生重大影响。

(a) 美国"REMUS-100" AUV[6]   (b) 日本"r2D4" AUV[7]

图 1.4　采用锂电池作为能源的 AUV

5. 燃料电池

燃料电池是一种把燃料所具有的化学能直接转化成电能的化学装置。它以氢气为燃料，氧气作为氧化剂，直接将储存在燃料和氧化剂中的化学能等温、高效、环境友好地转化为电能。与其他类型的化学电池相比，燃料电池有如下突出优势：

(1) 能量转化效率高。燃料电池能量转化效率高达 50%～60%，通过对余热的二次利用，总能量转化效率可高达 80%～85%，是普通内燃机的 2～3 倍。

(2) 无污染。燃料电池可实现零排放，电池工作过程的唯一产物是水。

(3) 效率随输出变化的特性好。燃料电池部分功率下运行效率可达 60%，短时过载能力可达到 200%的额定功率。

(4) 运行噪声低，可靠性高。燃料电池无机械运动部件，工作时仅有气体和水的流动。

(5) 构造简单，便于维护保养。燃料电池采用模块化结构，组装和维护方便。

(6)燃料(氢气)来源广泛，可再生。氢是世界上储量较多的元素，可再生，并且制备方法多样，可通过石油、甲醇等重整制氢，也可通过电解水、生物制氢等方法获取氢气。

(7)环境适应性强。燃料电池功率密度高、过载能力大、可不依赖空气，因此可两栖使用，适应多种环境及气候条件。

燃料电池的诸多优点使其在 AUV 中得到了较多应用。

日本"Urashima"号 AUV(图 1.5)是世界上第一艘采用氢氧燃料电池作为动力的 AUV，采用闭式聚合体电解液燃料电池替代原来的锂离子电池，并用金属氢化物代替纯氢气作为燃料。其于 2003 年进行的海试中，下潜到 800m，以 2.8kn (1kn = 0.5144m/s)的航速完成了 220km 的自主航行，2005 年又达到了创纪录的 317km 的航程[8]。航行过程中燃料电池工作正常，金属氢化物存储安全，试验充分证明了聚合体电解液燃料电池的可行性。

图 1.5　日本"Urashima"号 AUV[8]

挪威"HUGIN 3000"AUV 用 6 块碱性铝-过氧化氢燃料电池串联构成能源系统(图 1.6)，电池比能量为 100W·h/kg，注满电解液后可提供 50kW·h 的电能。此电池系统提供的动力可使 AUV 下潜到 3000m 深度处，以 4kn 航速持续航行 60h 进行海底地形绘图作业[9]。"HUGIN 3000"AUV 的运行证明碱性铝-过氧化氢燃料电池系统适合深海场合使用，但是此系统的最大缺点是后勤保障问题，它要求母船能够安全装载过氧化氢，回收电解液，并要求船员经过专业训练以确保安全掌控这些化学品。

图 1.6　挪威"HUGIN 3000"AUV 及其搭载的燃料电池[9]

虽然在 AUV 中燃料电池得到了良好的应用，但要想完全取代其他电池，必须解决安全性、高效性、可靠性，在待命状态、存储状态、压载高变换状态下能保持良好的工作性能等问题。另外，燃料电池还应能在有限空间中高效工作，并能够妥善处理泄漏的氢氧原料，管理好氢氧的存储。总之，随着燃料电池能源总量及比能量的提高，在不久的将来，它将取代其他二次电池，被广泛高效地应用在工程实际中，成为在 AUV 上最有发展前景的能源。

6. 小型核动力装置

2019 年 2 月，俄罗斯宣布成功完成"波塞冬"AUV 的水下试验[10]。"波塞冬"

直径近 2m，长约 24m，作战距离可达 10000km，下潜深度 1000m，巡航速度 30kn，最大航速 110kn[11]，是目前已知的第一艘采用核动力装置的 AUV，如图 1.7 所示。

小型核动力装置水下续航力强、隐蔽性好、可达航速高、技术成熟，应该是最有发展前途的一种水下动力装置。小型核动力装置搭载到 AUV 上有以下优势：

图 1.7　俄罗斯"波塞冬"核
动力 AUV[11]

(1)满足 AUV 的机动性和水下续航力等要求，可以为全航程提供足够的能源，不受下潜深度和潜伏时间的限制，且暴露率为零。

(2)固有安全性好，事故概率低，自然循环能力强。

(3)核燃料一次装料可在满功率下运行一年以上，中间不需要添加燃料。

虽然小型核动力装置具有以上优点，但仍存在一些问题：

(1)装备建造费用高于其他不依赖空气推进(air independent propulsion，AIP)系统的方案。

(2)退役处理比普通 AUV 复杂，需进行乏燃料及有关设备的后处理。

随着科学技术的不断发展，人类在海底活动的范围和规模会越来越大，因此对深海 AUV 的下潜深度和续航力等方面的要求也会越来越高。由于核动力的一些固有特性，在 AUV 上装备小型核动力装置是一种很有发展前途的技术方案。

7. 封闭式循环柴油机系统

众所周知，柴油机在陆地上得到了广泛的应用，如果能将柴油机排放物中的二氧化碳去除，并用氧气取而代之，则柴油机系统即可变成一个封闭式循环柴油机(closed cycle diesel engine，CCDE)能源系统，成为不依赖空气能源系统的一个不错的选择。此系统具有燃油原料价格低廉、运行成本低、可靠性高的特点。日本"R-one"号 AUV(图 1.8)上便安装了 CCDE 系统。该系统的能量输出功率为 5kW，总能量为 60kW·h，直流电压为 280V。在 1998 年的海试中，该 AUV 以 4kn 航速，在水下 10～50m 深度内完成了 70km 的自主巡航，航行时间为 12h 37min[12]。对于"R-one"号 AUV，应用 CCDE 系统与电池系统相比具有如下优点：

(1)系统的能源剩余量可以很准确地估算出来，从而在执行任务时可以不必考虑过多的安全裕量。

（2）只要能够及时增添燃油和液态氧，并及时更换二氧化碳的吸收剂，此系统就可以重复使用，而电池系统需要长时间的充电，并且需要准备足够数目的电池以备更换。

（3）系统电压输出稳定。

然而，相对于电池系统，CCDE 系统的总能量较小，仅为 $60kW \cdot h$。如果能够增加 CCDE 系统的燃油量和液态氧量，更换二氧化碳吸收剂，则更长的航行对于"R-one"号 AUV 将不再是一个难题。

图 1.8 "R-one"号 AUV[12]

8. 海洋温差能

环境能源主要包括太阳能、海浪能和温差能。与其他环境能源相比，温差能比较可靠，只要有适当的温差就能产生温差能，而海洋表层水与深层水之间的显著差别之一就是温度差。海洋温差能是一种可再生的清洁能源，温差能驱动装置中的热传导问题是影响装置功率的关键因素，研究温差能驱动装置的关键问题是工质材料的选择。与以电能为动力的 AUV 相比，温差能驱动的 AUV 具有活动范围广、航行时间长、下潜深度深等特点，具有广阔的发展前景。

1.3.4 推进与操纵系统

推进与操纵系统是为 AUV 前进、后退、转艏、潜浮、悬停等机动行为提供驱动力的各种装置的集合，用于保证 AUV 按照指令完成航向、深度和速度的改变及保持，主要包括各种形式的推进器、操纵装置及无动力驱动装置。

1. AUV 推进器

AUV 常用的推进器主要是基于螺旋桨的推进器，如普通螺旋桨推进器（图 1.9）、导管螺旋桨推进器（图 1.10）、槽道螺旋桨推进器、轮缘螺旋桨推进器

(图 1.11)等。也有一些作为验证平台的 AUV 采用泵喷推进器(图 1.12)、喷水推进器等特种推进器,但由于受 AUV 尺寸、排水量等的限制,相关小型化的技术尚未完全突破和普及,应用较少。

图 1.9　普通螺旋桨推进器[13]

图 1.10　导管螺旋桨推进器[13]

图 1.11　轮缘螺旋桨推进器[14]

图 1.12　泵喷推进器[15]

AUV 螺旋桨推进器主要包括驱动电机和螺旋桨。驱动电机通过传动装置驱动螺旋桨,或者与螺旋桨集成为一体构成推进装置(如轮缘螺旋桨推进器)。螺旋桨利用力的作用与反作用原理,通过其与周围水相互作用产生推力使 AUV 运动。

大多数 AUV 采用普通螺旋桨或导管螺旋桨作为主推进器,用来提供 AUV 前进的动力。主推进器可以是单个,也可是多个,主要根据动力需求和操纵要求来确定。辅助推进器多采用内嵌入 AUV 艇体的槽道螺旋桨推进器或布置在舷外的导管螺旋桨推进器,主要用于提供 AUV 转艏、俯仰、横移、升沉、悬停等机动动作的动力。

2. AUV 操纵装置

常用的 AUV 操纵方式主要有舵桨联合操纵、多推进器组合操纵、单推进器矢量操纵以及它们的组合。

舵桨联合操纵主要是指艉部单个纵向推进器配合艇上布置的舵翼实现 AUV 的操纵控制,如图 1.13 和图 1.14 所示。由于仅有一个纵向推进器,此时的 AUV 属于欠驱动系统。又由于仅依靠舵翼实现操纵控制,航速过低会导致舵翼失效,因此这种方式主要适用于大范围较高航速(不小于 1kn)的巡航 AUV。

图 1.13　舵桨联合操纵——挪威"HUGIN 3000"AUV[9]

图 1.14　舵桨联合操纵——加拿大"Explorer"AUV[16]

多推进器组合操纵主要是利用不同方向布置的推进器提供的直接推力和推进器间的差动来操纵 AUV 实现横移、潜浮、转艏、俯仰、横滚及悬停等操纵运动。

多推进器组合操纵主要有两种方式:纵向推进器配合横向和垂向槽道推进器(图 1.15)、纵向推进器配合舷外布置的多方向推进器(图 1.16)。由于在 AUV 不同方向均布置有推进器,这种方式的 AUV 一般多为全驱动或过驱动系统,操纵效率非常高,不仅可执行大范围高速巡航任务,也可执行小范围局部精细观测任务。但由于推进器能源利用效率不高,使用这种推进方式的 AUV 的续航力往往受限。

单推进器矢量操纵是指通过在推进器内布置驱动电机并利用相应的转动、传动机构驱动螺旋桨转动,进而使推进器可产生多个方向的推力,满足 AUV 操纵控制需求。当前采用单推进器矢量操纵的最典型 AUV 是美国的"Bluefin"系列

AUV[19]，如图 1.17 所示。

图 1.15　多推进器组合操纵——"潜龙一号"AUV[17]

图 1.16　多推进器组合操纵——英国"Tailsman"AUV[18]

图 1.17　单推进器矢量操纵——美国"Bluefin21"AUV[19]

3. 无动力驱动装置

无动力驱动是指 AUV 在执行推进或操纵运动时，驱动装置本身不持续输出动力，仅依靠装置动作后为 AUV 整体提供的额外浮力或重力来驱动实现推进与操纵运动。无动力驱动主要分为重力驱动和浮力驱动。

重力驱动装置是指不改变 AUV 总浮力而仅改变 AUV 总重量的无动力驱动装置，主要有基于高压海水泵的注排水装置和抛载装置[20]。注排水装置通过向水箱注水(增加重量)和从水箱排水(减少重量)两个动作来改变 AUV 总重量。由于变化的重量来自海水，因此单个潜次中注排水动作可重复执行，既可用于驱动 AUV 做垂直面变深运动[21]，也可作为操纵装置用于调整 AUV 姿态。但由于水箱需承受压力，且体积较大，这种驱动装置不适合大潜深 AUV 使用。抛载装置主要是通过抛弃压载来改变 AUV 总重量。使用时，装置至少搭载两组可弃压载：一组压载用来提供 AUV 下潜动力，抛掉后 AUV 具备中性浮力或微小正浮力；另一组压载抛掉后 AUV 具有较大正浮力，以此提供上浮动力。由于抛载装置每次动作后都要抛掉一组压载，一旦抛掉后 AUV 浮态便不可逆地改变，因此单个潜次内无法重复使用，主要应用于大潜深 AUV 的下潜和上浮驱动。

浮力驱动装置是指不改变 AUV 总重量而仅改变 AUV 总排水体积的无动力驱动装置，主要有海水活塞缸浮力调节装置[22]和油囊式浮力调节装置[23]。海水活塞缸浮力调节装置主要是通过改变缸内活塞位置来改变排水体积。油囊式浮力调节装置主要通过向裸露在水中的外油囊注排油来改变排水体积。这两种装置既可用于驱动 AUV 垂直面变深运动[24]，也可用于调整 AUV 姿态[25]，平衡 AUV 重量浮力[26]。

1.3.5　通信系统

AUV 通信系统可分为水下通信和水面通信两类，主要包括水声通信、水下激光通信、水下电磁波通信、基于数传电台的无线电通信、卫星通信和基于 Wi-Fi 的无线网络通信等手段，用于 AUV 与 AUV、AUV 与其他平台的通信，实现信息的双向传输。图 1.18 为 AUV 与水面及水下节点通信链路示意图。由于 AUV 需要长时间、远距离、隐蔽和自主地在水下执行任务，加之体积小、能源有限，因此要求其通信设备应是小型、低功耗和具有隐蔽性的，同时要具备耐水压能力。

1. AUV 水下通信技术

目前，AUV 的水下通信主要有水声通信、水下激光通信和水下电磁波通信三种手段。其中，水声通信距离最大，最远可达几千米到十几千米；水下激光通信距离一般在百米级别[27]；而水下电磁波通信距离最近，目前在 AUV 上试验性应用的水下电磁波通信距离在几厘米到几十厘米范围[28]。

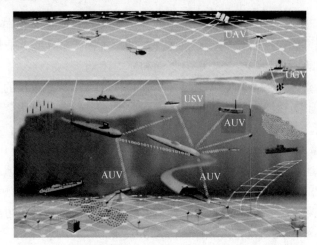

图 1.18　AUV 与水面及水下节点通信链路示意图[2]
UAV 指无人机(unmanned aerial vehicle)，UGV 指无人车(unmanned ground vehicle)，
USV 指无人艇(unmanned surface vehicle)

1) 水声通信

　　水声通信是利用声波在水中进行通信联络的技术，由于声波在水中衰减小，传输距离远，是目前最成熟、应用最广泛的水下通信手段，主要用于 AUV 之间、AUV 与水底或水中节点(浮标、潜标、基站等)、AUV 与潜艇或水面船之间的水下无线信息传输，以实现数据、信息和情报的交互。

　　水声通信设备即通信声呐，由声呐阵、发射机和接收机、信号处理设备等组成。由于 AUV 与舰艇、潜标或浮标等平台的尺寸、能耗、背景噪声相差很大，因此其上配置的通信声呐与平台上配置的通信声呐在外形、尺寸、能耗上可能不太一样，两者之间的双向通信也可能是非对称的，甚至通信体制也可能会不同。

　　目前，AUV 等潜水器上搭载的通信声呐的通信距离一般在几千米范围内，部分能达到十几千米，通信速率从每秒百比特级到每秒几千比特级。通信频段越高，通信速率越大，但通信距离越短，即通信呈现高频近程高数据率和低频远程低数据率特性。图 1.19 为美国 LinkQuest 公司的 UWM 系列水声通信机。

图 1.19　UWM 系列水声通信机[29]

2) 水下激光通信

　　水下激光通信技术是近几年发展起来的新型水下无线通信技术。水下激光通信是指利用海水透射窗——蓝绿激光作为载波进行通信，其工

作过程可概括为：信息→压缩编码→调制→发射→接收→滤波→解调→解码→信息恢复。蓝绿激光的特点是可穿透云层和海水，与电磁波相比，其方向性强、信息隐蔽性好、传输速率高(可以轻松达到每秒百万比特，甚至是每秒千兆比特[30])，可用于 AUV 水下协同通信和水下高速上传大容量数据。

但是，水下激光通信也存在诸多缺点：仅在视距范围内通信，最大传输距离在百米级；通信信道是水体，易受水中悬浮颗粒和浮游生物散射影响；仅能实现点对点传输，且对发射端与接收端对准精度要求很高[30]；由于刚刚发展起来，仅有极少的货架产品，成本非常高。图 1.20 为英国 Sonardyne 公司的 BlueComm 200 水下激光通信机。

图 1.20　BlueComm 200 水下激光通信机[31]

3)水下电磁波通信

相比于水声通信，电磁波在水中短距离传输时带宽更高，抗噪声能力更强，在较为复杂的自然水域中仍可保持较好的通信质量。相比于水下激光通信，其不受水中浑浊物等水体环境影响。但由于电磁波在水中有很强的衰减，要想实现水中几米甚至百米级通信，天线尺寸会非常大，这对于 AUV 这种小尺寸平台很不适用。目前在 AUV 领域应用的水下电磁波通信距离仅为厘米级，用于 AUV 与水下基站间的非接触式数据传输，且尚处于小范围试验性应用阶段。

2. AUV 水面通信技术

1)基于数传电台的无线电通信

数传电台是数字式无线数据传输电台的简称，它是采用数字信号处理、数字调制解调、具有前向纠错、均衡软判决等功能的一种无线数据传输电台。数传电台具有数话兼容、数据传输实时性好、专用数据传输通道、适用于恶劣环境、可靠性高等优点，但信号易被敌方截收、测向和干扰。数传电台通常提供标准的串行数据接口，可直接与计算机、数据采集器等连接，已经在许多行业得到广泛的应用。

数传电台主要用于 AUV 与母船(艇)、飞机、其他 AUV 之间的空气中信息传输。由于舰艇、AUV 和飞机的无线电通信设备使用环境差别很大，因此 AUV 上配置的无线电通信设备与舰艇、飞机上的通信设备在外形、尺寸、能源消耗上可能不尽一致。数传电台通信距离与通信频率及发射功率有关，工作频段为 220～240MHz 和 400～470MHz 的数传电台在 AUV 上使用较多，此频段下有效通信距离为几千米到几十千米，通信速率一般为 9.6～19.2kbit/s。使用数传电台时，AUV 必须上浮到水面状态工作，通常是在母船(艇)布放和回收 AUV 时使用。

2) 卫星通信

卫星通信是地球站之间利用人造地球卫星转发信号的无线电通信，按波段属微波通信，可传送电话、电报、传真、电视和数据等信息，是海上无线电通信的重要方式。卫星通信具有通信距离远，容量大，质量高，覆盖面广，受地形地貌影响小，组网灵活，能在广阔的陆、海、空域实现全天候的固定与移动的多址通信等优点；但传播损耗大，时延长，卫星寿命有限，信号易被干扰、截获。

AUV 卫星通信主要用于 AUV 与岸上指挥中心、母船(艇)、飞机、其他 AUV 之间的超视距空中信息传输。采用卫星通信方式时，AUV 必须上浮到水面状态工作。目前，国内外 AUV 主要使用铱星通信。随着我国北斗卫星导航系统(以下简称北斗系统)的逐步发展与完善，我国 AUV 开始采用北斗系统进行卫星通信。

3) 基于 Wi-Fi 的无线网络通信

Wi-Fi 是一种基于 IEEE 802.11 协议的无线局域网接入技术，其突出优势在于有较广的局域网覆盖范围，其覆盖半径可达 100m 左右；传输速度非常快，可以达到 11Mbit/s(802.11b) 或者 54Mbit/s(802.11a)，适合高速数据传输业务；无须布线，可以不受布线条件的限制。

AUV 采用 Wi-Fi 构建无线局域网传输数据，主要用于 AUV 下水前的检查、下载使命规划指令，以及浮到水面后快速上传 AUV 内记录的状态信息数据和传感器采集的大量原始数据。采用 Wi-Fi 通信时，AUV 一般已经在母船附近或已回收到母船上，天线处在水线以上。目前，国内外已有多型民用 AUV 配备了 Wi-Fi 通信功能，如美国的"REMUS-100"、挪威的"HUGIN"系列等。

1.3.6　任务载荷

AUV 任务载荷是指为满足 AUV 使命任务、实现作战或作业功能而配置的水声、电子和光学等设备及武器等。AUV 使命任务不同，对任务载荷的功能和性能要求不同，对载荷的类别和数量要求也不同。一个使命任务可同时配置多种任务载荷，一种任务载荷可支持完成多个使命任务。鉴于 AUV 尺寸小、能源有限，不可能像舰艇那样将探测、对抗、通信、指挥控制、武器等系统或设备全部集成在一起，因此一种类型 AUV 所能配置的任务载荷是比较有限的，所担负的使命任务也相对比较单一。AUV 的排水量级别不同，其能源和任务载荷搭载能力不同，所能担负的使命任务也不同，即使担负同样性质的使命任务，执行任务时的工作范围、持续时间和能力也不一样。

1. 任务载荷类别及组成

按使命任务，AUV 的任务载荷可分为环境信息采集载荷、信息对抗载荷、物理毁伤载荷等，如图 1.21 所示。按功能，AUV 任务载荷通常包括侦察设备、探测设备、海洋测量设备、信息对抗设备、水中武器等。按使用环境，AUV 任务载荷分为水面任务载荷和水下任务载荷。水面任务载荷主要为电子和光电设备，水下任务载荷主要为声学、光学、电磁学设备，以及水中武器等。

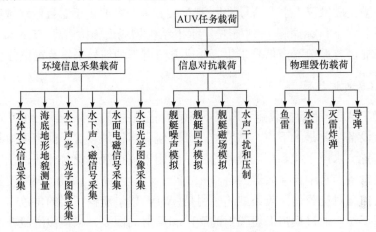

图 1.21　AUV 任务载荷组成示意图

2. 环境信息采集载荷

这里的环境信息是一个广义概念，既包括水体水文信息、海底地形地貌信息等自然环境信息，也包括战场环境中的水面雷达/通信等电磁信号、水面光学图像、水下声学/光学图像、水声信号等人造环境信息。

水面环境信息采集设备主要包括光电探测设备和电子(雷达、通信等)信号侦察设备等，用于对水面以上目标探测和电子信号实施侦察，获取目标电子信号特征和图像情报。光电探测设备通常包括红外热像仪和昼光电视仪等，电子信号侦察设备包括雷达信号侦察设备和通信信号侦察设备等。水面环境信息采集设备主要安装在 AUV 的桅杆上，包括固定式桅杆、升降式桅杆和折叠式桅杆三种。使用水面设备时，AUV 需浮到水面或近水面支起桅杆(图 1.22(a))，桅杆上的设备在 AUV 控制下突出水面(图 1.22(b))，观察或获取水面以上信息。

(a) 桅杆开始支起

(b) 水面工作

图 1.22　装备折叠式桅杆的美国 "Echo Voyager" AUV[32]

水下环境信息采集设备主要有主动探测声呐(包括多波束成像声呐、侧扫声呐、浅层剖面仪、合成孔径声呐、探潜声呐等)、水文信息传感器(包括温盐深传感器、声学多普勒流速剖面仪、声速剖面仪、电磁海流计等)、水下摄像机/照相机、水下激光成像仪、水声信号采集/测量装置等,主要用于对目标水域海底地形地貌测量、水下目标探测/识别/定位、水下结构物或设施检查/调查、水文信息资料获取、非己方舰艇噪声信号采集、非己方防御声呐信号采集及定位等。

3. 信息对抗载荷

受限于 AUV 平台搭载能力和水下环境及任务的特殊性,当前 AUV 可搭载的信息对抗设备主要是水下声、磁装置,如舰艇噪声模拟装置、回声模拟装置、磁场模拟装置、水声干扰和压制设备等,主要用于模拟舰艇信号特征,伪装和欺骗敌方探测设备和水中自导兵器。

目前信息对抗载荷比较典型的应用是 AUV 以潜艇模拟器的角色与水声对抗设备一起工作,通过模拟潜艇辐射的噪声和反射的回波,来模拟潜艇在水下的航行机动,主要用于潜艇规避反潜潜艇和反潜航空兵的搜索、跟踪、监视和攻击,还可用于己方反潜部队的日常反潜训练。

4. 物理毁伤载荷

AUV 可配置武器或武器发射舱,在己方其他平台指挥控制或自主决策下,从 AUV 上发射武器来打击目标。

当前,可供 AUV 使用的物理毁伤载荷主要包括鱼雷、水雷、灭雷炸弹等,主要用于毁伤敌方舰艇目标、水下工程结构设施、水下监听设施、水雷等。未来,随着指挥控制、自主决策及 AUV 平台技术的发展,AUV 还将搭载各种导弹,执行防空、反舰、反潜、对地打击等任务。

1.3.7 水面监控系统

AUV 水面监控系统的作用是通过水面/水下通信、定位手段,监视 AUV 位置、获得 AUV 采集的数据及反馈回来的状态信息、向 AUV 发送控制及任务指令等。其核心是安装监控软件的监控计算机,在其基础上同时配备岸端通信设备、定位设备及电源等。

水面监控系统按集成度大致可分为三类:分散式监控系统(商业计算机(多为便携式笔记本电脑)+外部设备)、部分集成式监控系统(定制监控箱+部分外部设备)、集成式监控系统(监控台+天线/换能器)。

1. 分散式监控系统

分散式监控系统是指监控计算机与其他外部设备(如数传电台、Wi-Fi、卫星通信与定位终端、水声通信终端、水声定位终端、电源、网络交换机、串口集线器等)通过线缆连接在一起,外部设备多为货架产品,每个设备独立工作,通过监控计算机分发数据。多个设备通过线缆互连,会使整个系统显得非常乱,而且可靠性不高。分散式监控系统的优点是监控系统集成工作非常少,当外部设备较少时便携性更好,适合系统简单的小型 AUV 使用。

2. 部分集成式监控系统

部分集成式监控系统的监控计算机是定制的,一般布置在具有一定三防能力、配有多种接口的定制设备箱中,箱中还同时集成数传电台收发模块、Wi-Fi 模块、网络交换机、串口集线器、天线接口及相应电源等功能模块,需要时,可以通过线缆与水声通信终端、水声定位终端等连接在一起。由于监控箱把集线器、数传电台收发模块等小模块都集成在一起,只保留天线和水声终端等独立单元,整体更加整洁,便携性更好,不影响监控系统整体在不同搭载平台(母船)间的布置和使用。

3. 集成式监控系统

集成式监控系统按布置方式可分为固连在母船上的船载监控台和独立监控站。船载监控台是把监控计算机和所有相关设备都集成到一个工作台上,通过监控台上的接口和固连在船上的天线、水声换能器连接,由于所有设备均固连在船上,无法布置在其他母船上使用,适合搭载 AUV 开展特定任务的专业母船使用。独立监控站是一个独立站房,其上布置高度集成化的监控台和固定天线,通过外部接口与水声换能器等设备连接,由于其高度集成性和独立性,可以布置在不同平台(水面船、码头等)上使用,但由于监控站整体尺寸较大,会占用较大的船甲板面积,适合系统较复杂的大中型 AUV 使用。

1.4 AUV 主要特性和参数

AUV 的基本特征可以从排水量、尺寸、航速、航程、工作深度、能源和推进方式、功能任务等几个方面来描述。目前,AUV 排水量在几十千克至几十吨,外形多为流线型,长度为 1~10m,横向尺寸为 0.2~5m,最大航速不低于 3kn,个别可达几十节,航程多不小于 50km,最大工作深度为几百米到几千米,个别可达

11000m。航程远、自主控制能力强、隐蔽性要求高的 AUV，其导航和定位主要采用不依赖于母船的自主导航方式；航程近、自主控制能力弱和隐蔽性要求不高或对定位精度要求高的 AUV，其导航和定位可采用母船布放或海底布设水声定位基线阵(长基线、短基线、超短基线)的导航方式。

AUV 的主要参数包括最大工作深度、主尺寸、排水量、艇型、推进与操纵、航速、续航力、能源类型及能量、导航定位方式及精度、通信手段及能力、任务载荷、布放回收方式、可靠性、维修性、保障性等，如表 1.1 所示。

表 1.1　AUV 主要特性和参数

序号	参数名称		描述
1	最大工作深度		指 AUV 在考虑承压安全性前提下的极限工作深度
2	艇型		如回转体、扁平体等
3	主尺寸		直径×长度、长×宽×高
4	质量	空气中质量	如 2000kg
		储备浮力	具体数值，如 2kg，或总质量百分比
		搭载能力	主要指所能搭载的任务载荷质量或搭载空间等
5	航速	最大速度	指 AUV 在静水中纵向推进器功率最大时的航速
		巡航(工作)速度	指 AUV 执行任务时的航速，一般为其经济航速
		抗流能力	一般指 AUV 保持正常工作速度航行时的最大迎流速度，如 2kn
6	续航力	任务续航力	指 AUV 执行某项任务时在特定航速下静水航行的最长工作时间，如 10h
		最大航程	指 AUV 任务载荷不工作时所能航行的最远距离，如 200km
		工作效率	一般指 AUV 搭载任务载荷执行探测任务时在单位时间内所能覆盖的海域范围等，如 1km²/h
7	推进与操纵	推进器类型	螺旋桨推进器、泵喷推进器、喷水推进器等
		推进器与操纵方式	舵桨联合操纵、多推进器组合操纵等
8	能源动力	类型	如锂电池、银锌电池、柴油机、核动力等
		能量	如电池容量 5kW·h、载油量 100L 等
9	导航定位	定位方式	惯导系统、声学多普勒速度仪、长基线、超短基线等
		导航定位精度	自主导航系统一般以某种概率分布统计下航行距离的百分比来表示，如航行距离的 0.3%(CEP)；长基线等声学定位方式一般以斜距的百分比来表示
10	通信	通信手段	水声通信、数传电台、卫星通信等
		通信能力	通信距离、通信带宽、通信速率等
11	任务载荷		如侧扫声呐、水下摄像机、温盐深传感器等

序号	参数名称		描述
12	布放回收	布放回收平台	如码头、水面船、潜艇等
		布放回收方式	如起重机吊放、船艉部倾斜滑道拖绞、潜艇鱼雷管等
		布放回收条件	如水面布放回收海况不高于 3 级、水下回收时潜艇航速不小于 0.5kn、水下自主回收成功率不低于 60%等
13	性能	可靠性	一般用故障率、平均故障间隔时间等参数来评价
		维修性	一般用修复率、平均修复时间等参数来评价
		保障性	一般用产品修理周期、平均不能工作时间或保障系统平均延误时间、备件利用率等参数来评价

1.5　AUV 设计的各个阶段

　　AUV 设计任务书又称设计说明书,是对拟新研、改进或生产的 AUV 提出具体任务、指标、原则、要求等的任务性文件,既是指导技术人员开展设计、样机试制、试验、小批量生产、批量生产、技术检测和鉴定等工作的实用技术文书,也是用户、合作单位、上级主管部门检验 AUV 质量、性能的重要依据。

　　AUV 设计任务书由设计人员根据技术发展水平和市场(军事)需求提出,由用户或上级主管部门审批通过,其主要内容包括 AUV 应用场景、环境条件、使用要求、性能技术指标、功能(战术)指标、考核(验收)标准、具体研究(工作)内容、经费预算等。

　　根据设计任务书内容要求,AUV 的一般设计程序包括方案设计、初步设计、技术设计[33],下面分别加以介绍。

1. 方案设计

　　方案设计是为满足设计任务书而进行方案比较和分析的研究工作。在方案设计的初始阶段,首先在分析设计任务书各项要求的基础上提出实施步骤,同时运用计算机辅助设计的现有程序,对多个方案的设计要素进行估算和比较分析,评价任务书中各项要求的可行性和经济性,最后确定一个或几个可行的设计方案。

　　方案设计必须考虑设计任务书的各项要求,并提供主尺寸、排水量等技术指标,初步绘制总布置草图,选定艇型、结构形式、推进与操纵方式等,初定推进与操纵、任务载荷等主要设备,确定各分系统的原理图。方案设计还需要提供各方案的说明书以及定性的报告、尺寸比较、费用估算等研究报告，供用户或方案设计评审会会审，并为初步设计做准备。

2. 初步设计

初步设计是在设计方案通过某种形式确定后所开展的设计过程，对于设计师，这是整个设计过程中最重要的一个环节，因为在这个阶段中，AUV 的主要性能和特性均要被最终确定。由于已经确定了设计方案，大概的艇体性能、推进系统形式、操纵控制方式和各重要的分系统都已被确定并经过审批，所以设计师在这个阶段中主要绘制 AUV 最基本的图纸。通过将方案设计的图纸进行细化，修改总布置草图，进行静水力和重量计算，开展阻力、推进和操纵等试验，并估算航速、续航力、动力负荷及运动稳定性，同时根据规范和标准对结构进行分析及检验，以确保安全性。

初步设计除应完成上述功能性文件外，同时还应提出设备材料清单、需新研制的设备材料或分系统项目清单、新开发的试验研究课题任务书(包括初步建议承担上述任务的单位)以及预估的经费。

3. 技术设计

技术设计又称合同设计或详细设计，是在设备研制和课题研究取得初步结果的情况下所开展的设计过程。其目的是把初步设计结果转化为可供制造厂、承包商遵循或投标使用的图纸和基本技术文件(包括 AUV 的主要图纸、总说明书、计算说明书及主要试验研究报告)，它们是设计的最终技术文件。AUV 的设计也是以技术设计结束而宣告完成的。

1.6 AUV 总体设计过程

水面船已经有了非常完善的设计过程，国外多位学者对此均有阐述[34-36]，但 AUV 尚无标准设计过程或规范可供参考。Curtis 等[37]参考挪威船级社的船舶设计规范对 "C-Scout" AUV 的舵翼进行了设计，然后根据经验数据及试验对其进行了修正；Rutherford[38]针对轴对称型 AUV 提出了一种结构设计策略，应用该方法，一旦任务目标确定，即可通过迭代方法确认 AUV 设备布置以及重量和排水量，然后利用 MATLAB 脚本文件估算出重心浮心位置、总阻力等，但是该方法没有考虑其他流体动力设计，如推进、操纵性等；Burcher 等[39]以流程图(图 1.23)的形式提出了一种潜艇设计过程，该过程通过迭代来保证潜艇在满足功能需求的前提下成本是可以接受的。比较而言，这种方法与 AUV 的总体设计过程更相近。

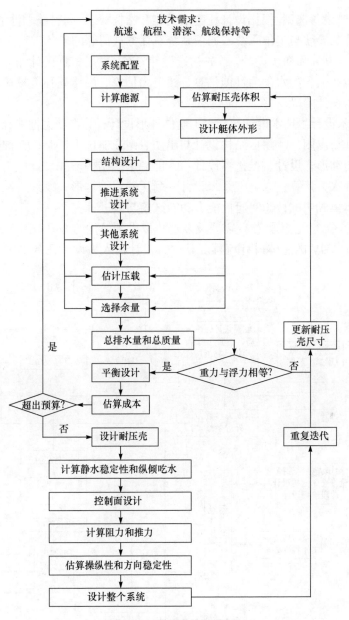

图 1.23　潜艇设计过程[39]

　　AUV 总体设计的一般步骤可表述如下：

　　(1)明确任务书中给定的总体任务和目标。包括 AUV 要执行的使命、主要设备、排水量和主尺寸、主要技术性能(航速、续航力、待机时间、航行海区、最大下潜深度及工作深度、航行状态等)、使用条件、使用范围、保障要求等。

(2)主要设备选型。根据设计任务书功能和指标要求,同时兼顾性能和经济性,对控制系统、导航与定位系统、通信系统、任务载荷等的设备进行选型。

(3)方案设计和初步设计。首先初选设计方案;然后根据设计任务书要求对方案进行性能评估,如水动力性能估算、续航力估算、耐压壳强度校核等;最后择优进入技术设计阶段。

(4)技术设计。技术设计包括:①艇体外形设计;②水动力性能计算;③非耐压结构设计与出图;④耐压结构设计与出图、耐压舱压力试验;⑤推进与操纵系统结构及传动形式设计、推进器设计;⑥能源系统结构形式设计;⑦总布置设计与调整、静水力计算;⑧电气系统设计、耐压舱内结构形式设计;⑨分系统单项试验与总体集成调试;⑩实艇性能、功能试验与改进等。

在设计时,上述步骤往往需要反复迭代以得到最优的方案。图 1.24 为一种舵桨联合操纵 AUV 的总体设计流程。其中,设计输入为设计任务书中直接提出的

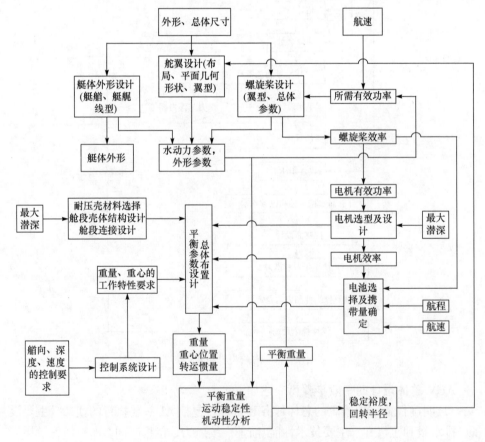

图 1.24　AUV 总体设计流程

平台技术要求（如外形、总体尺寸、重量等）和性能指标（如航速、航程、最大潜深等），或由功能指标引申出的性能要求（如运动控制系统控制精度、运动稳定性、回转半径等）。设计输出为 AUV 总体具体技术方案，包括艇体外形及其参数、螺旋桨翼型及总体参数、电机选型、舵翼几何形状及具体尺寸、电池总量及外形参数、耐压壳材料及几何参数、总体布置方案等。当设计输出满足所有设计输入条件时，AUV 的设计工作就完成了。

<h2 style="text-align:center">参 考 文 献</h2>

[1] 徐玉如, 庞永杰, 甘勇, 等. 智能水下机器人技术展望[J]. 智能系统学报, 2006, 1(1): 9-16.

[2] 陈强. 水下无人航行器[M]. 北京: 国防工业出版社, 2014.

[3] Button R W, Kamp J, Curtin T B, et al. A Survey of Missions for Unmanned Underwater Vehicles[M]. Santa Monica: RAND Corporation, 2009.

[4] 甘永, 王丽荣, 刘建成, 等. 水下机器人嵌入式基础运动控制系统[J]. 机器人, 2004, 26(3): 246-249.

[5] 孔祥营, 柏桂枝. 嵌入式实时操作系统 VxWorks 及其开发环境 Tornado[M]. 北京: 中国电力出版社, 2001.

[6] Kongsberg Maritime Inc. REMUS-100 autonomous underwater vehicle[EB/OL]. https://www.kongsberg. com/globalassets/maritime/km-products/product-documents/remus-100-autonomous-underwater-vehicle [2018-11-12].

[7] Ura T, Obara T, Nagahashi K, et al. Introduction to an AUV r2D4 and its Kuroshima Knoll Survey Mission[C]. Oceans' 04 MTS/IEEE Techno-Ocean' 04, Kobe, 2004.

[8] Japan Agency for Marine-Earth Science and Technology (JAMSTEC). Deep Sea Cruising AUV URASHIMA [EB/OL]. http://www.jamstec.go.jp/e/about/equipment/ships/urashima.html [2016-08-09].

[9] Kongsberg Maritime Inc. The HUGIN Family of AUV's [EB/OL]. https://www.kongsberg.com/globalassets/ maritime/km-products/product-documents/hugin-family-of-auvs [2016-08-09].

[10] 闫璞. 俄罗斯完成了"波塞冬"热核鱼雷的测试[EB/OL]. http://m.sohu.com/a/299701689_313834 [2019-03-08].

[11] 李大鹏. 俄罗斯特种用途核动力潜艇下水！因可搭载"波塞冬"核动力无人水下航行器(UUV)而备受关注！ [EB/OL]. http://3g.163.com/dy/article/EH95DDTL0511KMS0.html[2019-6-11].

[12] Ura T, Obara T. Twelve-hour operation of cruising type AUV "R-one Robot" equipped with a closed cycle diesel engine system[C]. Oceans WA, 1999.

[13] 天津昊野科技有限公司. HAOYE 产品展示[EB/OL]. http://www.sea10000.cn/product/18 [2019-09-03].

[14] 天津昊野科技有限公司. HAOYE 产品展示[EB/OL]. http://www.sea10000.cn/product/19 [2019-09-03].

[15] Engtek SubSea Systems. AUV propulsion and maneuvering modules[EB/OL]. http://www.ems-thrusters.com/ PDF/subsea/AUV%20Electric%20Propulsion%20Modules.pdf [2016-08-09].

[16] International Submarine Engineering Ltd. Explorer AUV[EB/OL]. https://ise.bc.ca/product/explorer [2019-04- 25].

[17] 中国科学院沈阳自动化研究所. 沈阳自动化所研制的"潜龙一号"6000 米 AUV 顺利通过课题验收[EB/OL]. http://www.sia.cn/xwzx/kydt/201508/t20150831_4418316.html [2019-09-03].

[18] AUVAC. Talisman platform[EB/OL]. https://auvac.org/platforms/view/118 [2011-12-29].

[19] General Dynamics Mission Systems Inc. Bluefin robotics unmanned underwater vehicles[EB/OL]. https:// gdmissionsystems.com/underwater-vehicles/bluefin-robotics[2018-07-09].

[20] 王得成. AUV 浮力调节与安全抛载系统研究[D]. 哈尔滨: 哈尔滨工程大学, 2015.

[21] 赵文德, 李建朋, 张铭钧, 等. 基于浮力调节的 AUV 升沉运动控制技术[J]. 南京航空航天大学学报, 2010,

42（4）：411-417.

[22] 尹远, 刘铁军, 徐会希, 等. AUV 用高精度吸排油浮力调节系统[J]. 海洋技术学报, 2018, 37（5）：69-74.

[23] 方旭. 油囊式浮力调节装置的研制[D]. 武汉：华中科技大学, 2012.

[24] 李建朋. 水下机器人浮力调节系统及其深度控制技术研究[D]. 哈尔滨：哈尔滨工程大学, 2010.

[25] 张勋, 边信黔, 唐照东, 等. AUV 均衡系统设计及垂直面运动控制研究[J]. 中国造船, 2012,（1）：28-36.

[26] Taro A. Advanced technologies for cruising AUV Urashima[J]. International Journal of Offshore and Polar Engineering, 2008, 18（2）：81-90.

[27] Sonardyne International Ltd. BlueComm underwater optical communication[EB/OL]. https://www.sonardyne. com/product/bluecomm-underwater-optical-communication-system [2017-07-02].

[28] 魏洋斌. 水下非接触电能传输和数据传输系统[D]. 杭州：杭州电子科技大学, 2016.

[29] LinkQuest Inc. Underwater Acoustic Modem Models[EB/OL]. http://www.link-quest.com/html/models1.htm [2010-08-09].

[30] 沈鹏, 杨磊, 陈云赛. 水下激光通信技术的特点及发展现状[J]. 中国设备工程, 2018, 2（下）：214-215.

[31] Sonardyne International Ltd. BlueComm® 200—Optical communications system[EB/OL]. https://www.sonardyne. com/app/uploads/2016/06/Sonardyne_8361_BlueComm_200.pdf [2017-07-02].

[32] The Boeing Company. Boeing's Echo Voyager[EB/OL]. http://www.boeing.com/defense/autonomous-systems/ echo-voyager/#/video/boeing-s-echo-voyager [2019-09-03].

[33] 张铁栋. 潜水器设计原理[M]. 哈尔滨：哈尔滨工程大学出版社, 2011.

[34] Bertram V, Schneekluth H. Ship Design for Efficiency and Economy[M]. 2nd ed. Oxford: Butterworth Heinemann, 1998.

[35] Eyres D J. Ship Construction[M]. Oxford: Butterworth Heinemann, 2001.

[36] Rawson K J, Tupper E C. Basic Ship Theory[M]. 5th ed. Oxford: Butterworth Heinemann, 2001.

[37] Curtis T L, Perrault D, Williams C, et al. C-SCOUT: A general-purpose AUV for systems research[C]. Proceedings of the 2000 International Symposium on Underwater Technology, Tokyo, 2000.

[38] Rutherford K T. Autonomous underwater vehicle design energy source selection and hydrodynamics[D]. Southampton: University of Southampton, 2008.

[39] Burcher R, Rydill L. Concepts in Submarine Design[M]. Cambridge: Cambridge University Press, 1994.

2

AUV 总体设计基础

2.1 AUV 方案设计

2.1.1 艇型选择

AUV 艇型是指其最外层壳体包络线呈现的形状[1]，主要有回转体艇型和扁平体艇型。回转体艇型是指 AUV 艇体横截面为圆形的艇型，主要有水滴形（图 2.1）、鱼雷形（图 2.2）、层流形（图 2.3）等，艇体截面为近似矩形的艇体也可视为回转体艇型（图 2.4）；扁平体艇型是指 AUV 艇体横截面的宽度和高度不等的艇型，其中，宽度大于高度的称为横扁体艇型（图 2.5），宽度小于高度的称为立扁体艇型（图 2.6）。

艇型的选择要考虑以下原则和要求：①阻力小，航行性能好；②便于总布置；③测试、维护方便；④足够的强度；⑤具有较强的生命力；⑥良好的工艺性。

鱼雷形艇体由于在三维空间各方向阻力和结构性能均衡、加工工艺相对简单、便于结构扩展等因素，是目前采用最多的艇型方案。

图 2.1　水滴形 AUV——"Marlin"[1]　　图 2.2　鱼雷形 AUV——"AUTOSUB 6000"[2]

图 2.3　层流体形 AUV——"Seaglider"[3]　　图 2.4　矩形截面 AUV——"Echo Voyager"[4]

图 2.5　横扁体 AUV——"SeaOtter MKII"[5]　　图 2.6　立扁体 AUV——"潜龙三号"[6]

水滴形和层流体形艇体纵向阻力性能较优，但对加工工艺要求较高，目前应用相对较少。

矩形截面艇体由于内部有效容积大、总布置方便、易于测试和维护、加工相对更加简单，非常适合大型 AUV 的艇型方案。

立扁体艇体由于具有优异的垂直面和水平面阻力性能和航行运动稳定性，多应用于大潜深 AUV 的艇型方案中。

2.1.2　阻力估算

在 AUV 设计过程中，为了确定主机功率及设计螺旋桨，需要对 AUV 进行阻力计算。AUV 阻力计算通常有以下几种方法。

1. 母船数据估算法

母船数据估算法具有简单、方便的特点，在 AUV 初步设计阶段能够快速确定设计的航行器阻力或有效功率，容易实现对多种方案的阻力性能的比较。这类方法比较常用的有海军部系数法、引申比较定律法和基尔斯修正母船剩余阻力法等。由于方法简单，常用于某些仅要求对阻力性能做粗略估算的情况。但该类方法所得结果的精确性对设计艇与母型艇的几何相似程度及母型艇数据可靠性依赖较高[7]，所得结果的精确性一般，在 AUV 阻力估算时应用较少，此处不详细介绍。

2. 半经验公式估算法

半经验公式估算法是目前在 AUV 初步方案设计中比较常用的方法。人们通常以摩擦阻力系数作为总阻力系数估算的基础，所以此处先给出摩擦阻力系数的计算公式。

1) 摩擦阻力系数计算

AUV 的摩擦阻力包括两部分：一部分是艇体光滑表面的摩擦阻力，是由水的黏性引起的；另一部分是由 AUV 表面的粗糙度导致摩擦阻力的激增。

艇体光滑表面摩擦阻力可根据光滑平板理论进行估算，常用计算公式有如下几种[7]。

布拉休斯(Blasius)公式：

$$C_{f0} = \frac{R_f}{\frac{1}{2}\rho SV^2} = 1.328 Re^{-1/2} \tag{2.1}$$

桑海(Schoenhern)公式：

$$\frac{0.242}{\sqrt{C_{f0}}} = \lg(Re \cdot C_{f0}) \tag{2.2}$$

或当 $Re = 10^6 \sim 10^9$ 时，为

$$C_{f0} = \frac{0.4631}{(\lg Re)^{2.6}} \tag{2.3}$$

普朗特-许立汀(Prandtl-Schlichting)公式：

$$C_{f0} = \frac{0.455}{(\lg Re)^{2.58}} \tag{2.4}$$

国际拖曳水池会议(International Towing Tank Conference，ITTC)推荐公式：

$$C_{f0} = \frac{0.075}{(\lg Re - 2)^2} \tag{2.5}$$

普朗特过渡流摩擦阻力公式：

$$C_{f0} = \frac{0.455}{(\lg Re)^{2.58}} - \frac{1700}{Re} \tag{2.6}$$

式中，Re 为基于艇长的雷诺数，$Re = \frac{VL}{\nu}$，V 为航速，L 为艇长，ν 为水的运动黏性系数，此处取 $\nu = 1.141 \times 10^{-6}\,\mathrm{m/s^2}$。

以上各式中，布拉休斯公式只适用于边界层为层流的情况，而桑海公式、普朗特-许立汀公式、ITTC 推荐公式适用于湍流边界层。式(2.6)是普朗特根据平板试验得出的经验公式，只适用于边界层为过渡状态的情况。

由于上述各式仅是针对光滑表面来说的，还要加入艇体表面粗糙度对摩擦阻力的影响，即在 C_{f0} 基础上加入粗糙度修正系数 ΔC_f，其取值范围一般为 $0.4 \times 10^{-3} \sim 0.9 \times 10^{-3}$。由此可得 AUV 摩擦阻力系数为

$$C_f = C_{f0} + \Delta C_f \tag{2.7}$$

2) 总阻力系数计算

目前已知的总阻力系数 C_D 估算公式有以下几种。

经验公式 1[8]：

$$R_t = \frac{1}{2}\rho V^2 S_F C_D \tag{2.8}$$

其中

$$C_D = C_f\left[1 + 60\left(\frac{L}{d}\right)^{-3} + 0.0025\frac{L}{d}\right]\frac{S}{L^2}$$

经验公式 2[9, 10]：

$$R_t = \frac{1}{2}\rho V^2 A_f C_D \tag{2.9}$$

其中

$$C_D = \frac{c_{ss}\pi A_p}{A_f}\left[1 + 60\left(\frac{L}{d}\right)^{-3} + 0.0025\frac{L}{d}\right]$$

$$A_p = Ld, \quad A_f = \frac{1}{4}\pi d^2, \quad c_{ss} = 3.397 \times 10^{-3}$$

经验公式 3[11, 12]：

$$R_t = \frac{1}{2}\rho V^2 S_F C_D \tag{2.10}$$

其中

$$C_D = C_f(1+k), \quad k = 1.5\left(\frac{d}{L}\right)^{1.5} + 7\left(\frac{d}{L}\right)^3$$

经验公式 4[13, 14]:

$$R_t = \frac{1}{2}\rho V^2 S_F C_D \tag{2.11}$$

其中

$$C_D = C_f(1+k), \quad k = 0.6\sqrt{\frac{\nabla_{\text{shape}}}{L^3}} + 9\frac{\nabla_{\text{shape}}}{L^3}$$

经验公式 5[15]:

$$R_t = \frac{1}{2}\rho V^2 S_F C_D \tag{2.12}$$

其中

$$C_D = C_f\left[1 + 0.5\left(\frac{d}{L}\right) + 3\left(\frac{d}{L}\right)^{7-n_f-\frac{n_a}{2}}\right]$$

式中，V 为航速，m/s；L 为艇长，m；d 为艇体最大直径，m；S_F 为裸艇体湿表面积，m²；∇_{shape} 为艇体排水体积，m³；S_F 与 ∇_{shape} 的值可由艇体型线公式积分得到；n_f 为艇体艏部形状系数；n_a 为艇体艉部形状系数。

　　AUV 的附体是指除推进器与舵翼之外的突出于主艇体表面的声呐、天线、吊钩等。由于附体对艇体表面流场有很大影响，不得不考虑其产生的阻力。附体阻力可根据试验或母船估算获得。表 2.1 给出了几种典型形状的附体在迎流状态下的阻力系数估算值。

表 2.1　典型形状附体阻力系数估算值[16]

附体	附体阻力系数	特征面积
半球形（圆顶）	0.015	横截面积
天线	1.2	投影面积
圆柱	1.2	投影面积
鱼雷状武器	0.005	湿表面积
流线型凸起	0.005	湿表面积
平板	0.011	迎流面投影面积

3. 基于计算流体力学的数值计算

计算流体力学(computational fluid dynamics，CFD)是一个介于数学、流体力学和计算机科学之间的交叉学科，主要研究内容是通过计算机和数值方法来求解流体力学的控制方程，对流体力学问题进行模拟和分析，以发现各种流动现象规律。

随着 CFD 技术的飞速发展，人们开始应用该方法进行 AUV 水动力性能预报。Fluent 是目前水动力性能计算中比较流行的商业软件，其采用 CFD 中广泛使用的有限体积法，同时提供了众多的湍流模型、近壁面处理方式、网格自适应技术、多重网格加速收敛技术等，有效保证了计算结果的真实性与可靠性，并极大地提高了计算的准确性与快捷性[17]。在阻力性能计算方面，Fuglestad 等[18]采用 CFD方法计算了"HUGIN 3000"型 AUV 的阻力，并对比了模型试验数据，验证了计算的有效性。Phillips 等[11]用 CFD 方法计算了多个不同形状和尺寸的 AUV 阻力，并对比了模型试验数据，验证了使用 CFD 方法辅助艇型设计的可能性。于宪钊[19]、赵金鑫[20]应用 CFD 方法计算了"WL-2""WL-3"AUV 的水动力性能，并与模型试验结果进行了比较分析，验证了 CFD 计算的有效性。

除前面提到的三种方法外，还可以通过模型试验[20-22]的方式来获得 AUV 的阻力。但由于模型试验周期长、成本高，在方案设计阶段一般不用，此处不做介绍。

2.1.3 能源与动力选择

海洋环境给水下的动力、能源提出了新的要求。与陆上相比，水下动力、能源受到更多不利因素的影响，如缺少空气、燃料补充困难、废气排放困难、承受海水高压等。为解决上述问题，在设计 AUV 时必须选择适当的能源。所采用的能源必须安全性高、可靠性好、容易控制、价格低廉，并且能够耐高压、耐低温、耐腐蚀、能防止海生物附着生长等，另外还要求其单位重量、单位体积的比能量高，尤其对于 AUV 上的动力源，其重量和容积受到严格限制。

由于尺寸限制和安全需求，AUV 大多采用电池作为能源，其主要技术参数包括总能量、最大功率、额定输出电压、最大输出电流等，这些技术参数主要由 AUV的续航力、速度、任务载荷功耗等来确定。

AUV 使用的电池类型主要有锂电池、铅酸电池、镍镉电池、镍金属氢化物电池、银锌电池、燃料电池等[23-27]。选择电池类型时主要考虑的是电池比能量、放电电压、放电电流、充/放电率、成本和安全等。

目前 AUV 最常用的电池是锂电池，包括一次锂电池和二次(可充电)锂电池。一次锂电池相较于二次锂电池具有更大的比能量，且存储过程中不需要维护，但电量耗尽就要抛弃，全寿命使用成本比较高，更适合一次性载具使用。表 2.2 为几种典型的一次锂电池及其主要性能参数。二次锂电池虽然初次采购成本高，但可多次循环使用，对于执行重复性任务的载具非常划算。表 2.3 为几种典型的二次锂电池及其主要性能参数。当前，绝大部分 AUV 使用二次锂电池，以降低全寿命成本。而少部分用于执行高耗能、长续航、高风险任务的 AUV，或对存储维护比较敏感的领域使用的 AUV 一般采用一次锂电池。

表 2.2　几种典型的一次锂电池性能对比

主要参数	电池正极体系				
	Li/MnO_2	Li/SO_2	$Li/SOCl$	Li/CF_x(F1)	Li/CF_x-MnO_2
质量比能量/(W·h/kg)	150～330	150～315	220～560	260～780	784
体积比能量/(W·h/L)	300～710	230～530	700～1041	440～1478	1039
功率容量/(W/kg)	250～400	100～230	100～210	50～80	165
工作温度范围/℃	−20～60	−55～70	−55～150	−20～130	−40～90
存储寿命/年	5～10	10	15～20	15	10

表 2.3　几种典型的二次锂电池性能对比

主要参数		电池正极体系			
		$LiCoO_2$(LCO)	$LiCo_{1/3}Ni_{1/3}Mn_{1/3}O_2$(NCM)	$LiMn_2O_4$(LMO)	$LiFePO_4$(LFPO)
实际比容量/(mA·h/g)		142	144	90	135
碾压密度/(g/cm³)		3.9～4.0	3.2	2.8	2.3
材料粒径 D_{50}/μm		15～20	9～13	7～11	2～5
标称电压/V		3.7	3.6	3.8	3.2
质量比能量/(W·h/kg)	软包装	180	160	110	100～120
	钢壳	—	120（圆形 18650）	100（LR26700）	80～105（50A·h 方形）
体积比能量/(W·h/L)	软包装	440	345	280	210
	钢壳	—	300～330	250～280	195

为保证电池能够安全而高效地工作，还需要为电池配备专用的电池管理系统（battery management system，BMS）。电池管理系统的主要功能如下[28]：

（1）电池状态监测。电池状态监测主要是对电池系统的电压、电流、温度等数据进行采集并监测，这是电池管理的最基本功能，其他功能都是以此为基础进行交互的。

(2)电池状态分析。电池状态分析包括电池电量评估和健康状态评估。

(3)电池安全保护。电池安全保护一般包括过流保护、过充/过放保护、过温保护等。如果系统监测到电池出现过流、过充、过放及过温异常，会及时采取措施，如切断回路、发出警告等。

(4)能量控制管理。能量控制管理主要包含充电控制管理、放电控制管理、电池均衡管理等。

(5)电池信息管理。电池信息管理主要是指电池系统内部信息数据交互、向外传递电池系统内部信息和数据、电池历史信息储存等。

电池管理系统一般采用分布式的系统结构，由检测模块和采集模块组成。

每个电池模块由一块采集电路板进行数据采集，整个电池组共用一个检测模块。电池管理系统原理框图如图 2.7 所示。

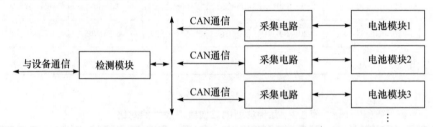

图 2.7　电池管理系统原理框图

检测模块可通过控制器局域网络(controller area network，CAN)总线接收采集电路模块上传的电池数据，并对数据进行集中分析和处理，判断当前电池的故障，进行电池的预警和报警。同时，主控模块还完成电池组总电压和工作电流的测量。

采集电路的主要功能是采集电池组的单串电压和温度检测点温度，将采集数据通过 CAN 总线上传至监测模块单元。

2.1.4　推进与操纵方式选择

AUV 推进与操纵方式主要取决于其任务要求，对于执行不同任务的 AUV，其推进与操纵方式是有差异的。AUV 执行任务时的主要作业类型是大范围巡航和局部精细观察，包括中高速巡航、低速位姿调整和水下悬停三种工作状态。

对于仅搭载大范围探测设备(如侧扫声呐、多波束测深声呐、合成孔径声呐等)执行区域搜索任务的 AUV，航行速度多为 2～4kn，甚至更高。在这个航速下，槽道螺旋桨推进器效率极低，无法满足操纵性需求，并且功耗很高；舷外额外布置推进器会增加整体阻力，且推进器功耗较高，不利于长期水下作业；而采用舵部推进器+舵翼或艉部多推进器的形式,既能保证操纵效果,又能尽可能降低 AUV 总阻力。

而对于搭载水下摄像机、高精度图像声呐、激光扫描仪等设备执行局部精细观测任务的 AUV,要具备低速位姿调整和水下悬停两种工作状态,此时需要 AUV 至少能实现五个自由度的运动,以抵抗海洋环境扰动(风、浪、流等)的影响,保证局部精细观测作业时具有良好的机动性。这种情况下,仅依靠单推进器和舵翼配合很难满足上述要求。实际应用中,通过纵向推进器提供 AUV 前进动力的同时,配备辅助推进器(垂向推进器、侧向推进器等)和舵翼,使 AUV 能大范围巡航并使 AUV 在水下有良好的操纵性能。

通常,AUV 推进与操纵装置的选择应当遵循如下原则。

1)满足良好的操纵性要求

AUV 在水下作业时需要具有良好的操纵性能,例如,在搜索目标时,要求 AUV 能灵活地改变航向;当发现目标时,能准确地保持航向;特别是当捕捉到目标时,在航速几乎为零的情况下,能自如地调整 AUV 的位置和姿态。所以说,可提供良好操纵性能的推进与操纵装置为 AUV 作业提供了便利的条件。

2)高推进效率

追求高推进效率的主要目的不是增大 AUV 自身的最大航速,而是最大限度地增强其续航力,增大 AUV 对海底的搜索面积,提高有效工作时间,这是由于:

(1)AUV 在水下作业时能见度很低,从而增大了水下作业搜索的难度,增强续航力无疑有助于任务的完成。

(2)从能源角度来分析,AUV 排水量一般都很小,导致能源储备十分有限,因此提高推进效率、有效利用能源显得十分重要。

还应进一步指出,采用有动力方式下潜和上浮的 AUV,在下潜和上浮过程中会消耗掉相当部分的能量,因此推进效率的微小提高就可换来有效工作时间的显著增加,并且随着下潜深度的加大这种作用会愈发明显。

3)最小的装置体积和重量

AUV 的设计排水量一般都很小,但随着预计下潜深度的增大,耐压壳设计厚度迅速增大,导致重量急剧增加。另外,复杂的水下作业任务中又需要搭载多种仪器设备,使得艇体重量进一步加大,要求有更大的有效布置空间。因此,在满足自身性能的条件下,应尽可能减小推进装置自身的体积和重量,这对保障 AUV 总体设计指标有重要意义。

2.1.5 总布置设计

总布置设计是 AUV 设计非常重要的一个环节,其质量的优劣直接影响 AUV

的总体性能和使用，AUV 设计的成功与否往往取决于总布置设计。总布置设计不仅是一门科学，也是一门艺术，一般不能通过解析方法来求解，需要通过以制图为主的方式来获得比较满意的方案，因此要求设计人员有丰富的经验。总布置设计通常要考虑以下因素：

(1)最大限度地发挥各种装置和设备的技术性能，以保证 AUV 设计任务书规定的各项指标的完成，并便于使用、存放和维修。

(2)充分考虑航行和作业时的姿态和静稳性要求。AUV 的重心和浮心沿艇体轴向和横向位置尽可能接近，以保证 AUV 有足够小的初始纵倾角和横倾角；AUV 要具备一定的初稳心高，且不小于许用值，以保证 AUV 静止或航行时受扰不会倾覆，且有足够的抗扰回复力矩。

(3)安全可靠。充分考虑抛载自救系统的布置要求，保证其不会因存在其他结构遮挡而影响抛载块的正常释放。考虑 AUV 框架结构对 AUV 耐压壳、推进器、声呐等关键部件及设备的保护，避免 AUV 在布放回收及水下航行时因碰撞而造成的损伤。

(4)布置紧凑，充分利用 AUV 各部分容积，保证各设备、部件既要便于测试和维护，又要避免相互干扰和影响。

(5)需要有一部分备用空间，以便以后的改装和临时装载。

(6)满足 AUV 快速性和操纵性要求，例如，轻外壳整体线型及其上设备开孔要考虑低阻力需求；推进器和舵翼的布置要考虑操纵性、机动性需求；艉部轻外壳线型要考虑纵向推进器和舵翼布置要求，中、前部轻外壳线型也要考虑横向和侧向推进器的布置等。

(7)舱内设备布置及布线要满足电磁兼容性要求，同时要考虑可靠性、维护性的需求，尽量做到层次分明、按功能相对独立分区等。

(8)水声设备按其作用不同可以布置在艇体的不同部位，但不应使其发射和接收功能受到阻碍或削弱。水声设备应尽可能远离噪声源，如推进器等。频率接近、功能不同的水声设备布置时尽可能相互远离。

2.2　AUV 流体动力设计

2.2.1　AUV 动力学和运动学模型

1. 坐标系建立和参数定义

根据 ITTC 推荐的和造船与轮机工程师协会(Society of Naval Architects and

Marine Engineers，SNAME)术语公报体系[29]，同时参考有关资料，建立如下两种坐标系来描述 AUV 的运动：固定坐标系 E-$\xi\eta\zeta$（又称大地坐标系$\{E\}$）和运动坐标系 O-xyz（又称艇体坐标系$\{B\}$），如图 2.8 所示。固定坐标系 E-$\xi\eta\zeta$ 是 AUV 进行空间运动的惯性参考系，原点 E 可取海面、海中或地面上任意定点，通常把大地北向作为 $E\xi$ 轴正向，大地东向作为 $E\eta$ 轴正向，根据右手定则可知 $E\zeta$ 轴正向指向地心，即沿深度增大方向。运动坐标系 O-xyz 是固定于 AUV 艇体上的坐标系，坐标原点 O 可以取在艇体上任何一点。Ox 轴平行于艇体纵轴线，指向艏部；Oy 轴垂直于中纵剖面，指向右舷；根据右手定则，Oz 轴垂直于 Oxy 平面，指向艇体底部。通常认为 AUV 的重心 G 在艇体的惯性主平面内，因此本书取运动坐标系原点 O 为 AUV 重心，即 Ox、Oy 和 Oz 为艇体的惯性主轴。

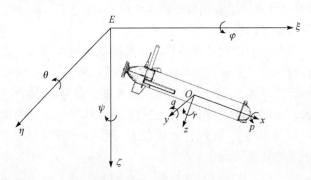

图 2.8　AUV 坐标系示意图

根据 SNAME 术语公报体系定义的 AUV 运动物理量如表 2.4 所示。

表 2.4　AUV 运动物理量

运动自由度	运动描述	名称	力或力矩	线速度或角速度	位置或欧拉角
1	沿 x 方向运动	纵荡	X/N	u/(m/s)	x/m
2	沿 y 方向运动	横荡	Y/N	v/(m/s)	y/m
3	沿 z 方向运动	垂荡	Z/N	w/(m/s)	z/m
4	绕 x 轴转动	横滚	K/(N·m)	p/(rad/s)	φ/rad
5	绕 y 轴转动	纵摇	M/(N·m)	q/(rad/s)	θ/rad
6	绕 z 轴转动	艏摇	N/(N·m)	r/(rad/s)	ψ/rad

将上述物理量表示成矢量形式有

$$\boldsymbol{\tau} = [\boldsymbol{\tau}_1 \quad \boldsymbol{\tau}_2]^{\mathrm{T}}, \quad \boldsymbol{\tau}_1 = [X \quad Y \quad Z]^{\mathrm{T}}, \quad \boldsymbol{\tau}_2 = [K \quad M \quad N]^{\mathrm{T}} \tag{2.13}$$

$$\boldsymbol{v} = [\boldsymbol{v}_1 \quad \boldsymbol{v}_2]^{\mathrm{T}}, \quad \boldsymbol{v}_1 = [u \quad v \quad w]^{\mathrm{T}}, \quad \boldsymbol{v}_2 = [p \quad q \quad r]^{\mathrm{T}} \tag{2.14}$$

$$\boldsymbol{\chi} = [\boldsymbol{\chi}_1 \quad \boldsymbol{\chi}_2]^{\mathrm{T}}, \quad \boldsymbol{\chi}_1 = [x \quad y \quad z]^{\mathrm{T}}, \quad \boldsymbol{\chi}_2 = [\varphi \quad \theta \quad \psi]^{\mathrm{T}} \tag{2.15}$$

式中，τ 为艇体坐标系下 AUV 所受的力(矩)矢量；$\boldsymbol{v}$ 为艇体坐标系下线速度和角速度矢量；$\boldsymbol{\chi}$ 为大地坐标系下的位置和方向矢量。

2. 运动学方程

AUV 在水中的运动一般可看成刚体在流体中的空间运动。由于地球自身的运动几乎不影响做低速运动的 AUV，因此人们在研究 AUV 运动时假设地球表面点的加速度是可以忽略的。因此，可以认为固定坐标系 $E\text{-}\xi\eta\zeta$ 是惯性坐标系。这样，AUV 的位置和方向可以表示成相对于惯性坐标系(固定坐标系)的，而其线速度和角速度是相对于运动坐标系的。

为了将动力学产生的速度从艇体坐标系转换到大地坐标系，需要一个坐标转换矩阵。坐标转换矩阵是根据欧拉转动定理，按照一定的转动顺序生成的。

要生成坐标转换矩阵，需要对线速度和角速度分开考虑，如式(2.14)所示，$\boldsymbol{v}_1$ 表示线速度矢量，$\boldsymbol{v}_2$ 表示角速度矢量，它们都是艇体坐标系下的物理量。对应大地坐标系下的位置矢量为 $\boldsymbol{\chi}_1$ 和 $\boldsymbol{\chi}_2$，如式(2.15)所示。用式(2.16)式(2.17)来表示线速度和角速度的转换关系：

$$\dot{\boldsymbol{\chi}}_1 = J_1(\boldsymbol{\chi}_2)\boldsymbol{v}_1 \tag{2.16}$$

$$\dot{\boldsymbol{\chi}}_2 = J_2(\boldsymbol{\chi}_2)\boldsymbol{v}_2 \tag{2.17}$$

式中，$\dot{\boldsymbol{\chi}}_1$ 和 $\dot{\boldsymbol{\chi}}_2$ 分别为大地坐标系下的线速度和角速度；$J_1(\boldsymbol{\chi}_2)$ 和 $J_2(\boldsymbol{\chi}_2)$ 为艇体坐标系到大地坐标系的线速度和角速度转换矩阵，其表达式为

$$J_1(\boldsymbol{\chi}_2) = \begin{bmatrix} \cos\psi\cos\theta & \cos\psi\sin\theta\sin\varphi - \sin\psi\cos\varphi & \cos\psi\sin\theta\cos\varphi + \sin\psi\sin\varphi \\ \sin\psi\cos\theta & \sin\psi\sin\theta\sin\varphi + \cos\psi\cos\varphi & \sin\psi\sin\theta\cos\varphi - \cos\psi\sin\varphi \\ -\sin\theta & \cos\theta\sin\varphi & \cos\theta\cos\varphi \end{bmatrix} \tag{2.18}$$

$$J_2(\boldsymbol{\chi}_2) = \begin{bmatrix} 1 & \tan\theta\sin\varphi & \tan\theta\cos\varphi \\ 0 & \cos\varphi & -\sin\varphi \\ 0 & \sin\varphi\sec\theta & \cos\varphi\sec\theta \end{bmatrix} \tag{2.19}$$

由此可得速度从艇体坐标系到大地坐标系的转换形式为

$$\dot{\boldsymbol{\chi}} = J(\boldsymbol{\chi}_2)\boldsymbol{v} \Leftrightarrow \begin{bmatrix} \dot{\boldsymbol{\chi}}_1 \\ \dot{\boldsymbol{\chi}}_2 \end{bmatrix} = \begin{bmatrix} J_1(\boldsymbol{\chi}_2) & \mathbf{0}_{3\times3} \\ \mathbf{0}_{3\times3} & J_2(\boldsymbol{\chi}_2) \end{bmatrix} \begin{bmatrix} \boldsymbol{v}_1 \\ \boldsymbol{v}_2 \end{bmatrix} \tag{2.20}$$

3. 动力学方程

为了推导 AUV 动力学方程，首先作如下假设[30]：

（1）AUV 为一刚体。

（2）大地坐标系为惯性坐标系。

1）刚体动力学方程

刚体运动满足牛顿运动定律和欧拉运动定律，即

$$\begin{cases} \boldsymbol{\tau}_1 = m\boldsymbol{a}_{GB} \\ \boldsymbol{\tau}_2 = \boldsymbol{I}_O\dot{\boldsymbol{v}}_2 + \boldsymbol{v}_2 \times \boldsymbol{I}_O\boldsymbol{v}_2 + \boldsymbol{r}_G \times \boldsymbol{a}_{GB} \end{cases} \tag{2.21}$$

式中，m 为刚体质量；$\boldsymbol{r}_G = \begin{bmatrix} x_G & y_G & z_G \end{bmatrix}^{\mathrm{T}}$ 为艇体坐标系下重心 G 相对于坐标原点的位置；$\boldsymbol{a}_{GB}$ 为刚体质心的加速度，其表达式为

$$\boldsymbol{a}_{GB} = \frac{\partial \boldsymbol{v}_1}{\partial t} + \boldsymbol{v}_2 \times \boldsymbol{v}_1 + \dot{\boldsymbol{v}}_2 \times \boldsymbol{r}_G + \boldsymbol{v}_2 \times \boldsymbol{v}_2 \times \boldsymbol{r}_G \tag{2.22}$$

$\boldsymbol{I}_O$ 为艇体浸水后在艇体坐标系下对坐标原点的转动惯量，表达式为

$$\boldsymbol{I}_O = \begin{bmatrix} I_x & -I_{xy} & -I_{xz} \\ -I_{yx} & I_y & -I_{yz} \\ -I_{zx} & -I_{zy} & I_z \end{bmatrix} \tag{2.23}$$

由此可得 AUV 刚体六自由度运动方程为

$$\begin{cases} m[\dot{u} - vr + wq - x_G(q^2 + r^2) + y_G(pq - \dot{r}) + z_G(pr + \dot{q})] = X \\ m[\dot{v} - wp + ur - y_G(r^2 + p^2) + z_G(qr - \dot{p}) + x_G(pq + \dot{r})] = Y \\ m[\dot{w} - uq + vp - z_G(p^2 + q^2) + x_G(rp - \dot{q}) + y_G(rq + \dot{p})] = Z \\ I_x\dot{p} + (I_z - I_y)rq - (\dot{r} + pq)I_{xz} + (r^2 - q^2)I_{yz} + (pr - \dot{q})I_{xy} \\ \qquad + m[y_G(\dot{w} - uq + vp) - z_G(\dot{v} - wp + ur)] = K \\ I_y\dot{q} + (I_x - I_z)rp - (\dot{p} + qr)I_{xy} + (p^2 - r^2)I_{zx} + (qp - \dot{r})I_{yz} \\ \qquad + m[z_G(\dot{u} - vr + wq) - x_G(\dot{w} - uq + vp)] = M \\ I_z\dot{r} + (I_y - I_x)pq - (\dot{q} + rp)I_{yz} + (q^2 - p^2)I_{xy} + (rq - \dot{p})I_{zx} \\ \qquad + m[x_G(\dot{v} - wp + ur) - y_G(\dot{u} - vr + wq)] = N \end{cases} \tag{2.24}$$

将式（2.24）表示成矩阵形式有

$$\boldsymbol{M}_{RB}\dot{\boldsymbol{v}} + \boldsymbol{C}_{RB}(\boldsymbol{v})\boldsymbol{v} = \boldsymbol{\tau} \tag{2.25}$$

式中，$\boldsymbol{M}_{RB}$ 为艇体惯性矩阵，包括质量和转动惯量；$\boldsymbol{C}_{RB}(\boldsymbol{v})$ 为艇体的科里奥利力和向心力矩阵。

式 (2.25) 右端的力矢量 $\boldsymbol{\tau} = \begin{bmatrix} X & Y & Z & K & M & N \end{bmatrix}^{\mathrm{T}}$ 是指 AUV 所受的所有外力 (矩)，对于舵桨联合操纵型 AUV，包括惯性类水动力 $\boldsymbol{\tau}_A$、黏性类水动力 $\boldsymbol{\tau}_{\mathrm{vis}}$、静水力 $\boldsymbol{\tau}_{\mathrm{HS}}$ (重力和浮力)、推进器作用力 $\boldsymbol{\tau}_{\mathrm{prop}}$、舵翼作用力 $\boldsymbol{\tau}_{\mathrm{fin}}$ 等，即

$$\boldsymbol{\tau} = \boldsymbol{\tau}_A + \boldsymbol{\tau}_{\mathrm{vis}} + \boldsymbol{\tau}_{\mathrm{HS}} + \boldsymbol{\tau}_{\mathrm{prop}} + \boldsymbol{\tau}_{\mathrm{fin}} \tag{2.26}$$

2) 惯性类水动力

在流体力学中，做非定常运动的物体一定会带动其周围的流体一起运动，这部分流体的质量称为附加质量[31, 32]。这部分流体反作用在物体上的力称为惯性类水动力[33]，套用刚体动力学表达式 (2.26)，可写成如下形式[30]：

$$\boldsymbol{\tau}_A = -\boldsymbol{M}_A \dot{\boldsymbol{v}} - \boldsymbol{C}_A(\boldsymbol{v})\boldsymbol{v} \tag{2.27}$$

式中，$\boldsymbol{M}_A$ 为广义附加质量矩阵；$\boldsymbol{C}_A(\boldsymbol{v})$ 为广义附加质量的科里奥利力和向心力矩阵。考虑到 AUV 一般均为左右对称，即关于 Oxz 平面对称，可得 $\boldsymbol{M}_A$ 和 $\boldsymbol{C}_A(\boldsymbol{v})$ 的表达式为

$$\boldsymbol{M}_A = \begin{bmatrix} \lambda_{11} & 0 & \lambda_{13} & 0 & \lambda_{15} & 0 \\ 0 & \lambda_{22} & 0 & \lambda_{24} & 0 & \lambda_{26} \\ \lambda_{31} & 0 & \lambda_{33} & 0 & \lambda_{35} & 0 \\ 0 & \lambda_{42} & 0 & \lambda_{44} & 0 & \lambda_{46} \\ \lambda_{51} & 0 & \lambda_{53} & 0 & \lambda_{55} & 0 \\ 0 & \lambda_{62} & 0 & \lambda_{64} & 0 & \lambda_{66} \end{bmatrix} = - \begin{bmatrix} X_{\dot{u}} & 0 & X_{\dot{w}} & 0 & X_{\dot{q}} & 0 \\ 0 & Y_{\dot{v}} & 0 & Y_{\dot{p}} & 0 & Y_{\dot{r}} \\ Z_{\dot{u}} & 0 & Z_{\dot{w}} & 0 & Z_{\dot{q}} & 0 \\ 0 & K_{\dot{v}} & 0 & K_{\dot{p}} & 0 & K_{\dot{r}} \\ M_{\dot{u}} & 0 & M_{\dot{w}} & 0 & M_{\dot{q}} & 0 \\ 0 & N_{\dot{v}} & 0 & N_{\dot{p}} & 0 & N_{\dot{r}} \end{bmatrix} \tag{2.28}$$

$$\boldsymbol{C}_A(\boldsymbol{v}) = \begin{bmatrix} 0 & 0 & 0 \\ 0 & 0 & 0 \\ 0 & 0 & 0 \\ 0 & -(X_{\dot{w}}u + Z_{\dot{w}}w + Z_{\dot{q}}q) & Y_{\dot{v}}v + Y_{\dot{p}}p + Y_{\dot{r}}r \\ X_{\dot{w}}u + Z_{\dot{w}}w + Z_{\dot{q}}q & 0 & -(X_{\dot{u}}u + X_{\dot{w}}w + X_{\dot{r}}r) \\ -(Y_{\dot{v}}v + Y_{\dot{p}}p + Y_{\dot{r}}r) & X_{\dot{u}}u + X_{\dot{w}}w + X_{\dot{r}}r & 0 \end{bmatrix}$$

$$\begin{bmatrix} 0 & -(X_{\dot{w}}u + Z_{\dot{w}}w + Z_{\dot{q}}q) & Y_{\dot{v}}v + Y_{\dot{p}}p + Y_{\dot{r}}r \\ X_{\dot{w}}u + Z_{\dot{w}}w + Z_{\dot{q}}q & 0 & -(X_{\dot{u}}u + X_{\dot{w}}w + X_{\dot{r}}r) \\ -(Y_{\dot{v}}v + Y_{\dot{p}}p + Y_{\dot{r}}r) & X_{\dot{u}}u + X_{\dot{w}}w + X_{\dot{r}}r & 0 \\ 0 & -(Y_{\dot{r}}v + K_{\dot{r}}p + N_{\dot{r}}r) & X_{\dot{q}}u + Z_{\dot{q}}w + M_{\dot{q}}q \\ Y_{\dot{r}}v + K_{\dot{r}}p + N_{\dot{r}}r & 0 & -(Y_{\dot{p}}v + K_{\dot{p}}p + K_{\dot{r}}r) \\ -(X_{\dot{q}}u + Z_{\dot{q}}w + M_{\dot{q}}q) & Y_{\dot{p}}v + K_{\dot{p}}p + K_{\dot{r}}r & 0 \end{bmatrix}$$

$$\tag{2.29}$$

式中，$X_{\dot{\bullet}}$、$Y_{\dot{\bullet}}$、$Z_{\dot{\bullet}}$、$K_{\dot{\bullet}}$、$M_{\dot{\bullet}}$ 和 $N_{\dot{\bullet}}$ 为加速度水动力系数。

可应用势流理论中的 Hess-Smith 方法[34]来获得 AUV 的附加质量。

3）黏性类水动力

AUV 黏性类水动力主要包括两方面[30]：艇体表面摩擦阻力力和尾流区涡旋脱落带来的压差阻力。应用泰勒级数展开并忽略高于二阶的项，可得 AUV 黏性类水动力表达式为[30, 35, 36]

$$\boldsymbol{\tau}_{\text{vis}} = [X_{\text{vis}} \quad Y_{\text{vis}} \quad Z_{\text{vis}} \quad K_{\text{vis}} \quad M_{\text{vis}} \quad N_{\text{vis}}]^{\text{T}}$$

$$= \begin{bmatrix} X_{u|u|}u\,|\,u\,| + X_{uw}uw + X_{v|v|}v\,|\,v\,| + X_{w|w|}w\,|\,w\,| \\ Y_{ur}ur + Y_{uv}uv + Y_{r|r|}r\,|\,r\,| + Y_{v|v|}v\,|\,v\,| + Y_{v|r|}v\,|\,r\,| \\ Z_0 u^2 + Z_{uq}uq + Z_{uw}uw + Z_{w|w|}w\,|\,w\,| + Z_{w|q|}w\,|\,q\,| + Z_{q|q|}q\,|\,q\,| \\ K_v v + K_p p + K_r r + K_{p|p|}p\,|\,p\,| \\ M_0 u^2 + M_{uq}uq + M_{uw}uw + M_{w|w|}w\,|\,w\,| + M_{q|q|}q\,|\,q\,| + M_{w|q|}w\,|\,q\,| \\ N_{ur}ur + N_{uv}uv + N_{r|r|}r\,|\,r\,| + N_{v|v|}v\,|\,v\,| + N_{v|r|}v\,|\,r\,| \end{bmatrix} \quad (2.30)$$

式中，$X_{\bullet}$、$Y_{\bullet}$、$Z_{\bullet}$、$K_{\bullet}$、$M_{\bullet}$ 和 $N_{\bullet}$ 表示 AUV 速度水动力系数。

4）静水力

AUV 总质量为 m，排水体积为 ∇，则其所受重力为 $W = mg$，所受浮力为 $B = \rho g\nabla$。根据前面坐标系定义，将重力与浮力投影到艇体坐标系，得 AUV 所受静水力为

$$\boldsymbol{\tau}_{\text{HS}} = [X_{\text{HS}} \quad Y_{\text{HS}} \quad Z_{\text{HS}} \quad K_{\text{HS}} \quad M_{\text{HS}} \quad N_{\text{HS}}]^{\text{T}}$$

$$= \begin{bmatrix} -(W-B)\sin\theta \\ (W-B)\cos\theta\sin\varphi \\ (W-B)\cos\theta\cos\varphi \\ (y_G W - y_B B)\cos\theta\cos\varphi - (z_G W - z_B B)\cos\theta\sin\varphi \\ -(z_G W - z_B B)\sin\theta - (x_G W - x_B B)\cos\theta\cos\varphi \\ (x_G W - x_B B)\cos\theta\sin\varphi + (y_G W - y_B B)\sin\theta \end{bmatrix} \quad (2.31)$$

式中，(x_G, y_G, z_G) 为艇体坐标系下的重心坐标；(x_B, y_B, z_B) 为艇体坐标系下的浮心坐标。

5）推进器作用力

对于艇部仅布置一个螺旋桨推进器的 AUV，桨轴线在艇体中纵剖面，则其产生的力（矩）为沿 x 轴正向的推力 X_{prop} 和绕桨轴线的转矩 K_{prop}，表达式为[30]

$$\begin{cases} X_{\text{prop}} = \rho D_{\text{prop}}^4 K_T(J_0)\,|\,n\,|\,n \\ K_{\text{prop}} = \rho D_{\text{prop}}^5 K_Q(J_0)\,|\,n\,|\,n \end{cases} \quad (2.32)$$

式中，D_{prop} 为螺旋桨直径；n 为螺旋桨转速；$J_0 = V/(nD_{\text{prop}})$ 为进速系数，V 为螺旋桨进流速度，此处取 AUV 航速；$K_T(J_0)$ 为推力系数；$K_Q(J_0)$ 为转矩系数。K_T、K_Q 值可通过数值计算或敞水试验得到。

将推进器产生的力表示成矩阵形式为

$$\boldsymbol{\tau}_{\text{prop}} = \begin{bmatrix} X_{\text{prop}} & 0 & 0 & K_{\text{prop}} & 0 & 0 \end{bmatrix}^{\text{T}}$$
$$= \begin{bmatrix} \rho D_{\text{prop}}^4 K_T(J_0)|n|n & 0 & 0 & \rho D_{\text{prop}}^5 K_Q(J_0)|n|n & 0 & 0 \end{bmatrix}^{\text{T}} \tag{2.33}$$

6) 舵翼作用力

舵翼产生的力包括升力和阻力，可用式(2.34)表示：

$$\begin{cases} L_{\text{fin}} = \dfrac{1}{2}\rho V_E^2 A_{\text{fin}} C_L(\beta_E) \\ D_{\text{fin}} = \dfrac{1}{2}\rho V_E^2 A_{\text{fin}} C_D(\beta_E) \end{cases} \tag{2.34}$$

式中，L_{fin}、D_{fin} 分别为舵的升力和阻力；β_E 为舵翼有效攻角，如图 2.9 和图 2.10 所示；V_E 为舵翼有效进流速度；A_{fin} 为舵翼侧投影面积；$C_L(\beta_E)$ 和 $C_D(\beta_E)$ 分别为舵翼的升力系数和阻力系数，都是关于有效攻角的函数[37,38]，可以通过经验公式估算、CFD 数值计算以及试验获得。

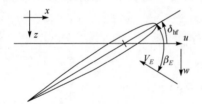 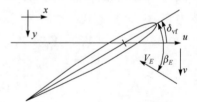

图 2.9　水平舵有效攻角　　　　　　图 2.10　垂直舵有效攻角

将垂直舵与水平舵的升力和阻力转换成艇体坐标系下的力，忽略横滚力矩，则有

$$\boldsymbol{\tau}_{\text{fin}} = \begin{bmatrix} X_{\text{fin}} \\ Y_{\text{fin}} \\ Z_{\text{fin}} \\ K_{\text{fin}} \\ M_{\text{fin}} \\ N_{\text{fin}} \end{bmatrix} = \begin{bmatrix} (L_{\text{fin}})_{\text{hf}}\sin[(\beta_E)_{\text{hf}}-\delta_{\text{hf}}]-(D_{\text{fin}})_{\text{hf}}\cos[(\beta_E)_{\text{hf}}-\delta_{\text{hf}}] \\ +(L_{\text{fin}})_{\text{vf}}\sin[(\beta_E)_{\text{vf}}-\delta_{\text{vf}}]-(D_{\text{fin}})_{\text{vf}}[(\beta_E)_{\text{vf}}-\delta_{\text{vf}}] \\ -(L_{\text{fin}})_{\text{vf}}\cos[(\beta_E)_{\text{vf}}-\delta_{\text{vf}}]-(D_{\text{fin}})_{\text{vf}}\sin[(\beta_E)_{\text{vf}}-\delta_{\text{vf}}] \\ -(L_{\text{fin}})_{\text{hf}}\cos[(\beta_E)_{\text{hf}}-\delta_{\text{hf}}]-(D_{\text{fin}})_{\text{hf}}\sin[(\beta_E)_{\text{hf}}-\delta_{\text{hf}}] \\ 0 \\ -(x_{\text{fin}})_{\text{hf}}Z_{\text{fin}} \\ (x_{\text{fin}})_{\text{vf}}Y_{\text{fin}} \end{bmatrix} \tag{2.35}$$

式中，x_{fin} 为舵轴在艇体坐标系下的纵向位置坐标；下标"hf"和"vf"分别表示水平舵与垂直舵，下同。

基于上述分析，AUV 六自由度方程可表示成如下矢量形式：

$$M\dot{v} = \tau_{\text{prop}} + \tau_{\text{fin}} + \tau_{\text{vis}} + \tau_{\text{HS}} - C(v)v \qquad (2.36)$$

式中

$$M = M_{RB} + M_A, \quad C(v) = C_{RB}(v) + C_A(v)$$

2.2.2　操纵性

AUV 的操纵性是指 AUV 借助其操纵装置（推进器、舵、翼等）来改变或保持其运动速度、位置和姿态的性能，主要包括 AUV 稳态航行时的平衡状态、保持航行状态的性能（运动稳定性）和改变航行状态的性能（机动性）。工作环境的特殊性，使得对 AUV 的操控性和安全性有着更高的要求，对 AUV 的操纵性研究也就显得至关重要。

1. 平衡状态

AUV 在工作时，为了保证其能够在失去动力情况下安全浮出水面，在设计时都会考虑为其留有一定的储备浮力，一般为排水量的 2%。对于仅在艉部布置水平翼的 AUV，水下稳态定深航行时，为了克服这部分正浮力，就需要艇体有一负的纵倾角（埋艏），这样艇体才能产生正的升力来抵消这部分浮力。而为了保持力矩平衡，水平舵就必须有相应的舵角，这样才能平衡艇体产生的纵倾力矩。平衡状态下的纵倾角和舵角分别称为平衡纵倾角、平衡舵角[39]，用 θ_0 和 δ_{hf0} 表示。

考虑 AUV 以航速 V 定深航行，其垂直面线性运动方程为

$$Z_w w + Z_{\delta_{\text{hf}}} \delta_{\text{hf}} = B_r \qquad (2.37)$$

$$M_w w + M_\theta \theta + M_{\delta_{\text{hf}}} \delta_{\text{hf}} = 0 \qquad (2.38)$$

$$\theta = -\frac{w}{V} \qquad (2.39)$$

式中，$M_\theta \theta$ 为静水力回复力矩，即 $M_\theta = -mgh$，m 为 AUV 浸水质量，h 为初稳心高；$B_r = \rho g \nabla - mg$ 为储备浮力，∇ 为排水体积，ρ 为液体密度。

联立式（2.37）和式（2.38），可得垂向速度 w 和纵倾角 θ 的表达式为

$$w = \frac{B_r - Z_{\delta_{\text{hf}}} \delta_{\text{hf}}}{Z_w} \qquad (2.40)$$

$$\theta = \frac{Z_{\delta_{\mathrm{hf}}} \delta_{\mathrm{hf}} Z_w \left(\dfrac{M_w}{Z_w} - \dfrac{M_{\delta_{\mathrm{hf}}}}{Z_{\delta_{\mathrm{hf}}}} \right) - M_w B_r}{M_\theta Z_w} \tag{2.41}$$

将式(2.39)和式(2.40)代入式(2.41)中,有

$$\theta = \frac{(B_r + Z_w V \theta) Z_w \left(\dfrac{M_w}{Z_w} - \dfrac{M_{\delta_{\mathrm{hf}}}}{Z_{\delta_{\mathrm{hf}}}} \right) - M_w B_r}{M_\theta Z_w} \tag{2.42}$$

经过整理后,可得平衡纵倾角表达式为

$$\theta_0 = \frac{-B_r \dfrac{M_{\delta_{\mathrm{hf}}}}{Z_{\delta_{\mathrm{hf}}}}}{M_\theta - Z_w V \left(\dfrac{M_w}{Z_w} - \dfrac{M_{\delta_{\mathrm{hf}}}}{Z_{\delta_{\mathrm{hf}}}} \right)} \tag{2.43}$$

将式(2.43)表示成无因次水动力系数形式,即

$$\begin{aligned}
\theta_0 &= \frac{-B_r \dfrac{M'_{\delta_{\mathrm{hf}}} \, 0.5\rho L^3 V^2}{Z'_{\delta_{\mathrm{hf}}} \, 0.5\rho L^2 V^2}}{M_\theta - Z'_w 0.5\rho L^2 V V \left(\dfrac{M'_w \, 0.5\rho L^3 V}{Z'_w \, 0.5\rho L^2 V} - \dfrac{M'_{\delta_{\mathrm{hf}}} \, 0.5\rho L^3 V^2}{Z'_{\delta_{\mathrm{hf}}} \, 0.5\rho L^2 V^2} \right)} \\[2em]
&= \frac{-B_r L \dfrac{M'_{\delta_{\mathrm{hf}}}}{Z'_{\delta_{\mathrm{hf}}}}}{M_\theta - 0.5\rho L^3 V^2 Z'_w \left(\dfrac{M'_w}{Z'_w} - \dfrac{M'_{\delta_{\mathrm{hf}}}}{Z'_{\delta_{\mathrm{hf}}}} \right)}
\end{aligned} \tag{2.44}$$

式中,L 为艇长;Z'_w、M'_w、$Z'_{\delta_{\mathrm{hf}}}$ 和 $M'_{\delta_{\mathrm{hf}}}$ 为水动力系数。

对应的平衡舵角为

$$\delta_{\mathrm{hf0}} = \frac{B_r + Z_w V \theta_0}{Z_{\delta_{\mathrm{hf}}}} = \frac{B_r + Z'_w 0.5\rho L^2 V^2 \theta_0}{Z'_{\delta_{\mathrm{hf}}} \, 0.5\rho L^2 V^2} \tag{2.45}$$

2. 运动稳定性

运动稳定性是指 AUV 在某一平衡运动状态下,受到外界干扰作用后随着时间的推移,能回复到原来平衡运动状态的能力[33]。如果能回复到原状态,则说明运动是稳定的,否则就是不稳定的。从 AUV 运动空间上看,其运动稳定性可分为垂直面运动稳定性与水平面运动稳定性。从运动学观点分析,运动稳定性

又分为静稳定性和动稳定性。

1) 垂直面运动稳定性

(1) 静稳定性。AUV 垂直面静稳定性是指其冲角 α 受扰动产生一个增量 $\Delta\alpha$ 后，其俯仰力矩 $M(w)$ 在扰动去除后最初瞬间的变化趋势[33]。若 $\Delta\alpha$ 引起的垂直方向水动力 $Z(w)$ 的作用趋势是促使冲角回复到原来平衡状态，则称为静稳定的，反之则是静不稳定的。常用无因次化的水动力中心臂 $l_a' = l_a/L = -M_w'/Z_w'$ 作为垂直面静稳定性衡准[33]：

$$\begin{cases} l_a' > 0, & \text{静不稳定} \\ l_a' = 0, & \text{中性稳定} \\ l_a' < 0, & \text{静稳定} \end{cases} \tag{2.46}$$

式中，l_a 为垂直面内水动力中心点到重心的距离，$l_a' > 0$ 表示水动力中心点在重心之前，$l_a' < 0$ 表示水动力中心点在重心之后；M_w' 为纵倾力矩对垂向速度的位置导数；Z_w' 为垂向力对垂向速度的位置导数。

(2) 动稳定性。垂直面动稳定性一般用稳定性衡准[33]

$$C_v + C_{vh} > 0 \tag{2.47}$$

来判定，其中

$$C_v = M_q'Z_w' - M_w'(m' + Z_q') \tag{2.48}$$

$$C_{vh} = \left[\frac{Z_w'(I_y' - M_{\dot{q}}')(m' - Z_{\dot{w}}')}{M_q'(m' - Z_w') + (I_y' - M_{\dot{q}}')Z_w'} - (m' - Z_{\dot{w}}') \right] M_\theta' \tag{2.49}$$

式中，M_q'、Z_w'、M_w'、Z_q'、$M_{\dot{q}}'$、$Z_{\dot{w}}'$ 为无因次的艇体线性水动力系数；m' 为无因次质量，$m' = \dfrac{m}{0.5\rho L^3}$；$I_y'$ 为关于中横剖面中心轴的无因次惯性矩；M_θ' 为无因次艇体扶正力矩，$M_\theta' = -\dfrac{M_\theta}{0.5\rho L^3 V^2} = -m'gh/V^2$。

由扶正力矩表达式可以看出，扶正力矩的作用是随航速的增加而减小的。所以，当满足 $C_{vh} = 0$，$C_v > 0$ 时，表示艇体在任何航速下都是动稳定的，称为"绝对稳定"；当满足 $C_v + C_{vh} > 0$，而 $C_v \leq 0$ 时，表示艇体的动稳定性随航速的增大而降低，甚至不稳定，即在低速时是稳定的，高速时是不一定稳定的，这种情况下称为"条件稳定"。由稳定转化为不稳定的临界条件为

$$C_v + C_{vh} = 0 \tag{2.50}$$

将式 (2.48) 和式 (2.49) 代入式 (2.50)，可得垂直面条件稳定的临界速度 V_{cr}^S 表

达式为[33]

$$V_{cr}^S = (m' - Z_{\dot{w}}') \sqrt{\frac{m'ghM_q'}{[(M_{\dot{q}}' - I_y')Z_w' + M_q'(Z_{\dot{w}}' - m')][M_q'Z_w' - M_w'(m' + Z_q')]}}$$ (2.51)

若设计的 AUV 达不到绝对稳定，则应在航速范围内是条件稳定的，即临界速度 V_{cr}^S 应大于艇体的最大航速 V_{max}。

一般来说，AUV 静稳定条件比动稳定条件严格得多[39]。为了能够控制 AUV 在垂直面内的运动，并不要求其是静稳定的，但一定要保证动稳定性，这对 AUV 的深度控制非常重要。

2) 水平面运动稳定性

(1) 静稳定性。与垂直面类似，研究 AUV 水平面静稳定性主要研究其漂角稳定性，常用无因次水动力中心臂 $l_\beta' = l_\beta / L = N_v' / Y_v'$ 作为衡准[33]：

$$\begin{cases} l_\beta' > 0, & \text{漂角静不稳定} \\ l_\beta' = 0, & \text{中性稳定} \\ l_\beta' < 0, & \text{漂角静稳定} \end{cases}$$ (2.52)

式中，l_β 为水平面内水动力中心点到重心的距离；$l_\beta' > 0$ 表示水动力中心点在重心之前；$l_\beta' < 0$ 表示水动力中心点在重心之后。

(2) 动稳定性。AUV 水平面动稳定性常用稳定性衡准数 C_H 来判定，其表达式为[33]

$$C_H = N_r'Y_v' + N_v'(m' - Y_r')$$ (2.53)

式中，N_r'、Y_r'、N_v'、Y_v' 为艇体线性水动力系数。

$C_H > 0$，表示 AUV 具有水平面动稳定性，反之是不稳定的。

AUV 的运动稳定性与艇体水动力布局 (舵翼等)、总体结构参数 (重量、重心等) 和运动参数 (速度等) 等有关，流体动力设计必须根据这些参数 (必要时可以对这些参数进行调整) 来进行，保证 AUV 具有一定的运动稳定性。

3. 机动性

机动性是指 AUV 改变运动状态的能力，在这里主要指改变深度和航向的能力。

1) 垂直面深度机动性

AUV 垂直面深度机动性是指 AUV 对于水平舵的操纵响应特性。

对于具有正浮力的 AUV，在垂直面内沿某一倾斜路径做固定纵倾角的变深运动,其线性运动方程为式(2.37)和式(2.38)。舵翼产生的力(矩)是航速平方的函数,而艇体的回复力矩与航速无关,由式(2.41)可知,由舵翼产生的纵倾角随航速的降低而减小。当航速足够小,舵翼产生的最大力和力矩不足以抵消正浮力和回复力矩时,AUV 就不会继续下潜,甚至会上浮。这样,就存在一个临界速度 V_{cr},使得 AUV 无论处于任何舵角都不能实现下潜。由于舵翼产生的力(矩)与舵角呈线性关系,临界条件下对应的舵角应该是最大舵角 $(\delta_{hf})_{max}$。根据式(2.37)~式(2.39),可得临界状态下的垂直面线性运动方程为

$$Z_w w + Z_{\delta_{hf}} (\delta_{hf})_{max} = B_r \tag{2.54}$$

$$M_w w + M_\theta \theta + M_{\delta_{hf}} (\delta_{hf})_{max} = 0 \tag{2.55}$$

$$\theta = -w / V_{cr} \tag{2.56}$$

将式(2.56)分别代入式(2.54)和式(2.55)中,可得

$$\frac{M_\theta - M_w V}{-Z_w V} = \frac{M_{\delta_{hf}} (\delta_{hf})_{max}}{Z_{\delta_{hf}} (\delta_{hf})_{max} - B_r} \tag{2.57}$$

进而可得

$$V_{cr} = \frac{M_\theta [Z_{\delta_{hf}} (\delta_{hf})_{max} - B_r]}{M_w [Z_{\delta_{hf}} (\delta_{hf})_{max} - B_r] - Z_w M_{\delta_{hf}} (\delta_{hf})_{max}} \tag{2.58}$$

考虑无因次化水动力系数形式,即

$$V_{cr} = \frac{M_\theta [Z_{\delta_{hf}} (\delta_{hf})_{max} - B_r]}{M_w' 0.5\rho L^3 V_{cr} [Z_{\delta_{hf}}' 0.5\rho L^2 V_{cr}^2 (\delta_{hf})_{max} - B_r] - Z_w' 0.5\rho L^2 V_{cr} M_{\delta_{hf}}' 0.5\rho L^3 V_{cr}^2 (\delta_{hf})_{max}} \tag{2.59}$$

整理后,得最大舵角 $(\delta_{hf})_{max}$ 对应的临界航速 V_{cr} 所满足的方程为

$$\frac{1}{4} \rho^2 L^5 (\delta_{hf})_{max} (M_w' Z_{\delta_{hf}}' - Z_w' M_{\delta_{hf}}') V_{cr}^4$$
$$-\frac{1}{2} \rho L^3 M_w' B_r V_{cr}^2 - M_\theta [Z_{\delta_{hf}} (\delta_{hf})_{max} - B_r] = 0 \tag{2.60}$$

为了保证 AUV 垂直面内的变深机动性,临界航速值小一些比较好,一般应低于 AUV 的最小航速。

由式(2.60)可知,对于已经确定的 AUV(即 $(\delta_{hf})_{max}$ 固定不变,M_θ 几乎不变),临界速度只与 AUV 的正浮力 B_r 有关。因此,在确定 AUV 压载重量时应考虑其对临界速度 V_{cr} 的影响。

2) 水平面机动性

水平面机动性是指 AUV 改变航向的能力，最常用的评价指标为水平面定常回转半径 R_s。

AUV 以某一固定速度直线航行，操舵角 δ_{vf} 保持不变，当经过一段过渡期后，AUV 进入稳态回转运动状态，该状态可用简化的水平面线性运动方程来描述：

$$-Y_v'v' - (Y_r' - m')r' = Y_{\delta_{vf}}'\delta_{vf} \tag{2.61}$$

$$-N_v'v' - N_r'r' = N_{\delta_{vf}}'\delta_{vf} \tag{2.62}$$

式中，$r' = rL/V$，定常回转半径 $R_s = V/r$，则有 $r' = L/R_s$。

将式(2.61)和式(2.62)看成关于变量 r' 和 v' 的方程组，进而可求得 AUV 稳态回转半径表达式为

$$\frac{R_s}{L} = \frac{1}{r'} = \frac{N_v'(m' - Y_r') + N_r'Y_v'}{N_v'Y_{\delta_{vf}}' - N_{\delta_{vf}}'Y_v'}\frac{1}{\delta_{vf}} \tag{2.63}$$

除了回转半径外，Z 形运动初转期 t_a 的无因次量 t_a' 也可作为水平面机动性的评价指标，其近似估算公式为[40]

$$t_a' \approx 2\sqrt{\frac{I_z' - N_{\dot{r}}'}{N_{\delta_{vf}}'}} \tag{2.64}$$

式中，当 t_a 为 Z 形操舵机动时，从首次操舵起至第一次操反舵止所经过的时间，是表征艏向改变快慢的物理量。所以，一般情况下，R_s 和 t_a' 越小越好。

2.2.3 艇体型线设计

AUV 艇体型线（艇型）设计是进行水动力性能计算的基础，也是总布置设计要考虑的重要因素。

人们在设计 AUV 时，总是希望它能够尽可能地在水中工作更长时间，即具有很高的续航力。而影响续航力的因素主要有两点：艇载能源与艇体航行阻力。高效率能源在工程应用上一直都是一个世界性难题，因此为了提高 AUV 续航力，就要从减小艇体阻力入手。设计具有优良水动力性能的 AUV 艇型可以使得 AUV 在搭载相同能源数量的情况下具有更大的续航力，或者是具有相同续航力要求的情况，所要搭载的能源更少，即 AUV 的尺寸更小，重量更轻。由此可见 AUV 艇型设计的重要性。

1. 艇体型线设计所要考虑的因素

艇体型线设计所要考虑的因素如下：

(1)合理地设计艇体长径比。长径比(L/d)为 7 或 8 是水动力性能和容积效率达到平衡的情况[41]。具有相同包络体积的 AUV，长径比小于 7 的，阻力有非常明显的增加。然而，如果超过这个比值，AUV 就会变得太细长以至于操纵性不好，并且内部有效空间很小。不同任务会有不同长度的平行中体，进而就会改变长径比。但是，平均来说，如果保持长径比在 6.5～9 就会具有非常好的综合性能。AUV 的实际尺寸还是要根据搭载的设备来定。

(2)选择合适的艇体去流段艉锥角，以避免艉部流动分离带来的阻力增加。艇体艉部形状不能与螺旋桨分开考虑，因为螺旋桨明显改变了艉部流场分布。靠推进器前进的最优总体外形并不是靠拖曳前进的最优艇体外形。在没有推进器的情况下，抛物线形艉没有出现流分离的极限艉锥角是 20°；由锥台(起始于艉端面、底部直径是艇体最大直径的一半)和抛物线形(与平行中体平滑过渡，另一端连接锥台)构成的艉部，其保证不出现流分离的极限艉锥角是 18°。对于有推进器推进的 AUV，流加速是由于推进器阻止了具有较高艉锥角艉部的流分离。而基于某些方面的原因(内部设备布置、操纵性、通过减小湿表面积来减小摩擦阻力)，人们更希望获得具有丰满形状的艉部。锥台加抛物线形的组合可以获得更加丰满的艉部，因此这一形状更容易被接受。

(3)艇体艏部线型尽量选用层流线型，尽可能推迟转捩现象发生，进而减小湍流摩擦力。同时，艏部形状还要考虑设备布置要求。

(4)在保证艉部流场不分离的状态下，应尽可能减小艉锥端面直径，以提高螺旋桨伴流效益。

(5)考虑实际加工与装配工艺，如果单纯从流体性能考虑来设计 AUV 艇型，会得到比较复杂的艇体型线，但是这样的型线对加工和装配工艺要求非常高，而且不能完全保证艇体结构的强度，风险较大。

2. 艇体型线公式

由于回转体艇型具有几何形状简单、流体动力性能好等优点，世界上多数 AUV 均采用该艇型[42-46]。并且，回转体艇型能够用参数化数学模型表达，便于定量分析和计算，对于实际的工程应用有重要意义。

AUV 的回转体艇型一般是由数学公式给出艏艉形状曲线，并根据需要决定是否使用平行中体。常用的艏艉形状有 Myring 型、Nystrom 型等。这些艇型都可以通过改变公式中的参数值来获得不同的回转体形状，以满足 AUV 外形对流体水动力性能、几何尺寸等的不同要求。在设计中，根据实际情况确定型线表达式的可调参数。取坐标系原点位于艇体艏部顶点，Ox 轴沿艇体轴线指向艉部，Oy 轴垂直于 Ox 轴向上。以下是几种具有精确数学表达式的回转体艇型曲线。

艇型 1：艏部进流段和艉部去流段均为半椭球体形式，平行中体为流线型回转体。艏艉部纵剖面曲线方程如下[47]。

艏部进流段：

$$y = \pm \frac{d}{2L_f}\sqrt{L_f{}^2 - (L_f - x)^2} \tag{2.65}$$

艉部去流段：

$$y = \pm \frac{d}{2L_a}\sqrt{L_a^2 - (x - L_f - L_p)^2} \tag{2.66}$$

式中，d 为横剖面最大直径；L_f 为艏部长度；L_a 为艉部长度；L_p 为平行中体长度。

艇型 2：艏部进流段是一半圆球，艉部去流段是半椭球，平行中体段为一平行中体，其艏艉部纵剖面曲线方程如下[47]。

艏部进流段：

$$y = \pm\sqrt{R_0^2 - (x - R_0)^2} \tag{2.67}$$

艉部去流段：

$$y = \pm \frac{R_0}{L_a}\sqrt{L_a^2 - (x - R_0 - L_p)^2} \tag{2.68}$$

式中，R_0 为圆球半径。

艇型 3：格兰韦尔双参数平方多项式圆头回转体线型，其曲线方程为[48]

$$\begin{cases} y'^2 = r_0 R(x') + k_{s1}K_{s1}(x') + Q(x') \\ R(x') = 2x'(x'-1)^4 \\ K_{s1}(x') = \frac{1}{3}x'^2(x'-1)^3 \\ Q(x') = 1 - (x'-1)^4(4x'+1) \\ 0 \leqslant x' \leqslant 1, \quad 0 \leqslant y' \leqslant 1 \end{cases} \tag{2.69}$$

式中，r_0 为数学线型在 $x=0$ 处的曲率半径；k_{s1} 为数学线型在 $x=1$ 处的曲率变化率；x'、y' 分别为坐标 x 和 y 的无因次量，计算公式如下。

艏部进流段：

$$\begin{cases} x' = x/L_f \\ y' = 2y/d \end{cases} \tag{2.70a}$$

艉部去流段：

$$\begin{cases} x' = (L-x)/L_a \\ y' = 2y/d \end{cases} \tag{2.70b}$$

艇型 4：Nystrom 艇型，艇体的进流段为半椭圆，去流段是一段抛物线，根据需要可以增加平行中体，以提高艇体的有效布置空间。艇型 4 的艏艉部曲线方程如下[49]。

艏部进流段：

$$y_f = \pm \frac{d}{2}\left[1-\left(\frac{x_f}{L_f}\right)^{n_f}\right]^{1/n_f} \tag{2.71}$$

艉部去流段：

$$y_a = \pm \frac{d}{2}\left[1-\left(\frac{x_a}{L_a}\right)^{n_a}\right] \tag{2.72}$$

式中，n_f 为艏部形状系数；n_a 为艉部形状系数；x_f 为艏段上纵向位置距最前端的距离；x_a 为艉段上纵向位置距横剖面最大直径处的距离；L_f 为艏段长度；L_a 为艉段长度；d 为平行中体直径。具体如图 2.11 所示。

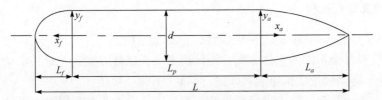

图 2.11　Nystrom 艇型参数描述

艇型 5：Myring 艇型[50]。艏部为一半椭圆，艉部为一段三次曲线，可根据需要增加平行中体长度。艇型 5 的曲线方程如下。

艏部进流段：

$$y(x) = \frac{1}{2}d\left[1-\left(\frac{x-a}{a}\right)^2\right]^{1/n} \tag{2.73}$$

艉部去流段：

$$y(x) = \frac{1}{2}d - \left(\frac{3d}{2c^2}-\frac{\tan\theta}{c}\right)(x-a-b)^2 + \left(\frac{d}{c^3}-\frac{\tan\theta}{c^2}\right)(x-a-b)^3 \tag{2.74}$$

式 (2.73) 和式 (2.74) 中，a 为艏部长度；b 为平行中体长度；c 为艉部长度；d 为平行中体直径；x 为长轴上点到艏部顶点的距离；n 和 θ 分别为控制艏艉曲线饱和程度的参数，n 和 θ 越大艏艉越饱满，如图 2.12 所示。

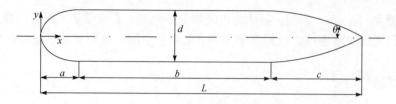

图 2.12　Myring 艇型参数描述

所有艇型中，以 Myring 艇型在 AUV 中使用居多，如 "REMUS-100" AUV[9] 和 "MAYA" AUV[51]。

2.2.4　舵翼设计

舵翼设计包括三项基本内容：①舵翼剖面几何形状设计，即翼型的设计或选择；②舵翼平面几何形状及大小设计；③舵翼布局设计，主要是确定舵翼、艇体、推进器之间的轴向、径向、周向的相对位置及匹配。

1. 舵翼设计流程

舵翼设计属于 AUV 的操纵性设计，过程如下所述：

（1）针对每个不同的总体方案，设计出多个操纵性方案，并对其水动力系数、附加质量、转动惯量、恒重参数等进行估算。

（2）在上述估算基础上进行操纵性判别，用稳定性衡准数判别 AUV 的运动稳定性和机动性，计算平衡冲角、平衡舵角和最小回转直径等。

（3）在操纵性判别的基础上，选取基本符合要求的 2～3 个方案进行基于 CFD 方法的水动力计算[52]，以获得 AUV 的水动力系数。

（4）根据计算结果，再利用（2）中提到的操纵性判别方法进行判别，选取一个较好的操纵性方案。

（5）对前面选出的方案加入相应的推进器模型，进行 AUV 总体运动仿真试验[20, 53]，以求出该技术方案的操纵性特征参数。运动仿真试验包括水平面回转试验、水平面 Z 形运动试验、垂直面梯形操舵试验等。

舵翼设计流程如图 2.13 所示。

2. 舵翼几何参数计算及选择

舵翼几何设计包括侧面形状设计和剖面形状选择。侧面形状一般用三个参数即可表达，即展弦比、根梢比和前缘后掠角[33]。这三个参数可以确定一系列形状相似的舵翼，但还需要根据总体设计要求确定舵面积之后才能唯一确定舵翼侧面几何尺寸。

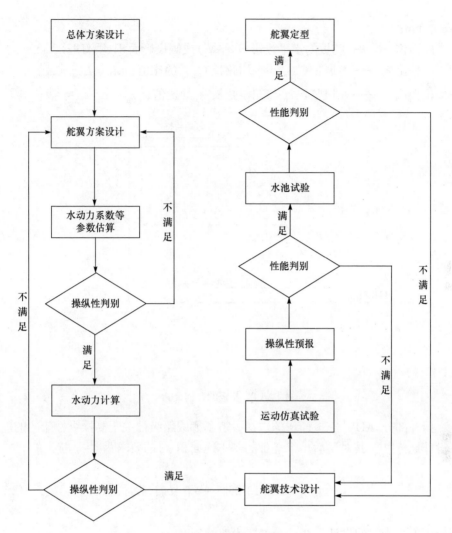

图 2.13　舵翼设计流程

　　下面以"WL-4"AUV 的舵翼设计来举例介绍。"WL-4"AUV 的舵板几何方案是侧面形状为直角梯形、剖面翼型为 NACA0012。对于直角梯形舵，在相同展弦比条件下，决定其侧面形状的参数只有根梢比。

　　直角梯形舵板平面几何特征参数(图 2.14)定义如下：

　　舵展长 L_{span} ——舵板平面内与来流垂直方向上的长度，mm；

　　舵梢弦长 c_{rp} ——舵板梢部弦长，mm；

　　舵根弦长 c_{rr} ——舵板根部弦长，mm；

　　平均弦长 L_{chord} ——在舵板平面内与舵展垂直方向上的长度，$L_{chord}=0.5(c_{rp}+$

c_{rr}），mm；

舵面积 A_{fin}——舵板的水平投影（水平翼）或侧投影面积（垂直舵），mm^2；

展弦比 λ_R——舵展长 L_{span} 与平均弦长 L_{chord} 的比值，$\lambda_R = L_{span}/L_{chord}$；

根梢比 λ_T——舵根弦长 c_{rr} 与舵梢弦长 c_{rp} 的比值，$\lambda_T = c_{rr}/c_{rp}$。

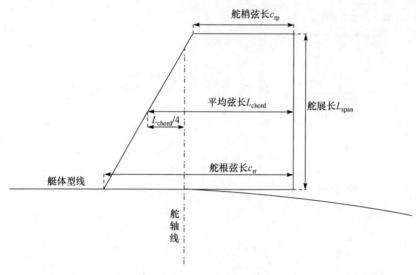

图 2.14　舵板的几何要素

国外部分 AUV 舵板面积的选择参考了挪威船级社关于高操纵性船舶的舵尺寸设计规范[41]，其对桨后单个舵板的基本舵面积 A_B 的要求为[54]

$$A_B \geqslant 0.01 \times \left[1 + 25 \left(\frac{B_{WL}}{L_{WL}} \right)^2 \right] L_{WL} \cdot B_{WL} \tag{2.75}$$

式中，L_{WL} 为船的设计水线长；B_{WL} 为船的型宽。

如果舵在螺旋桨前面，舵面积就要至少增加30%[54]，即

$$A_B \geqslant \left\{ 0.01 \times \left[1 + 25 \left(\frac{B_{WL}}{L_{WL}} \right)^2 \right] L_{WL} \cdot B_{WL} \right\} \times 1.3 \tag{2.76}$$

该挪威船级社规范针对水面船的操纵性要求来选择舵面积，与 AUV 等潜水器差别较大，因此本书建议参考鱼雷操纵性设计要求来确定 AUV 舵面积。在鱼雷进行操纵性设计时，舵面积一般取 $(0.11 \sim 0.13) \nabla_{shape}^{2/3}$（$\nabla_{shape}$ 为鱼雷形排水体积）[55]。此处以"WL-4"AUV 为例介绍其舵面积计算，其排水体积为96354436mm^3。由于 AUV 航速一般不超过 8kn[42-46]，远低于鱼雷速度（一般不小于 25kn），考虑

到航速对舵效的影响，取该要求的上限来计算 AUV 舵面积，则可得单舵舵面积为

$$\frac{1}{2}A_{\text{fin}}^{\text{hf}} = \frac{1}{2}A_{\text{fin}}^{\text{vf}} = \frac{1}{2} \times 0.13\nabla_{\text{shape}}^{2/3} = 13661.5\text{mm}^2 \tag{2.77}$$

影响舵翼水动力特性的几何要素主要是展弦比和根梢比[33]，其中，以展弦比的影响最大。为了确定舵板平面几何尺寸，我们应用 Fluent 软件对相同舵面积、不同展弦比和根梢比的舵进行了计算，选取的舵平面几何参数如表 2.5 所示。

表 2.5   舵平面几何参数

展弦比	根梢比 1.5			根梢比 2		
	舵展长/mm	舵梢弦长/mm	舵根弦长/mm	舵展长/mm	舵梢弦长/mm	舵根弦长/mm
1	117	93.5	140	117	78	156
1.5	144	76.5	115	144	64	128
2	165	66	99	165	55	110

注：舵面积为 13661.5mm²。

1m/s 来流下的计算结果如图 2.15 所示。

由图 2.15(b) 可知，小舵角(低于 20°)时，升力系数随 λ_R 的增大而增大，与 λ_T 值无关，大舵角时，升力系数随 λ_R 和 λ_T 值的减小而增大，$\lambda_R=1$、$\lambda_T=1.5$ 时的值最大。因此，如果舵板攻角变化范围较小，那么应该选择展弦比较大的舵板。考虑舵板与主艇体之间的相互干扰，当舵面积及展弦比相同时，根梢比大的舵板，其处于边界层内的面积也较大，舵效会损失较多。基于上述考虑，确定舵板平面几何参数如表 2.6 所示，图 2.16 为 "WL-4" AUV 实际舵板。

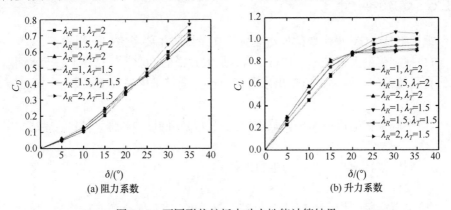

图 2.15   不同形状舵板水动力性能计算结果

表 2.6　"WL-4" AUV 舵板平面尺寸

舵面积	展弦比	根梢比	展长	舵梢弦长	舵根弦长
13661.5mm^2	2	1.5	165mm	66mm	99mm

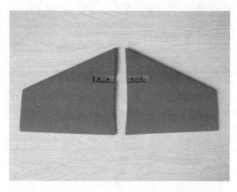

图 2.16　"WL-4" AUV 实际舵板

3. 舵翼布局设计

舵翼位置对 AUV 的操纵性有重要影响。考虑设备布置情况，在满足正常使用要求的前提下，AUV 的舵翼通常布置在艇体艉部，并尽可能远离 AUV 艇体水动力中心点，以保证舵翼产生足够大的偏转力矩。为了最大限度地减小舵机负载扭矩，舵轴应该布置在舵板水动力中心附近，一般为舵板平均弦长剖面处从舵翼前缘向后四分之一平均弦长位置，如图 2.14 所示。

2.2.5　螺旋桨设计

螺旋桨是 AUV 最主要的推进装置，在设计时主要考虑如下因素：

(1)螺旋桨最大直径不宜超过 AUV 最大直径的 80%[56]。AUV 在近水面航行时，直径较大的螺旋桨会出现出水可能，这样会带来推进效率损失，同时也会削弱桨的强度。

(2)螺旋桨在电机最大转速范围内能提供足够的推力，保证 AUV 能达到最大航速。

(3)螺旋桨转速与功率要与电机匹配。

(4)设计工作点应在高效率区，工作点附近效率变化应平缓。

(5)单螺旋桨工作会在艇体上产生单向扭矩，使艇体有横滚的趋势，设计时应考虑减小或消除这部分扭矩。

由于 AUV 工作深度较水面船大很多，且螺旋桨载荷较小，设计时可不用考虑空泡性能，为提高螺旋桨推进效率，通常选用小盘面比螺旋桨作为其推进方案。基于图谱的 AUV 螺旋桨设计过程如下[57]：

(1)确定设计条件，包括航速 V、有效马力曲线 $P_E\text{-}V$、电机输出功率 P_S、转速 $N(\text{r/min})$ 等，有效马力曲线根据阻力计算得到。

(2)假定推进参数，包括伴流分数 w、推力减额 t、相对旋转效率 η_R、轴系效率 η_S 等。

(3)选择一系列航速 V，根据螺旋桨收到功率 $P_P = P_S\eta_S$，确定相应航速下的 B_P 值。B_P 为螺旋桨的收到马力系数（或简称功率系数），可由公式 $B_P = \dfrac{NP_D^{0.5}}{V_A^{2.5}}$ 计算获得。其中，P_D 表示螺旋桨收到功率，单位为 hp，即 $P_P = 735P_D(\text{W})$；N 表示螺旋桨转速，单位为 r/min；V_A 表示螺旋桨进速，单位为 kn，此处可近似为 AUV 航速，则有 $V = 0.5144V_A(\text{m/s})$。根据 $\sqrt{B_P}$ 与图谱中最佳效率曲线的交点可查出直径系数 δ、螺距比（螺旋桨螺距与其直径的比值）λ_{PD}、螺旋桨效率 η_P，并可计算出相应螺旋桨有效功率 $P_T = P_P\eta_P$，进而计算出 $P_{\text{TE}} = \dfrac{1-t}{1-w}\cdot P_T$。图 2.17 为某 AUV 螺旋桨 $\sqrt{B_P}\text{-}\delta$ 图谱。

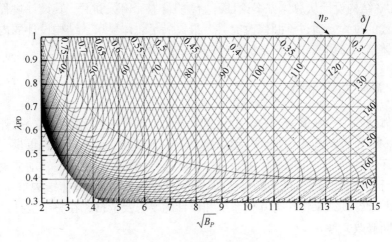

图 2.17　某螺旋桨设计图谱[58]

(4)以航速 V 为横坐标，以 P_E、P_{TE}、δ、λ_{PD} 和 η_P 为纵坐标绘制曲线，$P_E\text{-}V$ 曲线与 $P_{\text{TE}}\text{-}V$ 曲线的交点对应的航速为 AUV 最大航速 $V_{\max}$，通过插值获得 $V_{\max}$ 对应的 δ、λ_{PD} 和 η_P 的值。

图 2.18　"WL-4" AUV 螺旋桨
　　　　　实物

(5)取螺旋桨直径为艇体最大直径的 80%，并根据此值对设计直径和螺距比进行修正。修正方法为根据设计参数建立模型，然后调整螺距，直至在最大航速条件下的推力和转矩达到要求。

(6)根据《钢制海船入级与建造规范》[59]，对所设计的螺旋桨进行结构强度校核。

根据以上过程，可以最终确定螺旋桨参数。图 2.18 为根据上述过程设计的"WL-4"AUV 的螺旋桨实物。

2.3　AUV 结构设计

AUV 的结构即总体结构，是 AUV 总体的一个重要组成部分。总体结构的功能是把 AUV 上各系统组合成一个有机的整体，为各个系统提供可靠的工作环境，为各个设备提供安装空间并承受外部环境载荷，保证 AUV 的完整性和有效性，满足航行性能要求。

AUV 结构设计从总体方案论证开始，贯穿整个开发过程。其设计过程是一个逐步迭代的过程，通过不断修改完善，最终满足总体要求。结构设计的内容主要包括总体结构布局、非耐压结构设计和耐压结构设计等。

2.3.1　总体结构布局

总体结构布局是根据 AUV 的主尺寸及线型等要求，确定舱内、舱外各部分设备的安装位置和方式。布局过程需充分考虑各部分的结构尺寸、重量、功能及对工作环境的要求。布局过程中，对 AUV 整体的重量、重心、转动惯量等平衡参数进行分析、计算，保证能满足 AUV 航行和控制的需要。总体结构布局是 AUV 设计的基础，其结果将作为其他系统和设计的要求及依据，在整个设计过程中应对其不断修改完善。

总体结构布局既要把总体性能要求分解到各个系统，又要把各个系统合理地集成为 AUV 总体，形成满足设计指标要求的 AUV 初步方案。在开展总体结构布局设计前，首先要完成如下工作：

(1)明确总体设计指标要求。在 AUV 总体要求中，一般都有对 AUV 排水量、长度、直径等做范围上的要求，而对航速、航程等做具体要求。同时，在设计初期，应确定 AUV 艇体线型和流体动力布局，这些是开展总体结构布局的基础。

（2）明确 AUV 设备组成。在开展总体布局设计前，应先根据 AUV 的任务要求，确定所要搭载的全部设备以及每个设备的结构参数和重量。以设备的工作原理及对工作环境的要求作为总体布局的基础开展总体布局设计工作，同时还要根据总体布局的情况，对设备的结构参数和重量提出要求，最终选择满足要求的设备及其布置。

AUV 总体结构布局的目的是通过合理安排和布置所有设备，尽量缩小设备所占用的空间，在满足任务技术指标要求和航行运动稳定性、机动性要求的前提下，最小化 AUV 总体重量及排水量，提高 AUV 总体性能。在进行总体结构布局时，应考虑以下几方面要求：

（1）AUV 所搭载设备的功能、工作原理及对工作环境的要求。在进行结构布局设计时，将功能和对环境要求比较接近的设备集中布置，减少电磁干扰。例如，将无线电天线和 Wi-Fi 天线布置在艇艉，而将磁罗经布置在艇艏。

（2）航行性能对平衡参数的要求。AUV 平衡参数是决定 AUV 运动稳定性、机动性等航行性能的重要因素。在进行总体结构布局时，应根据航行性能的要求，对重量、重心、转动惯量、排水量、浮心等平衡参数进行合理设计，在保证 AUV 具有一定正浮力的前提下，最小化航行时的平衡舵角和平衡攻角，提高平衡质量。在 AUV 结构设计及实际使用中，经常通过增加压载及浮力材料的方式来满足其对平衡参数的要求。

（3）AUV 布放回收对艇体表面突出设备布置的影响。对于潜艇鱼雷管回收，AUV 艇体表面不能有任何突出布置的附体；对于喇叭口坞站、伸缩滑道和吊网回收，艇体表面附体不能突出艇体过大，否则在布放回收过程中极易造成损伤；对于吊点式回收，尽可能保证突出附体远离吊钩，避免起吊过程中被吊钩刮碰损伤。

（4）AUV 的使用、维修及保障要求。为了使用、维修和保障方便，在结构布局设计时，对于 AUV 使用和保障过程中经常操作的部分，要尽量布置在靠近艇体表面或耐压舱端面的位置，减少保障时拆装的工作量，降低工作难度。

总体结构设计流程如下：

（1）根据 AUV 任务要求，确定所需的设备方案，再根据所选设备的功能、原理及对工作环境的要求，确定设备的布置方案。

（2）根据 AUV 总体给出的艇体线型等参数完成耐压壳结构的基本设计，根据步骤（1）确定的设备布置方案，完成 AUV 耐压壳舱外的设备布置，对于本书来说，就是确定艇体艏艉段结构形式、设备布置及装配形式。

（3）利用三维建模软件（AutoCAD、Solidworks、CATIA 等）完成 AUV 总体结构布局的虚拟设计，然后对 AUV 总体结构参数（包括平衡参数、结构强度、装配形式等）进行核算。

(4)根据核算结果对总体结构布局进行调整,包括耐压壳尺寸及非耐压结构尺寸,必要的话还可以重新选择相关设备,以满足总体布局需要。

(5)通过反复修改和核算,最终完成总体结构布局。

2.3.2 非耐压结构设计

非耐压结构是指 AUV 上不承受静水压力的结构,通常将耐压壳包围在其内部,也称为外部结构。非耐压结构主要由外部流线型壳板(蒙皮)、内部框架、浮力材料等组成,与耐压壳一起决定着 AUV 的外形和结构形式,其主要作用如下:

(1)提供光顺或流线型的外形,以提高 AUV 在水中运动时的水动力性能,减少航行阻力。

(2)为设置在耐压壳外的设备提供支承和机座。

(3)保护耐压壳以及在耐压壳外的设备,防止它们直接与外界物体碰撞。

与耐压壳相比,非耐压结构的最大不同之处在于不需要构成密闭的常压空间。当 AUV 潜入水中时,非耐压结构内部进水,并与外部的海水相连通,因而内外压力平衡,所以结构本身不承受海水的压力作用,因此其不要求有耐压壳那样高的强度,但要保证 AUV 在吊放及航行中的结构强度。

1. 外形与结构形式

AUV 的非耐压结构形式随主尺寸、下潜深度、使命任务和航速的不同而不同。对于主尺寸较小(直径不超过 533mm)的小潜深(100~300m)AUV,通常没有非耐压结构,直接由耐压壳来构成它的外形。耐压壳一般由圆柱形壳、艏艉锥形部分及球形封端组成,如"GAVIA"AUV(图 2.19)、"REMUS-100"AUV 等。有些 AUV 也采用圆柱耐压壳和非耐压结构组合的形式,如哈尔滨工程大学的"WL-3"AUV,艏艉部分为非耐压结构,中间为圆柱形耐压壳,非耐压结构部分主要是为了搭载独立承压密封的水下设备,如水下摄像机、声呐、承压电机及舵机等,如图 2.20 所示。

图 2.19 "GAVIA"AUV[60]

图 2.20　"WL-3" AUV

对于潜深较大(大于 300m)或主尺寸较大的 AUV,由于使用全耐压壳结构会使艇体重量过大、加工成本过高,一般采用非耐压结构和耐压壳的组合形式,尺寸相对较小的耐压壳布置在非耐压结构内。为减少航行阻力,非耐压结构外表面采用具有光滑外形或流线型的薄壁壳体,如英国"AUTOSUB 6000"AUV(图 2.21);或直接采用具有流线型的浮力材料,如美国 "REMUS-6000" AUV(图 2.22)。

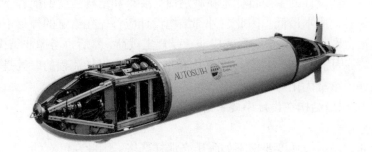

图 2.21　英国 "AUTOSUB 6000" AUV[61]

图 2.22　美国 "REMUS-6000" AUV[62]

目前常用的非耐压结构的形式主要是立体框架形式,如图 2.23 所示。该结构中主要受力部件是梁柱杆件,周围的壳板、蒙皮、浮力材料等不承受主要载荷,仅提供流线型外形以减少艇体航行阻力,因此蒙皮可以采用易于成型、重量较轻

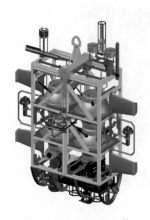

图 2.23　AUV 的立体
框架结构

的复合材料制造，而且可以由许多块板组成，这些板通过螺钉与骨架相连。这样的结构便于将整个蒙皮或者部分蒙皮移去，进行设备的安装和维护，而不会影响结构的整体强度。

2. 材料选择

目前，AUV 非耐压结构中，蒙皮多采用可设计性强、抗疲劳和耐腐蚀能力好的玻璃纤维和碳纤维等材料，也有部分 AUV 仍然采用铝合金板材制作蒙皮。框架结构多选用铝合金材料，以减小艇体的总重量，部分 AUV 在铝合金框架受力较大位置采用钛合金进行加强，如吊点处。大型 AUV 由于尺寸、重量较大，也有的采用高强度钢制作 AUV 主框架，局部采用铝合金材料。

3. 设计要求

非耐压结构设计的主要目标是在满足使命要求和结构强度的前提下，获得的结构重量最轻，成本最低。因此，外部结构设计应首先在给定的外形下获得最轻的结构重量，并且材料和结构形式应能承受规定载荷，然后再考虑非结构因素（如成本、维护等因素），进行综合性能优化和平衡。这个设计流程的好处是使设计师能定量地评估重量优化与成本优化之间的关系。

AUV 非耐压结构在设计中要考虑以下几方面因素。

1) 强度要求

由于非耐压结构强度要求不如耐压壳那样严格，因此在已有的与 AUV 相关的规范中，都没有对非耐压结构设计、设计载荷、强度计算方法、制造要求等关键技术作明确的规定，但是非耐压结构根据实际应用仍需满足一定的强度要求。

因为 AUV 在布放过程中，海水不能迅速进入非耐压结构内部而使得蒙皮外部承受一定水压；船舶随波浪摇摆产生的加速度会增加 AUV 主框架及吊点受力。回收过程中，在重力及起吊加速度作用下，非耐压结构内部的海水使蒙皮内表面承受压力；未能及时排出的海水和起吊加速度增加了 AUV 主框架及吊点的受力。此外，在操作失当及恶劣海况下，AUV 与母船也可能发生碰撞，因而也要求非耐压结构局部能承受一定的碰撞载荷；大尺寸 AUV 在近水面或水面航行时，会受到波浪力而产生总纵弯曲。

2) 蒙皮的外形要求

AUV 蒙皮外表面是按照艇体型线进行光顺处理的，所以按制造工艺和性能要求都不应当在外表面设置加强筋、凸台等结构，以免损害其光顺的外形。

3) 防腐要求

非耐压结构内外都要与海水接触，并且经常处于干湿交替状态，因此它的腐蚀问题比较突出，设计时需重点考虑。

4) 制造、安装及总布置要求

整体而言，蒙皮不是关键件，而是易损件。这就要求蒙皮局部损坏后能够便于拆换。此外，轻外壳内部有较多的设备，这就要求蒙皮便于安装、拆卸以利于内部设备维护。

与蒙皮连接的金属框架的安装位置要根据 AUV 内部结构总布置来确定，因此不能任意布置，要求蒙皮与安装支架能配合良好。

基于上述制约，在设计过程中，通常对蒙皮进行合理划分，分块制造，然后将每块蒙皮分别安装到框架上形成一个整体。在划分区域时，应遵守如下原则：

(1) 易损区域和局部加强区域单独分块。

(2) 在考虑蒙皮安装便利基础上应尽量减少蒙皮分块，分块较多会产生大量接缝并会使用固定螺栓等，从而将影响蒙皮整体表面光滑度，不利于降低航行阻力。

(3) 考虑内部设备拆装维修便利性。

2.3.3 耐压结构设计

1. 耐压壳结构形式

AUV 的耐压壳结构形式主要包括球形、圆柱形、椭球形、锥形和倒楔形等多种形式，各耐压壳结构形式的优缺点如表 2.7 所示。目前，普遍采用球形、圆柱形与半球形组合以及圆柱形与平板组合的耐压壳形式。球形耐压壳(图 2.24)主要用于最大工作深度大于 1000m 的 AUV，圆柱与半球封头组合耐压壳(图 2.25)多用于潜深 600～3000m 的 AUV，圆柱与平板封头组合耐压壳(图 2.26)加工成本低，多用于潜深不大于 1000m 的 AUV[63]。由于耐压壳形式的选择与舱室的内部总布置和使用要求、耐压壳材料及加工工艺和制造条件、经济性、可靠性、流体阻力等众多因素有关，因此上述规律并不绝对。

表 2.7 各种耐压壳结构形式的优缺点比较[64]

耐压壳结构形式	优点	缺点
球形	具有最佳的重量-排水量比； 容易制造壳体杯形管节； 容易进行应力分析而且分析结果准确； 结构稳定性高、体积密度小； 材料利用率高	不便于内部舱室布置； 流体运动阻力大； 不易加工制造； 空间利用率低

耐压壳结构形式	优点	缺点
椭球形	具有较好的重量-排水量比； 能较有效地利用内部空间； 容易安装壳体贯穿件	制造费用高； 结构的应力分析较困难
圆柱形	最易加工制造； 容易进行内部舱室布置； 内部空间利用率最高； 流体运动阻力小	重量-排水量比值最大； 内部需要用肋骨加强； 存在结构稳定性问题； 材料利用率较低

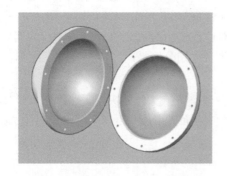

图 2.24 球形耐压壳三维模型图

图 2.25 圆柱与半球封头组合耐压壳

图 2.26 圆柱与平板封头组合耐压壳

球形壳体具有结构稳定性高和体积密度小的优点，另外由于球形壳内表面积与容积的比值小，因此壳体上适于简易地切割舱口、舷窗和电缆套管孔。其缺点是不便于对舱内设备进行布置，因此空间利用率往往不高。虽然增加直径可以增加容积，但同时也会使 AUV 整体变大进而增加运动阻力，从而降低 AUV 的续航力和速度。为了保证 AUV 具有良好的线型，通常采用的改进方法包括：①多球形壳体组合形式；②两个孤立球形壳体的组合形式；③由圆柱形隧道连接两个半球的组合形式。

圆柱形耐压壳结构形式通常采用肋骨加强来保证结构稳定性，但当圆柱形部分的直径和长度不大并且外压力相对较小时，结构稳定性可以通过增加外壳板厚度来保证。

2. 圆柱形耐压壳结构设计步骤简述

圆柱形耐压壳结构设计步骤如下：

(1) 设计载荷的确定。AUV 在工作、维护及运输过程中承受的载荷较多，但其中最重要的就是其在水下工作时承受的静水压力。在这里只考虑其承受的静水压力作为设计载荷。

(2) 壳体材料的确定。AUV 耐压壳材料的选择要综合考虑材料的比刚度和比强度、耐腐蚀性、工艺适应性、所搭载设备对工作环境要求、成本等。常用的材料有铝合金、钛合金（大潜深）、合金钢、非金属复合材料等。

(3) 壳体结构尺寸的确定。壳体结构尺寸包括耐压壳长度、壳体厚度、肋骨高度及宽度、肋骨间距、法兰高度和宽度、壳体表面开孔深度及位置、开孔加强尺寸等。这些参数对壳体强度和稳定性有重大影响，需要结合强度校核谨慎考虑。

(4) 舱内安装结构的确定。舱内安装结构主要考虑舱内设备布置要求及结构安装/固定形式，例如，对于铝合金壳体，舱内安装框架要焊接到壳体上，铝合金的焊接性能要求较合金钢和钛合金严格得多，焊接的位置、形式等需要着重考虑，避免由于选择不当对壳体强度的损害，造成严重后果。

(5) 强度与稳定性校核。强度与稳定性校核是 AUV 能够安全、稳定工作的前提，是壳体设计非常重要的一环。目前，耐压壳强度与稳定性校核主要有两种方法，即规范校核法和有限元分析法。

(6) 打压试验。由于强度校核只是数值计算，为了保证耐压壳能够在设计水深不被破坏，还需要打压试验来验证其可靠性。

圆柱形耐压壳结构设计是一个循环往复的迭代过程，如图 2.27 所示。

3. 耐压壳材料

耐压壳材料选择对于 AUV 的可靠性、安全性、经济性等是非常重要的，而 AUV 的使用条件也对其耐压壳的材料提出了诸多特殊要求。耐压壳的材料包括金属和非金属两类。常用的金属材料包括高强度铝合金、钛合金、高强度船用钢等。非金属材料包括玻璃、陶瓷、塑料、玻璃纤维增强复合材料、碳纤维增强复合材料、金属基复合材料和陶瓷复合材料等。为了确保所设计的 AUV 在限定的海洋环境下具有良好的性能，在选择 AUV 的耐压壳材料及其焊接或连接材料时，应从比强度（材料屈服强度与重度之比）σ_s / γ、比刚度（材料弹性模量与重度之比）E / γ、

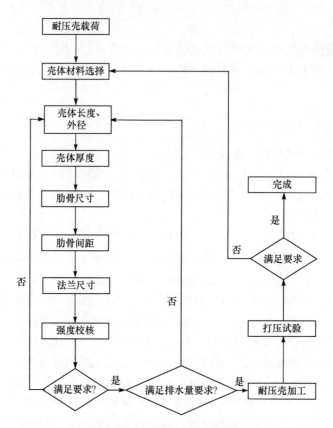

图 2.27　圆柱形耐压壳结构设计流程

可设计性、可装配性、可生产性、重量与排水量比值 $W/(\rho g \nabla)$ 以及经济性(材料成本和建造经费,甚至包括维修费用)几方面对其进行评价[64]。图 2.28 为几种典型材料的性能比较。

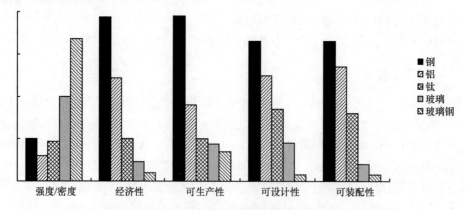

图 2.28　几种典型耐压壳材料的性能比较[64]

另外，材料的选择应使壳体具有最低的相对重量，使之在同样结构重量的情况下 AUV 能获得更大的潜深，或者在需求的深度下具有最轻的结构重量。

各种材料都具有其优点和缺点，材料的选择取决于 AUV 的结构、下潜深度、用途及其他因素。下面对几种典型耐压壳材料加以概述。

1) 碳钢和合金钢

对于尺寸较大的耐压壳，设计者往往采用高强度钢如碳钢和合金钢，这主要因为高强度钢具有很高的屈服极限、较好的疲劳和断裂强度，以及较好的制造工艺性、经济性，设计者和制造者对钢材在海洋环境下的应用也积累了丰富的经验，而且加工工艺都已成熟。但由于高强度钢的比强度、比刚度较小，应用到大潜深 AUV 上时会严重超重。

2) 铝合金

铝合金重量轻，具有较高的单位强度。由于铝合金密度小，因此可以在重量与排水量比值较小或相同的情况下，使 AUV 增大负载能力或增大作业深度。高强度铝合金已经被广泛应用于制造中小型 AUV 的框架和耐压壳体，但高强度铝合金可焊性差、应力腐蚀敏感，且铝合金耐压壳的造价远远高于钢质壳，选材时需综合考虑。目前国际上几种典型的 AUV，如 "REMUS-100" "Bluefin 9" "Explorer" "AUTOSUB" 等，均采用铝合金材质耐压壳[42-46]。

3) 钛合金

钛合金具有良好的力学性能，具有密度小、强度高、耐腐蚀、无磁等优点，是大深度潜水器耐压壳的首选材料。然而，钛合金的应用也受其造价高、加工复杂、焊接要求高等限制，但随着钛合金力学性能的进一步完善、加工工艺的改进和费用的降低，钛合金的优势将会越来越明显。目前，潜深超过 3000m 的 AUV，其耐压壳大都选用钛合金材料。

4) 非金属材料

非金属材料主要包括下述几种：

(1) 玻璃和陶瓷。从强度与重量比出发，玻璃和陶瓷是最有前途的耐压壳材料，但是由于其材料特性、工艺、制造经验等方面与金属材料截然不同，而且抗拉与抗压屈服强度十分不对称，从而限制了其广泛的应用。美国的全海深 AUV "海神号" 耐压壳即使用陶瓷材料制成[65]（图 2.29）。图 2.30 为采用高硼硅玻璃球作为设备耐压舱的 AUV 内部图。

(2) 复合材料。近年来由于复合材料的迅速发展和在航空航天领域的成功应用，最初制约其应用的一些因素（如价格、工艺等）正被逐步克服，已经开始在包括 AUV 等在内的潜水器上作为结构部件应用[67]，并越来越显示出其优越性。对于大潜深 AUV，具有优异的力学性能和耐腐蚀性的先进复合材料（如碳纤维增强复合材料等）不失为一种最好、最有前景的耐压壳材料，但是对于相应的结构强度与稳定性的分析方法还有待进一步研究。

图 2.29 "海神号" AUV 的耐压壳[65]

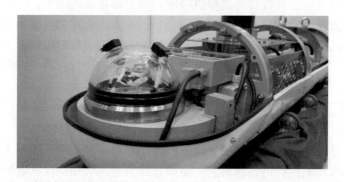

图 2.30 采用高硼硅玻璃球作为设备耐压舱的 AUV 内部图[66]（见书后彩图）

除此之外，AUV 耐压壳还可以采用以上各种材料组成的混合式结构，如钛合金套在玻璃钢外面、在耐压壳的圆柱形部分和封头部分采用不同的材质等。

4. 耐压壳密封

AUV 耐压壳的密封一般选用拆装方便、密封可靠的 O 形圈(橡胶)作为密封元件。O 形圈是一种使用广泛的挤压型密封件，在安装时 O 形圈截面被压缩变形，堵住泄漏通道，从而起到密封的作用。使用 O 形圈进行密封具有下列优点：

(1)结构简单、占用体积小、安装部位紧凑、拆装方便、加工容易。

(2)具有自密封作用，不需要周期性调整。

(3)适用参数范围广，使用温度范围可达–60～200℃，用于动密封装置时，密封压力可达 35MPa。

(4)价格低廉。

密封圈沟槽形状有矩形、V 形、半圆形、燕尾形和三角形等，如表 2.8 所示，应用最为普遍的是矩形沟槽。

表 2.8   各种密封圈沟槽的形状与特点[64]

沟槽形状	沟槽名称	特点
	矩形沟槽	适用于动密封和静密封，是使用最普遍的一种
	V 形沟槽	只适用于静密封或低压下的动密封，一般因摩擦阻力大，易挤入间隙
	半圆形沟槽	仅用于旋转密封，且不普遍
	燕尾形沟槽	适用于低摩擦密封，因工艺性差，一般不采用
	三角形沟槽	仅用于法兰盘及螺栓颈部比较狭窄的地方

实践表明，O 形圈的损坏大部分是由装配造成的，原因可能是配合尺寸或公差不合理、没有适当的工艺斜角、装配时零件不清洁等。因此，在装配 O 形圈时，常常在密封圈上涂少许硅脂，目的在于一方面补偿 O 形圈和密封表面光洁度的不足，另一方面起到润滑作用。

目前耐压壳封头的密封结构应用较多的通常有如图 2.31 所示的三种形式。径向与轴向组合的双 O 形圈密封结构多用于潜深不小于 3000m 的环境中，如"CR-01"AUV 耐压壳即采用这种密封形式，经过多次 6000m 级水深试验，证明其是非常可靠的密封结构。

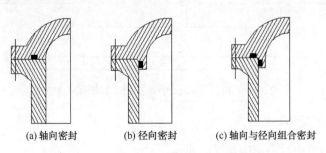

(a) 轴向密封   (b) 径向密封   (c) 轴向与径向组合密封

图 2.31   耐压壳封头的常用密封结构形式[64]

2.4   AUV 性能预报

2.4.1   操纵性能预报

操纵性预报主要是根据运动稳定性与机动性要求，通过确定舵面积等参数，计算出 AUV 相关操纵性指标。

本节以基于艉部"十"字形舵、采用 Nystrom 艇型的舵桨联合操纵 AUV 来举例介绍，需要预报的操纵性指标包括平衡舵角、平衡纵倾角、水平面回转半径、水平面和垂直面的运动稳定性等。假设 4 个翼板尺寸完全相同，且舵轴沿 AUV 艇体纵向位置相同。

为了便于相关参数计算，将 Nystrom 艇型计算公式改写成如下形式：

$$
\begin{cases}
y(x) = \dfrac{d}{2}\left[1-\left(\dfrac{L_f+x}{L_f}\right)^{n_f}\right]^{1/n_f}, & -L_f < x \leqslant 0 \\[3mm]
y(x) = \dfrac{d}{2}, & -(L_f+L_p) < x \leqslant -L_f \\[3mm]
y(x) = \dfrac{d}{2}\left[1-\left(\dfrac{-(L_f+L_p)-x}{L_a}\right)^{n_a}\right], & -L \leqslant x \leqslant -(L_f+L_p)
\end{cases}
\tag{2.78}
$$

式中，x 为型线纵向坐标，坐标原点取在艇艏尖点处，x 轴指向艇前进方向，如图 2.32 所示；$y(x)$ 为坐标 x 处的艇体半径。

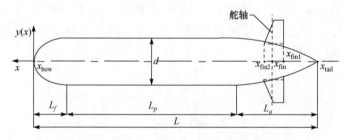

图 2.32 舵板位置示意图（x_{fin} 表示舵轴纵向坐标）

1. 舵平面尺寸确定

舵面积初值由母型艇确定[68]，即

$$
A_D = A_O \frac{L_D \times D_D}{L_O \times D_O}
\tag{2.79}
$$

式中，A_D 和 A_O 分别为设计艇和母型艇的舵面积；L、D 分别为主艇体的长度和最大直径；下标"O"和"D"分别表示母型艇和设计艇。

舵面积满足 $A_D \leqslant A_{fin} \leqslant 2A_D$，舵平面为一直角梯形，可得单舵平面几何参数为

$$
L_{span} = \sqrt{\frac{1}{2}A_{fin}\lambda_R}, \quad c_{rp} = \frac{A_{fin}}{L_{span}(1+\lambda_T)}, \quad c_{rr} = \lambda_T c_{rp}, \quad L_{chord} = \frac{1}{2}(c_{rp}+c_{rr})
$$

式中，$A_{fin}/2$ 为单舵实际面积，其他参数含义见本书 2.2.4 节第 2 部分。

由于舵板水动力中心一般位于舵板平均弦长剖面处距舵板前缘四分之一平均弦长位置附近，为最小化舵机的负载，通常将舵轴置于此处，则舵轴相对于舵板尾缘的距离 L_{axis} 为

$$L_{axis} = \frac{3}{4} L_{chord} \tag{2.80}$$

直角梯形舵板形心相对于舵板尾缘的距离 L_{c_fin} 为

$$L_{c\_fin} = \frac{c_{rr}^2 + c_{rp}c_{rr} + c_{rp}^2}{3(c_{rr} + c_{rp})} \tag{2.81}$$

其相对于艇艉坐标原点的纵向坐标为

$$x_{c\_fin} = x_{fin} - L_{axis} + L_{c\_fin} \tag{2.82}$$

将其代入式 (2.78)，可得舵翼处艇体平均直径 $\overline{D}_H$ 为

$$\overline{D}_H = d\left[1 - \left(\frac{-x_{c\_fin} - L_f - L_p}{L_a} \right)^{n_a} \right] \tag{2.83}$$

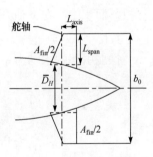

图 2.33 AUV 舵翼布置示意图

由此可得双舵翼展长为

$$b_0 = 2L_{span} + \overline{D}_H \tag{2.84}$$

具体各参数的含义如图 2.33 所示。

2. 线性水动力系数近似计算

根据潜艇操纵性军标[68]设计计算方法来近似计算 AUV 的线性水动力系数。在这里假设 AUV 水动力系数由艇体水动力系数与附体水动力系数线性叠加得到。

1）主艇体线性水动力系数计算

考虑到主艇体相对纵轴对称，则主艇体线性水动力系数为

$$Y_v'^{(H)} = Z_w'^{(H)} = -0.22\nabla^{2/3} / L^2$$

$$N_v'^{(H)} = -M_w'^{(H)} = -\left[1.32 + 0.037\left(\frac{L}{d} - 6.6 \right) \right]\nabla / L^3$$

$$Y_r'^{(H)} = -Z_q'^{(H)} = \left[0.33 + 0.023\left(\frac{L}{d} - 7.5 \right) \right]\nabla / L^3$$

$$N_r'^{(H)} = M_q'^{(H)} = -\left[0.575 + 0.10\left(\frac{L}{d} - 7.5\right)\right]\nabla^{4/3} / L^4$$

式中，水动力系数的上角标(H)表示主艇体。

2)舵翼线性水动力系数计算

舵翼线性水动力系数计算公式为

$$Y_v'^{(vf)} = Z_w'^{(hf)} = -\frac{L_{span}b_0(4.6b_0 - 6.7\bar{D}_H)}{(2.04L_{span} + b_0) \times L^2}$$

$Y_v'^{(vf)}$ 和 $Z_w'^{(hf)}$ 确定后，可进一步获得其余线性水动力系数：

$$N_v'^{(vf)} = Y_v'^{(vf)} \cdot x^{(vf)} / L, \quad Y_r'^{(vf)} = Y_v'^{(vf)} \cdot x^{(vf)} / L$$

$$N_r'^{(vf)} = Y_v'^{(vf)} \cdot (x^{(vf)} / L)^2, \quad M_w'^{(hf)} = -Z_w'^{(hf)} \cdot x^{(hf)} / L$$

$$Z_q'^{(hf)} = -Z_w'^{(hf)} \cdot x^{(hf)} / L, \quad M_q'^{(hf)} = -Z_w'^{(hf)} \cdot (x^{(hf)} / L)^2$$

式中，水动力系数的上角标"hf"和"vf"分别表示水平翼和垂直舵；$x^{(\cdot)}$ 为舵翼侧投影面积中心在 x 轴方向的坐标值，且有 $x^{(hf)} = x^{(vf)} = x_{c\_fin}$。

3)操舵引起的水动力系数

操舵引起的水动力系数为

$$Y_{\delta_{vf}}' = -0.92 \cdot \frac{2.75\lambda_R^{vf}}{1 + 0.49\lambda_R^{vf}} \cdot \frac{A_{fin}^{vf}}{L^2}, \quad N_{\delta_{vf}}' = Y_{\delta_{vf}}' \cdot \frac{x^{(vf)}}{L}$$

$$Z_{\delta_{hf}}' = -0.92 \cdot \frac{2.75\lambda_R^{hf}}{1 + 0.49\lambda_R^{hf}} \cdot \frac{A_{fin}^{hf}}{L^2}, \quad M_{\delta_{hf}}' = -Z_{\delta_{hf}}' \cdot \frac{x^{(hf)}}{L}$$

式中，λ_R^{vf} 和 λ_R^{hf} 分别为垂直舵和水平翼的展弦比；A_{fin}^{vf} 和 A_{fin}^{hf} 分别为垂直舵和水平翼总的舵面积。

获得上述水动力系数后，即可根据 2.2.2 节来计算相关操纵性指标。

2.4.2 续航力性能预报

续航力是指 AUV 最大航行距离或是执行某项任务时的最长工作时间，是表征 AUV 总体性能的重要技术指标。在艇体阻力确定之后，限制续航力的主要因素是 AUV 所搭载的能源数量。AUV 能源按其工作性质分为两部分：满足 AUV 正常航行所需的推进能源，称为动力电；满足艇上除推进器之外所有设备工作所需能源，称为控制电。因此，AUV 续航力可由这两部分能源消耗确定。

本节续航力估算的主要目的是根据技术指标对续航力的要求，确定所需电池能量(动力电与控制电)，并最终估算 AUV 经济航速(巡航速度)和不同航速下对应的续航力。续航力估算过程为主推电机选择和螺旋桨设计提供了依据。

在估算续航力之前，首先介绍推进系统的功率传递过程。一般螺旋桨推进器的功率传递关系为：首先电机输出功率 P_S 经过电机轴及轴承传递到螺旋桨，得到螺旋桨收到功率 P_P，然后通过螺旋桨得到推功率 P_T，最后考虑船身效率得到有效功率 P_E。推进系统的功率传递过程如图 2.34 所示。

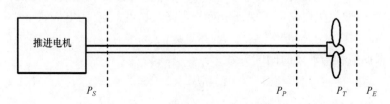

图 2.34　推进系统的功率传递过程

(1)有效功率：

$$P_E = R_t \cdot V \tag{2.85}$$

式中，V 为 AUV 航速；R_t 为对应航速下的阻力。

(2)推功率：

$$P_T = \frac{P_E}{\eta_H} = \frac{1-w}{1-t} \cdot P_E \tag{2.86}$$

式中，η_H 为船身效率；w 为伴流分数；t 为推力减额。在设计初期，一般取 $w=0.1$，$t=0.1$，由此可得 $P_T=P_E$。

(3)螺旋桨收到功率：

$$P_P = P_T / \eta_P \tag{2.87}$$

式中，η_P 为螺旋桨效率，一般由试验得到。

(4)电机输出功率：

$$P_S = P_P \tag{2.88}$$

AUV 续航力估算过程如下：

(1)根据前面阻力估算结果 $R_t(V)$，可得不同航速下 AUV 有效功率：

$$P_E(V) = R_t(V) \tag{2.89}$$

(2)根据有效功率 $P_E(V)$ 确定螺旋桨收到功率：

$$P_P(V) = P_E(V)/\eta_P \tag{2.90}$$

式中，η_P 的值根据母型艇螺旋桨取一估计值，之后在螺旋桨确定后由敞水试验得到。

(3)螺旋桨收到功率即电机输出功率。

(4)根据最大电机输出功率选择电机。电机确定后,根据其测试试验获得电机在不同转速情况下的效率 $\eta_M(n)$, n 表示电机转速。动力电电池能量与电机输出功率的关系为

$$E_T = P_S T / (\eta_{TB} \eta_M) \tag{2.91}$$

式中,η_{TB} 为动力电池放电效率,即最大放电量与标称放电量的比值,此处取 $\eta_{TB} = 0.9$,该取值主要是为了保证留有一定安全裕度;η_M 为电机效率;T 为工作时间。

(5)根据航程与速度时间的关系

$$\text{Range} = VT \tag{2.92}$$

获得 AUV 以不同航速航行指定航程 Range 所需要的时间 $T(V)$。

根据关系式

$$E_T(V) = P_E(V) \cdot T(V) / (\eta_{TB} \eta_M \eta_p) \tag{2.93}$$

可计算出不同航速下航行指定航程 Range 所需要的动力电电池总能量 $E_T(V)$。以最小能量值作为 AUV 的动力电电池方案,对应的航速即巡航速度。

(6)AUV 控制电电池能量确定原则为既要保证在任务载荷不工作而其他设备全开的情况下控制电电池放电时间不小于巡航速度下动力电电池放电时间,还要保证以巡检速度航行时任务载荷能够工作一定时间 T_0。

用 P_H 表示需要控制电电池供电的所有设备额定功率总和,P_{pld} 表示任务载荷额定功率,则控制电电池能量 E_H 计算公式为

$$E_{H1} = (P_H - P_{pld}) T / \eta_{HB}, \quad E_{H2} = P_H T_0 / \eta_{HB}, \quad E_H = \max(E_{H1}, E_{H2}) \tag{2.94}$$

式中,T 为 AUV 在巡航速度下的航行时间;η_{HB} 为控制电电池放电效率,同样取 $\eta_{HB} = 0.9$。

(7)动力电电池与控制电电池能量确定后,就可以通过计算获得 AUV 不同航速下的续航力。

根据上述过程,即可确定 AUV 所需电池参数。

以"WL-4"AUV 为例,其任务载荷主要是侧扫声呐。侧扫声呐平均耗电总功率为 60W,其工作时所有设备平均耗电总功率为 112.8W,根据设备及推进器功率,其在不同航速下的续航力估算结果如图 2.35 所示。

从图 2.35 中可知,当侧扫声呐不工作时,经济航速为 2.2kn,续航时间为 29.5h,航程为 119km;侧扫声呐工作时,经济航速为 2.8kn,续航时间为 13.4h,航程为 69.9km。

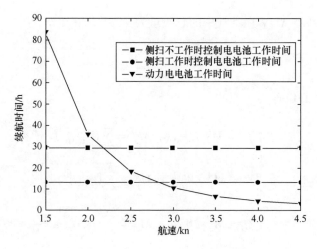

图 2.35　"WL-4" AUV 续航力估算

2.4.3　静水力性能预报

为了保证稳定运行，AUV 应具有一定的稳心高度。需要注意的是，水面舰船稳心高度的概念对 AUV 已经不再适用。AUV 处于水下状态时，其重心必须低于浮心，以便提供足够的回复力矩来平衡纵倾和横倾引起的干扰力矩。为此，应根据总体布置分别求出 AUV 的重心和浮心坐标位置，即分别列出各部分的重心和浮心在总布置图上的位置，计算表格形式如表 2.9 和表 2.10 所示。

表 2.9　质量、重心计算表

序号	各部分质量/kg	重心位置及力矩					
		x 方向位置/m	M_x^W /(kg·m)	y 方向位置/m	M_y^W /(kg·m)	z 方向位置/m	M_z^W /(kg·m)
1 ⋮ K	W_1 ⋮ W_K	l_{1x}^W ⋮ l_{Kx}^W	$W_1 \cdot l_{1x}^W$ ⋮ $W_K \cdot l_{Kx}^W$	l_{1y}^W ⋮ l_{Ky}^W	$W_1 \cdot l_{1y}^W$ ⋮ $W_K \cdot l_{Ky}^W$	l_{1z}^W ⋮ l_{Kz}^W	$W_1 \cdot l_{1z}^W$ ⋮ $W_K \cdot l_{Kz}^W$

表 2.10　排水体积、浮心位置计算表

序号	各部分排水体积/m³	浮心位置及力矩					
		x 方向位置/m	M_x^V /(m³·m)	y 方向位置/m	M_y^V /(m³·m)	z 方向位置/m	M_z^V /(m³·m)
1 ⋮ J	V_1 ⋮ V_J	l_{1x}^V ⋮ l_{Jx}^V	$V_1 \cdot l_{1x}^V$ ⋮ $V_J \cdot l_{Jx}^V$	l_{1y}^V ⋮ l_{Jy}^V	$V_1 \cdot l_{1y}^V$ ⋮ $V_J \cdot l_{Jy}^V$	l_{1z}^V ⋮ l_{Jz}^V	$V_1 \cdot l_{1z}^V$ ⋮ $V_J \cdot l_{Jz}^V$

由表 2.9 可得 AUV 在空气中的总质量为

$$W_{\text{AUV}} = \sum_{i=1}^{K} W_i \qquad (2.95)$$

AUV 的重心位置为

$$\begin{cases} X_G = M_x^W / W_{\text{AUV}}, & M_x^W = \sum_{i=1}^{K}(W_i \cdot l_{ix}^W) \\[3mm] Y_G = M_y^W / W_{\text{AUV}}, & M_y^W = \sum_{i=1}^{K}(W_i \cdot l_{iy}^W) \\[3mm] Z_G = M_z^W / W_{\text{AUV}}, & M_z^W = \sum_{i=1}^{K}(W_i \cdot l_{iz}^W) \end{cases} \qquad (2.96)$$

由表 2.10 可得 AUV 总排水体积为

$$\nabla_{\text{AUV}} = \sum_{i=1}^{J} V_i \qquad (2.97)$$

浮心位置为

$$\begin{cases} X_B = M_x^V / \nabla_{\text{AUV}}, & M_x^V = \sum_{i=1}^{J}(V_i \cdot l_{ix}^V) \\[3mm] Y_B = M_y^V / \nabla_{\text{AUV}}, & M_y^V = \sum_{i=1}^{J}(V_i \cdot l_{iy}^V) \\[3mm] Z_B = M_z^V / \nabla_{\text{AUV}}, & M_z^V = \sum_{i=1}^{J}(V_i \cdot l_{iz}^V) \end{cases} \qquad (2.98)$$

AUV 总浮力为

$$B = \rho \nabla_{\text{AUV}} \qquad (2.99)$$

则 AUV 储备浮力为

$$\Delta B = B - W_{\text{AUV}} \qquad (2.100)$$

为保证 AUV 安全性，一般要求 $\Delta B > 0$，且 $\Delta B \approx (0.01 \sim 0.02)B$。

由式 (2.96) 和式 (2.98) 可得静稳心高为

$$h_{\text{GB}} = Z_G - Z_B \qquad (2.101)$$

为保证 AUV 在水中的姿态稳定性，要求 $h_{\text{GB}} \geqslant h_0$，$h_0$ 主要与 AUV 的主尺寸、质量、艇型及操纵性要求相关。如果静稳心高 $h_{\text{GB}} < h_0$，必须调整 AUV 的总体布置。

为了保持 AUV 的平衡，则应有

$$X_B = X_G, \quad Y_B = Y_G \tag{2.102}$$

如果 $X_B \neq X_G$ ， $Y_B \neq Y_G$ ，则应调整 AUV 的总体布置，使得静止纵倾角 $\phi_0 \in (0° \sim 1.5°)$ ，静止横倾角 $\varphi_0 \in (0° \sim 1°)$ ， ϕ_0 、 φ_0 可由式(2.103)和式(2.104)获得

$$\tan\phi_0 = \frac{X_B - X_G}{Z_G - Z_B} \tag{2.103}$$

$$\tan\varphi_0 = \frac{Y_G - Y_B}{Z_G - Z_B} \tag{2.104}$$

参 考 文 献

[1] Lockheed Martin Corporation. Marlin [EB/OL]. https://www.lockheedmartin.com/content/dam/lockheed-martin/rms/photo/marlin/gallery/Marlin-07-3300x2550.jpg [2019-09-03].

[2] Mcphail S . AUTOSUB 6000: A deep diving long range AUV[J]. Journal of Bionic Engineering, 2009, 6(1): 55-62.

[3] Kongsberg Maritime Inc. Autonomous Underwater Vehicle, Seaglider[EB/OL]. https://www.kongsberg.com/maritime/products/marine-robotics/autonomous-underwater-vehicles/AUV-seaglider/#downloads [2019-09-03].

[4] The Boeing Company. Boeing's Echo Voyager[EB/OL]. http://www.boeing.com/defense/autonomous-systems/echo-voyager/#/gallery [2019-09-03].

[5] AUVAC. SeaOtter MKII platform[EB/OL]. https://auvac.org/people-organizations/view/455 [2019-09-03].

[6] 中国科学院沈阳自动化研究所. "潜龙三号"取得多项创新性成果 圆满完成大西洋科考任务[EB/OL]. http://www.sia.cn/xwzx/kydt/201903/t20190321_5259566.html [2019-09-03].

[7] 李云波. 船舶阻力[M]. 哈尔滨: 哈尔滨工程大学出版社, 2005.

[8] Barros E A, Pascoal A, Sa E. Investigation of a method for predicting AUV derivatives[J]. Ocean Engineering, 2008, 35: 1627-1636.

[9] Kalavalapally R. Multidisciplinary optimization of a lightweight torpedo structure subjected to underwater explosion[D]. Dayton: Wright State University, 2005.

[10] Triantafyllou M S, Hover F S. Maneuvering and Control of Marine Vehicles[M]. Cambridge: MIT Press, 2002.

[11] Phillips A B, Furlong M, Turnock S R. The use of computational fluid dynamics to assess the hull resistance of concept autonomous underwater vehicles[C]. Oceans, Aberdeen, 2007.

[12] Hoerner S F. Fluid-Dynamic Drag[M]. [S.l.]: s.n., 1965.

[13] Alvarez A, Bertram V, Gualdesi L. Hull hydrodynamic optimization of autonomous underwater vehicles operating at snorkeling depth[J]. Ocean Engineering, 2009, 36: 105-112.

[14] Hendrix D, Percival S, Noblesse F. Practical hydrodynamic optimization of a monohull[J]. SNAME Transactions, 2001, 109(1):173-183.

[15] Nahon M. A simplified dynamics model for autonomous underwater vehicles[C]. Proceedings of Symposium on Autonomous Underwater Vehicle Technology, Monterey, 1996.

[16] Allmendinger E E. Submersible Vehicle Systems Design[M]. Jersey City: The Society of Naval Architects and Marine Engineers, 1990.

[17] 王福军. 计算流体动力学分析:CFD 软件原理与应用[M]. 北京: 清华大学出版社, 2004.

[18] Fuglestad A L, Grahl M M. Computational fluid dynamics applied on an autonomous underwater vehicle[C].

Proceedings of the 23rd International Conference on Offshore Mechanics and Arctic Engineering, Vancouver, 2004.

[19] 于宪钊. 微小型水下航行器水动力性能计算[D]. 哈尔滨: 哈尔滨工程大学, 2009.

[20] 赵金鑫. 某潜器水动力性能计算及运动仿真[D]. 哈尔滨: 哈尔滨工程大学, 2011.

[21] Lamb H. Hydrodynamics[M]. Cambridge: Cambridge University Press, 1993.

[22] Azarsina F. Experimental hydrodynamics and simulation of maneuvering of an axisymmetric underwater vehicle[D]. St John's: Memorial University of Newfoundland, 2009.

[23] Brett C. The 4-95 Stirling engine for underwater application[C]. Proceedings of the 25th Intersociety Energy Conversion Engineering Conference, Reno, 1990.

[24] Reader G T, Potter I J. 97/02193 assessment of a multistage underwater vehicle concept using a fossil-fueled Stirling engine[J]. Fuel & Energy Abstracts, 1995, 38(38):176.

[25] Potter I J, Reader G T. Use of Stirling engine power systems in AUVs[C]. Proceedings of the 11th International Offshore Mechanics and Arctic Engineering Symposium, Calgary, 1992.

[26] Nilsson H, Bratt C. Test results from a 15kW air-independent stirling power generator[C]. Proceedings of the 6th International Symposium on Unmanned Untethered Submersible Technology, Durham, 1989.

[27] Adams M, Halliop W. Aluminum energy semi-fuel cell systems for underwater applications: The state of the art and the way ahead[C]. Proceedings of the 2002 Workshop on Autonomous Underwater Vehicles, San Antonio, 2002.

[28] Rehman M U, Evzelman M, Hathaway K, et al. Modular approach for continuous cell-level balancing to improve performance of large battery packs[C]. IEEE Energy Conversion Congress and Exposition (ECCE), Pittsburgh, 2014.

[29] The Society of Naval Architects and Marine Engineers. Nomenclature for treating the motion of a submerged body through a fluid: Technical and Research Bulletin[R]. SNAME, 1950.

[30] Fossen T I. Guidance and Control of Ocean Vehicles [M]. New York: John Wiley & Sons, 1994.

[31] Newman J N. Marine Hydrodynamics[M]. Cambridge: MIT Press, 1977.

[32] 张亮, 李云波. 流体力学[M]. 哈尔滨: 哈尔滨工程大学出版社, 2001.

[33] 施生达. 潜艇操纵性[M]. 北京: 国防工业出版社, 1995.

[34] 戴遗山. 舰船在波浪中运动的频域与时域势流理论[M]. 北京: 国防工业出版社, 1998.

[35] Ridley P, Fontan J, Corke P. Submarine dynamic modeling[C]. The 2003 Australasian Conference on Robotics and Automation, Brisbane, 2003.

[36] Geder J D, Palmisano J, Ramamurti R, et al. A new hybrid approach to dynamic modeling and control design for a pectoral fin propelled unmanned underwater vehicle[C]. Proceedings of the 15th International Symposium on Unmanned Untethered Submersible Technology, Durham, 2007.

[37] Hoerner S F, Borst H V. Fluid Dynamic Lift[M]. [S.l.]: [s.n.], 1985.

[38] McCormick B A. Aerodynamics, Aeronautics, and Flight Mechanics[M]. New York: Wiley & Sons, 1979.

[39] 严卫生. 鱼雷航行力学[M]. 西安: 西北工业大学出版社, 2005.

[40] 张宇文. 鱼雷总体设计理论与方法[M]. 西安: 西北工业大学出版社, 2015.

[41] Curtis T. The design, construction, outfitting, and preliminary testing of the C-SCOUT autonomous underwater vehicle[D]. St John's: Memorial University of Newfoundland, 2001.

[42] Kongsberg Maritime. The HUGIN family of AUV's[EB/OL]. https://www.kongsberg.com/globalassets/maritime/km-products/product-documents/hugin-family-of-auvs [2016-08-09].

[43] General Dynamics Mission Systems Inc. Bluefin Robotics Unmanned Underwater Vehicles[EB/OL]. https://gdmissionsystems.com/underwater-vehicles/bluefin-robotics [2018-07-09].

[44] ECA Group . AUV solutions[EB/OL]. https://www.ecagroup.com/en/find-your-eca-solutions/auv [2019-04-25].

[45] International Submarine Engineering Ltd. EXPLORER AUV[EB/OL]. https://ise.bc.ca/product/explorer [2019-04-25].

[46] Kongsberg Maritime Inc. REMUS-100 autonomous underwater vehicle[EB/OL]. https://www.kongsberg.com/globalassets/maritime/km-products/product-documents/remus-100-autonomous-underwater-vehicle [2018-11-12].

[47] В.И.叶果洛夫. 水下拖曳系统[M]. 俞骧, 戈华, 译. 北京: 海洋出版社, 1988.

[48] Granville P S. Geometrical characteristics of streamlined shapes[J]. Journal of Ship Research, 1969, 13(4): 12-20.

[49] 朱继懋. 潜水器设计[M]. 上海: 上海交通大学出版社, 1992.

[50] Myring D F. A theoretical study of body drag in subcritical axisymmetric flow[J]. Aeronautical Quarterly, 1976, 27(3): 186-194.

[51] Barros E A, Dantas J L D, Pascoal A M, et al. Investigation of normal force and moment coefficients for an AUV at nonlinear angle of attack and sideslip range[J]. Journal of Oceanic Engineering, 2008, 33(4): 538-549.

[52] 于宪钊. 微小型水下航行器水动力性能分析及双体干扰研究[D]. 哈尔滨: 哈尔滨工程大学, 2012.

[53] 王波. 微小型水下航行器运动仿真研究[D]. 哈尔滨: 哈尔滨工程大学, 2008.

[54] Bertram V. Practical Ship Hydrodynamics[M]. 2nd ed. Oxford: Butterworth-Heinemann, 2012.

[55] 李天森. 鱼雷操纵性[M]. 北京: 国防工业出版社, 2007.

[56] Duelley R S. Autonomous underwater vehicle propulsion design[D]. Blacksburg: Virginia Polytechnic Institute and State University, 2010.

[57] 盛振邦, 刘应中. 船舶原理(下)[M]. 上海: 上海交通大学出版社, 2003.

[58] 蔡昊鹏. 基于面元法理论的船用螺旋桨设计方法研究[D]. 哈尔滨: 哈尔滨工程大学, 2011.

[59] 中国船级社. 钢制海船入级与建造规范[S]. 北京: 人民交通出版社, 2001.

[60] Teledyne Marine Inc. Gavia AUV[EB/OL]. http://www.teledynemarine.com/gavia-auv/?BrandID=9 [2019-03-04].

[61] National Oceanography Centre. AUTOSUB Development [EB/OL]. http://www.noc.ac.uk/facilities/marine-autonomous-robotic-systems/autosubs/autosub-development [2019-09-03].

[62] Kongsberg Maritime Inc. REMUS-6000 autonomous underwater vehicle[EB/OL]. https://www.kongsberg.com/globalassets/maritime/km-products/product-documents/remus-6000-autonomous-underwater-vehicle [2018-11-12].

[63] 蒋新松, 封锡盛, 王棣棠. 水下机器人[M]. 沈阳: 辽宁科学技术出版社, 2000.

[64] 张铁栋. 潜水器设计原理[M]. 哈尔滨: 哈尔滨工程大学出版社, 2011.

[65] 美国潜器"海神号"近日丢失[EB/OL]. http://uzone.univs.cn/news2_2008_581266.html [2016-03-26].

[66] Nautilus Marine Service GmbH. Introduction to VITROVEX®: High quality glass floatation and instrument housings[EB/OL]. https://www.vitrovex.com/wp-content/uploads/2018/05/140101-VITROVEX-deep-sea-glass-housings.pdf [2019-09-03].

[67] 程妍雪. 复合材料潜器耐压壳设计优化方法研究[D]. 哈尔滨: 哈尔滨工程大学, 2015.

[68] 中国船舶工业综合技术经济研究院. 潜艇操纵性设计计算方法[S]. GJB/Z 205—2001. 北京: 国防科学技术工业委员会, 2001.

3

AUV 性能分析方法

3.1 AUV 艇体水动力性能分析方法

3.1.1 基于半经验公式的性能分析

在 AUV 设计初期，应用基于半经验方法的水动力性能估算可大大节省时间及成本，而且对于形状较规则的艇体，其结果比较可靠。

本节以 Nystrom 艇型 AUV 举例介绍，艇体型线公式如式 (2.78) 所示。为简化 AUV 的动力学模型，艇体仅在艉部布置四个尺寸及纵向位置相同的、呈"十"字形布置的舵翼，不考虑其他附体。

针对该 AUV，在进行动力学建模和操纵性估算时，可作如下假设。

假设 3.1 AUV 横向速度 v 和垂向速度 w 远小于纵向速度 u，则漂角 $\beta = -\arctan\dfrac{v}{u} \approx -\dfrac{v}{u}$，冲角 $\alpha = \arctan\dfrac{w}{u} \approx \dfrac{w}{u}$。

根据该假设，应用相关半经验方法可获得 AUV 大部分水动力系数。

1. 惯性类水动力

由于本节 AUV 对象是轴对称艇型，则有

$$\boldsymbol{M}_A = -\begin{bmatrix} X_{\dot{u}} & 0 & 0 & 0 & 0 & 0 \\ 0 & Y_{\dot{v}} & 0 & 0 & 0 & Y_{\dot{r}} \\ 0 & 0 & Z_{\dot{w}} & 0 & Z_{\dot{q}} & 0 \\ 0 & 0 & 0 & K_{\dot{p}} & 0 & 0 \\ 0 & 0 & M_{\dot{w}} & 0 & M_{\dot{q}} & 0 \\ 0 & N_{\dot{v}} & 0 & 0 & 0 & N_{\dot{r}} \end{bmatrix} \tag{3.1}$$

$$C_A(v) =$$

$$\begin{bmatrix} 0 & 0 & 0 & 0 & -(Z_{\dot{w}}w+Z_{\dot{q}}q) & Y_{\dot{v}}v+Y_{\dot{r}}r \\ 0 & 0 & 0 & Z_{\dot{w}}w+Z_{\dot{q}}q & 0 & -X_{\dot{u}}u \\ 0 & 0 & 0 & -(Y_{\dot{v}}v+Y_{\dot{r}}r) & X_{\dot{u}}u & 0 \\ 0 & -(Z_{\dot{w}}w+Z_{\dot{q}}q) & Y_{\dot{v}}v+Y_{\dot{r}}r & 0 & -(Y_{\dot{r}}v+N_{\dot{r}}r) & Z_{\dot{q}}w+M_{\dot{q}}q \\ Z_{\dot{w}}w+Z_{\dot{q}}q & 0 & -X_{\dot{u}}u & Y_{\dot{r}}v+N_{\dot{r}}r & 0 & 0 \\ -(Y_{\dot{v}}v+Y_{\dot{r}}r) & X_{\dot{u}}u & 0 & -(Z_{\dot{q}}w+M_{\dot{q}}q) & 0 & 0 \end{bmatrix}$$

$$(3.2)$$

为了估算 AUV 纵向加速度水动力系数(附加质量),将主艇体看成一个椭球体,长半轴为二分之一艇长,短半轴为艇体最大半径,根据椭球体长轴方向附加质量估算公式[1],可得

$$X_{\dot{u}} = -\lambda_{11} = -\frac{\alpha_0}{2-\alpha_0}\frac{4}{3}\pi\rho\frac{L}{2}R_0^2 \tag{3.3}$$

式中, $\alpha_0 = \frac{2(1-e^2)}{e^3}\left(\frac{1}{2}\ln\frac{1+e}{1-e}-e\right)$; $e = 1-\left(\frac{2R_0}{L}\right)^2$; L 为艇长; R_0 为艇体最大直径; ρ 为水的密度。

由于回转体绕 x 轴的附加惯性矩可视为零[2],则对于本节 AUV 对象,认为该值主要是由沿周向布置的四个舵翼产生的。根据文献[3]~[5],有

$$K_{\dot{p}} = -\int_{x_{\text{fin1}}}^{x_{\text{fin2}}} \frac{2}{\pi}\rho a_0^4 \mathrm{d}x \tag{3.4}$$

式中, x_{fin1} 和 x_{fin2} 分别为舵翼根部后缘和前缘在艇体坐标系下的纵向位置,如图 2.32 所示; a_0 为相当于矩形舵板上缘到艇体中心线的距离,如图 3.1 所示。

对于其他方向的惯性类水动力系数,应用"切片理论"(strip theory)[2]计算获得。单位长度圆柱薄片沿横轴附加质量为

$$\lambda_{yy}(x) = \lambda_{zz}(x) = \pi\rho R^2(x) \tag{3.5}$$

单位长度带舵圆柱沿横轴附加质量为

$$\lambda_{yy}^{\text{fin}}(x) = \pi\rho\left\{R^2(x) + \frac{[a_0^2 - R^2(x)]^2}{a_0^2}\right\} \tag{3.6}$$

式中, $R(x)$ 为 x 位置处艇体半径。

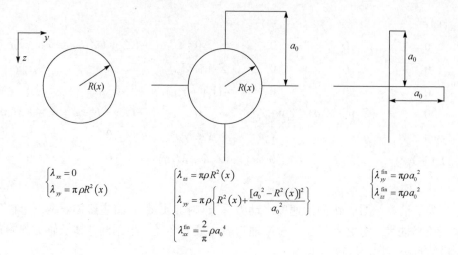

$$\begin{cases} \lambda_{xx} = 0 \\ \lambda_{yy} = \pi \rho R^2(x) \end{cases} \qquad \begin{cases} \lambda_{zz} = \pi \rho R^2(x) \\ \lambda_{yy} = \pi \rho \left\{ R^2(x) + \dfrac{[a_0^2 - R^2(x)]^2}{a_0^2} \right\} \\ \lambda_{xx}^{\text{fin}} = \dfrac{2}{\pi} \rho a_0^4 \end{cases} \qquad \begin{cases} \lambda_{yy}^{\text{fin}} = \pi \rho a_0^2 \\ \lambda_{zz}^{\text{fin}} = \pi \rho a_0^2 \end{cases}$$

图 3.1 二维形状附加质量系数[2]

将式 (3.5) 和式 (3.6) 沿艇长方向积分，可得 AUV 横向加速度系数为

$$Y_{\dot{v}} = -\lambda_{22} = -\int_{x_{\text{tail}}}^{x_{\text{fin1}}} \lambda_{yy}(x)\,\mathrm{d}x - \int_{x_{\text{fin1}}}^{x_{\text{fin2}}} \lambda_{yy}^{\text{fin}}(x)\,\mathrm{d}x - \int_{x_{\text{fin2}}}^{x_{\text{bow}}} \lambda_{yy}(x)\,\mathrm{d}x$$

$$Z_{\dot{w}} = -\lambda_{33} = -\lambda_{22} = Y_{\dot{v}}$$

$$N_{\dot{v}} = -\lambda_{62} = -\int_{x_{\text{tail}}}^{x_{\text{fin1}}} x\lambda_{yy}(x)\,\mathrm{d}x - \int_{x_{\text{fin1}}}^{x_{\text{fin2}}} x\lambda_{yy}^{\text{fin}}(x)\,\mathrm{d}x - \int_{x_{\text{fin2}}}^{x_{\text{bow}}} x\lambda_{yy}(x)\,\mathrm{d}x$$

$$M_{\dot{w}} = -\lambda_{53} = -\lambda_{62} = N_{\dot{v}}$$

$$N_{\dot{r}} = -\lambda_{66} = -\int_{x_{\text{tail}}}^{x_{\text{fin1}}} x^2\lambda_{yy}(x)\,\mathrm{d}x - \int_{x_{\text{fin1}}}^{x_{\text{fin2}}} x^2\lambda_{yy}^{\text{fin}}(x)\,\mathrm{d}x - \int_{x_{\text{fin2}}}^{x_{\text{bow}}} x^2\lambda_{yy}(x)\,\mathrm{d}x$$

$$M_{\dot{q}} = -\lambda_{55} = -\lambda_{66} = N_{\dot{r}}, \quad Y_{\dot{r}} = -\lambda_{26} = -\lambda_{62} = N_{\dot{v}}, \quad Z_{\dot{q}} = -\lambda_{35} = -\lambda_{53} = M_{\dot{w}}$$

根据势流理论相关知识，可得部分耦合水动力系数的惯性分量为

$$\begin{cases} X_{wq}^A = Z_{\dot{w}}, X_{qq}^A = Z_{\dot{q}}, X_{vr}^A = -Y_{\dot{v}}, X_{rr}^A = -Y_{\dot{r}} \\ Y_{ur}^A = X_{\dot{u}}, Y_{wp}^A = -Z_{\dot{w}}, Y_{pq}^A = -Z_{\dot{q}} \\ Z_{uq}^A = -X_{\dot{u}}, Z_{uq}^A = -X_{\dot{u}}, Z_{rp}^A = Y_{\dot{r}} \\ M_{uw}^A = -(Z_{\dot{w}} - X_{\dot{u}}), M_{vp}^A = -Y_{\dot{r}}, M_{rp}^A = (K_{\dot{p}} - N_{\dot{r}}), M_{uq}^A = -Z_{\dot{q}} \\ N_{uv}^A = -(X_{\dot{u}} - Y_{\dot{v}}), N_{wp}^A = Z_{\dot{q}}, N_{pq}^A = -(K_{\dot{p}} - M_{\dot{q}}), N_{ur}^A = Y_{\dot{r}} \end{cases}$$

式中，上角标"A"表示惯性分量。

2. 主艇体黏性类水动力

AUV 主艇体黏性类水动力主要包括阻尼力与艇体升力，而阻尼力又可分为纵向阻尼力与横向阻尼力。

为了简化计算，此处再做如下处理：

(1)认为 Y_{vr}、M_{wq} 等线速度与角速度的耦合水动力系数很小，为了简化计算，此处忽略它们的影响。

(2)忽略高于二阶的水动力系数。

1)阻尼力

(1)纵向阻尼力。纵向阻尼力即 AUV 的直航阻力，其估算公式在 2.1.2 节已经介绍，本节估算艇体直航阻力可参照 2.1.2 节中的经验公式 5(式(2.12))来计算。

直航阻力还可写成如下形式：

$$R_t \approx X_{u|u|}u|u| \tag{3.7}$$

由式(2.12)可知，$X_{u|u|} = -\dfrac{1}{2}\rho S_F C_D$。

(2)横向阻力。对于横向阻力，此处以水平面横向力为例。根据切片理论[2]，有

$$Y_D^{\text{hull}} = -\frac{1}{2}\rho c_{\text{dc}} \int_{x_{\text{tail}}}^{x_{\text{bow}}} 2R(x)v(x)|v(x)|\mathrm{d}x$$

$$N_D^{\text{hull}} = -\frac{1}{2}\rho c_{\text{dc}} \int_{x_{\text{tail}}}^{x_{\text{bow}}} 2xR(x)v(x)|v(x)|\mathrm{d}x \tag{3.8}$$

式中，Y_D^{hull} 为沿艇体坐标系 y 轴的力；N_D^{hull} 为绕 z 轴的阻尼力矩；c_{dc} 为单位长度圆柱横向阻力系数，根据文献[6]可知其值约为 1.1；$R(x)$ 为纵向位置 x 处艇体半径；$v(x)$ 为 x 处的横向速度，$v(x) = v + xr$，v 为质心的横向速度，r 为绕质心的艏摇角速度，且 $v(x)|v(x)| = \dfrac{|v|}{v}\left[v(x)\right]^2 = \dfrac{|v|}{v}(v^2 + 2vrx + r^2x^2)$，$v/r < 0$。则根据式(3.8)，当 v 与 r 为常值时，有

$$\begin{cases} Y_D^{\text{hull}} = -\dfrac{1}{2}\rho c_{\text{dc}} v\,|\,v\,|\int\limits_{x_{\text{tail}}}^{x_{\text{bow}}} 2R(x)\mathrm{d}x - \rho c_{\text{dc}}\,|\,v\,|\,r\int\limits_{x_{\text{tail}}}^{x_{\text{bow}}} 2xR(x)\mathrm{d}x \\[4mm] \qquad\quad -\dfrac{1}{2}\rho c_{\text{dc}}\dfrac{|\,v\,|}{v}r^2\int\limits_{x_{\text{tail}}}^{x_{\text{bow}}} 2x^2 R(x)\mathrm{d}x \\[4mm] \qquad = Y_{v|v|}v\,|\,v\,| + Y_{v|r|}v\,|\,r\,| + Y_{r|r|}r\,|\,r\,| \\[4mm] N_D^{\text{hull}} = -\dfrac{1}{2}\rho c_{\text{dc}} v\,|\,v\,|\int\limits_{x_{\text{tail}}}^{x_{\text{bow}}} 2xR(x)\mathrm{d}x - \rho c_{\text{dc}}\,|\,v\,|\,r\int\limits_{x_{\text{tail}}}^{x_{\text{bow}}} 2x^2 R(x)\mathrm{d}x \\[4mm] \qquad\quad -\dfrac{1}{2}\rho c_{\text{dc}}\dfrac{|\,v\,|}{v}r^2\int\limits_{x_{\text{tail}}}^{x_{\text{bow}}} 2x^3 R(x)\mathrm{d}x \\[4mm] \qquad = N_{v|v|}v\,|\,v\,| + N_{v|r|}v\,|\,r\,| + N_{r|r|}r\,|\,r\,| \end{cases} \tag{3.9}$$

对于垂直面运动，有

$$\begin{cases} Z_D^{\text{hull}} = -\dfrac{1}{2}\rho c_{\text{dc}}\int\limits_{x_{\text{tail}}}^{x_{\text{bow}}} 2R(x)w(x)\big|w(x)\big|\mathrm{d}x \\[4mm] M_D^{\text{hull}} = \dfrac{1}{2}\rho c_{\text{dc}}\int\limits_{x_{\text{tail}}}^{x_{\text{bow}}} 2xR(x)w(x)\big|w(x)\big|\mathrm{d}x \end{cases} \tag{3.10}$$

由于 $w(x)=w-xq$、$w/q>0$ 且主艇体为轴对称艇型，当 w、q 为常值时，可得如下关系：

$$\begin{cases} Z_{w|w|} = Y_{v|v|},\ Z_{w|q|} = Y_{v|r|},\ Z_{q|q|} = -Y_{r|r|} \\[2mm] M_{w|w|} = -N_{v|v|},\ M_{w|q|} = -N_{v|r|},\ M_{q|q|} = N_{r|r|} \end{cases}$$

2）艇体升力

主艇体在某一攻角下运动时产生的升力可用式（3.11）表达[6,7]：

$$L^{\text{hull}} = \frac{1}{2}\rho L d V^2 C_L^{\text{hull}}(\alpha) \tag{3.11}$$

式中，L 为艇长；d 为艇体最大直径；C_L^{hull} 为与攻角 α 有关的升力系数，表达式[7]为

$$C_L^{\text{hull}}(\alpha) = \frac{\partial C_L^{\text{hull}}(\alpha)}{\partial\alpha}\alpha = C_{L\alpha}^{\text{hull}}\alpha \tag{3.12}$$

式中，α 的单位为弧度（rad），对于水平面运动，α 为漂角 β；对于垂直面运动，

α 为冲角。根据 Hoerner 所做的系列试验结果[6,7]，当满足 $6 \leqslant \dfrac{L}{d} \leqslant 10$ 时，有

$$C_{L\alpha}^{\text{hull}} = \frac{1}{0.0030} \times 180/\pi = 0.1719\text{rad}^{-1} \tag{3.13}$$

将式(3.12)代入式(3.11)，根据假设 3.1，可得

$$\begin{cases} Y_L^{\text{hull}} = \dfrac{1}{2}\rho L du^2 C_{L\alpha}^{\text{hull}} \beta = -\dfrac{1}{2}\rho L d C_{L\alpha}^{\text{hull}} uv \\ Z_L^{\text{hull}} = -\dfrac{1}{2}\rho L du^2 C_{L\alpha}^{\text{hull}} \alpha = -\dfrac{1}{2}\rho L d C_{L\alpha}^{\text{hull}} uw \end{cases} \tag{3.14}$$

由此可得如下水动力系数：

$$Y_{uv}^{\text{hull}} = Z_{uw}^{\text{hull}} = -\frac{1}{2}\rho L d C_{L\alpha}^{\text{hull}} \tag{3.15}$$

对于以一定攻角运动的 AUV，Hoerner 等[6]根据试验结果分析认为升力作用点在距艇艏 0.6～0.7 艇长处，据此给出横向力中心点在艇体坐标系下的纵向位置估计值为

$$x_{\text{CP}} = x_{\text{bow}} - 0.65L \tag{3.16}$$

则根据 $N_L = x_{\text{CP}} F_{Ly}$ 和 $M_L = x_{\text{CP}} F_{Lz}$ ，可得

$$N_{uv}^{\text{hull}} = M_{uw}^{\text{hull}} = -\frac{1}{2}\rho L d C_{L\alpha}^{\text{hull}} x_{\text{CP}} \tag{3.17}$$

3.1.2 基于计算流体力学的性能分析

目前，在 AUV 水动力性能分析方面常用的 CFD 商业软件主要是 Fluent，本节基于该软件以 "WL-3" AUV 为例介绍水动力性能分析方法。"WL-3" AUV 主艇体长 L=2.55m、最大外径 d=0.34m、湿表面积 S_F=2.63m²。在主艇体底部挂载了一个较大的吊舱附体，长度 1.55m，最大直径 0.178m，湿表面积 0.803m²。

1. 定常运动数值模拟

1) 直航阻力计算

"WL-3" AUV 计算模型如图 3.2 所示。

坐标原点位于 AUV 重心处，x 轴正向指向艇艏，y 轴正向指向右侧，z 轴正向指向艇体底部，相应的阻力系数 C_D、升力系数 C_L、力矩系数 C_M 定义为

$$C_D = \frac{F_D}{\frac{1}{2}\rho V^2 L^2}, \quad C_L = \frac{F_L}{\frac{1}{2}\rho V^2 L^2}, \quad C_M = \frac{F_M}{\frac{1}{2}\rho V^2 L^3} \tag{3.18}$$

式中，F_D、F_L 为模型所受到的阻力和升力；F_M 为作用在模型重心处的力矩；ρ 为流体密度；V 为来流速度，即 AUV 航速。

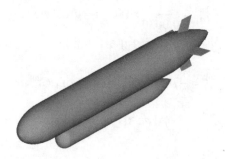

图 3.2　"WL-3" AUV 计算模型

　　数值计算区域的速度入口（velocity inlet）一般位于 AUV 艏部前方 $2L$ 位置处，压力出口（pressure outlet）一般位于艉部后方 $4L$ 位置处，计算域四周速度入口（velocity inlet）位于重心处中心轴径向方向 L 位置处，AUV 模型表面设为无滑移的壁面（wall）条件。

　　高质量的网格可以很好地模拟湍流流动，更好地捕捉模型周围的流场信息，准确预报艇体水动力性能。因此，多采用多块结构化网格技术和混合网格技术对 AUV 计算域进行离散[8-10]。结构化网格技术可以很好地控制边界层内的网格数量，减少网格数量，提高计算效率，如图 3.3（a）、（c）和（d）所示。混合网格技术是将整个计算域分为包含 AUV 的内部区域和剩余的外部区域，内部区域采用边界层网格和非

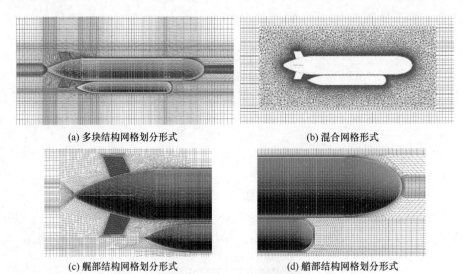

(a) 多块结构网格划分形式　　　　　　　(b) 混合网格形式

(c) 艉部结构网格划分形式　　　　　　　(d) 艏部结构网格划分形式

图 3.3　"WL-3" AUV 网格划分形式[9]（见书后彩图）

结构化网格，边界层网格可满足模拟边界层内流场流动的需要，非结构化网格采用尺寸函数(size function)控制 AUV 壁面向外部区域的网格大小及增长比例，保证流场网格的过渡性，非结构化网格更好地适应 AUV 形状，减少网格划分时间，外部区域采用结构化网格以减少网格数量，提高网格质量。混合网格形式如图 3.3(b)所示。

混合网格技术也可实现模块化网格划分计算域。模块化网格技术具有可移植性强的特点，特别适合处理模型多的初步设计阶段的研究工作，能够缩短设计周期，提高研究效率。更换计算模型时只需将计算模型导入内部区域进行网格划分，外部区域网格保持不变，保证不同模型间的同一网格划分形式，缩短网格划分时间。

通过上述计算，可获得 AUV 在不同航速下的直航阻力，应用最小二乘法拟合阻力与速度曲线可得阻力系数 C_D。

2) 斜航水动力计算

将 AUV 看成小展弦比机翼，则其以一定的攻角(冲角或漂角)稳态航行时，所受的水动力可用平行于来流的阻力、垂直于来流的升力及力矩表示：

$$\begin{cases} F_D = -\dfrac{1}{2}\rho L^2 V^2 C_D(\alpha) \\ F_L = \dfrac{1}{2}\rho L^2 V^2 C_L(\alpha) \\ F_M = \dfrac{1}{2}\rho L^3 V^2 C_M(\alpha) \end{cases} \tag{3.19}$$

式中，V 为来流速度；L 为艇长；$C_D(\alpha)$、$C_L(\alpha)$ 和 $C_M(\alpha)$ 分别为与攻角 α 有关的阻力系数、升力系数和力矩系数。

分别考虑垂直面斜航和水平面斜航，当冲角 α 为一小量时，有 $\alpha \approx \tan\alpha = w/u$；当漂角 β 为一小量时，有 $\beta \approx \tan\beta = -v/u$。

在模型进行斜航水动力计算时，考虑到模型要相对来流偏转多个角度进行多次计算，为提高效率，一般将计算域划分为内外两个区域。外部区域按照弹簧光顺法变形，内部区域包含计算模型并随计算模型一起偏转，这样内部区域网格不发生变形，保证了模型周围网格的质量。内外区域采用交接面(interface)连接并进行数据交换，外部网格较疏，内部区域网格较密，保证了求解重要区域的网格质量和数量，同时减少了整个计算域的网格数量。根据模型运动特点，内部区域可采用圆柱体域(图 3.4(a))，还可采用圆球体域(图 3.4(b))，圆球体域网格数量较圆柱体域多。

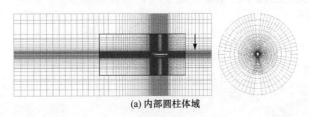

(a) 内部圆柱体域

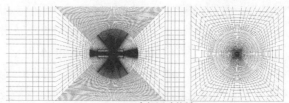

(b) 内部圆球体域

图 3.4　斜航水动力计算网格区域划分形式[9]（见书后彩图）

（1）水平面斜航。水平面斜航示意图如图 3.5 所示。计算时，至少选取两个航速，分别计算 AUV 在不同漂角下的水动力性能，漂角变化范围一般为 $-12°\sim12°$，每 $2°$ 取一个工况。利用 Fluent 软件计算获得 $C_D(\beta)$、$C_L(\beta)$ 和 $C_M(\beta)$ 与漂角 β 之间的关系为

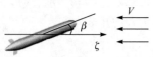

图 3.5　水平面斜航示意图

$$\begin{cases} C_D(\beta) = a_D^\beta \beta^2 + c_D^\beta \\ C_L(\beta) = b_L^\beta \beta \\ C_M(\beta) = b_M^\beta \beta \end{cases} \tag{3.20}$$

将阻力和升力投影到艇体坐标系，即

$$\begin{cases} X_{\text{vis}}^H = L_\beta \sin\beta + D_\beta \cos\beta \\ \quad = \dfrac{1}{2}\rho L^2(u^2+v^2)C_L(\beta)\sin\beta - \dfrac{1}{2}\rho(u^2+v^2)C_D(\beta)\cos\beta \\ \quad \approx \dfrac{1}{2}\rho L^2(u^2+v^2)b_L^\beta - \dfrac{1}{2}\rho(u^2+v^2)(a_D^\beta\beta^2+c_D^\beta)\left(1-\dfrac{\beta^2}{2}\right) \\ Y_{\text{vis}} = L_\beta \cos\beta - D_\beta \sin\beta \\ \quad = \dfrac{1}{2}\rho L^2(u^2+v^2)C_L(\beta)\cos\beta + \dfrac{1}{2}\rho(u^2+v^2)C_D(\beta)\sin\beta \\ \quad \approx \dfrac{1}{2}\rho L^2(u^2+v^2)b_L^\beta\beta\left(1-\dfrac{\beta^2}{2}\right) + \dfrac{1}{2}\rho(u^2+v^2)(a_D^\beta\beta^2+c_D^\beta)\beta \\ N_{\text{vis}} = \dfrac{1}{2}\rho L^3(u^2+v^2)C_M(\beta) \approx \dfrac{1}{2}\rho L^3(u^2+v^2)b_M^\beta\beta \end{cases} \tag{3.21}$$

将 $\beta = -\dfrac{v}{u}$ 代入式（3.21）中，忽略高阶小项，有

$$\begin{cases} X_{\text{vis}}^H = X_{u|u|}u|u| + X_{v|v|}v|v| \\ Y_{\text{vis}} = Y_{uv}uv \\ N_{\text{vis}} = N_{uv}uv \end{cases} \tag{3.22}$$

式中

$$\begin{cases} X_{u|u|}^H = -\dfrac{1}{2}\rho L^2 c_D^\beta, \;\; X_{v|v|} = \dfrac{1}{2}\rho L^2\left(b_L^\beta - a_D^\beta + 0.5c_D^\beta\right) \\[2mm] Y_{uv} = -\dfrac{1}{2}\rho L^2\left(b_L^\beta + c_D^\beta\right), \;\; N_{uv} = -\dfrac{1}{2}\rho L^3 b_M^\beta \end{cases} \tag{3.23}$$

AUV 水平面斜航运动时，其所受的横向力可表达成如下形式[11]：

$$Y(v) = Y_0 + Y_v v + Y_{v|v|} v|v| \tag{3.24}$$

当 $|\beta| \leqslant 12°$ 时，可近似有 $v = -V\sin\beta \approx -V\beta$。根据横向力 Y 与横向速度 v 之间的关系，应用最小二乘法按式(3.24)回归计算数据，可求得无因次水动力系数 $Y_{v|v|}'$、Y_v'、Y_0'。

采用回归分析方法求得的线性水动力系数只有配合其他高阶水动力系数或耦合水动力系数一起使用时才是精确的，如果单独使用线性水动力系数，可通过横向力、转艏力矩与横向速度关系曲线在原点的斜率来求得 Y_v' 和 N_v'。由图 3.6 可得相应线性水动力系数。

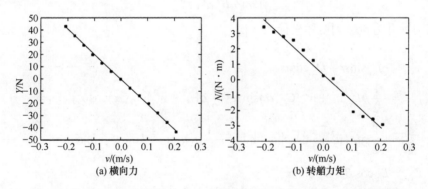

图 3.6 航速为 1m/s 时的横向力 Y、转艏力矩 N 与横向速度 v 的关系曲线

(2)垂直面斜航。垂直面斜航示意图如图 3.7 所示。至少选取两个航速计算 AUV 在不同冲角下的水动力性能，冲角变化范围一般为 -12°～12°，每 2° 一个工况，计算结果如图 3.8 所示。

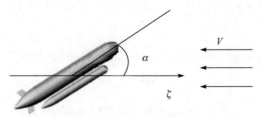

图 3.7 垂直面斜航示意图

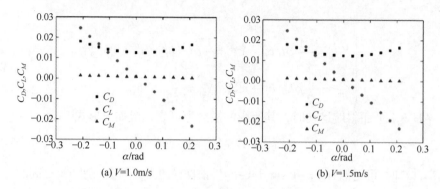

(a) V=1.0m/s   (b) V=1.5m/s

图 3.8　垂直面斜航计算结果

根据计算结果，可得 $C_D(\alpha)$、$C_L(\alpha)$ 和 $C_M(\alpha)$ 的拟合表达式为

$$\begin{cases} C_D(\alpha) = a_D^\alpha \alpha^2 + b_D^\alpha \alpha + c_D^\alpha \\ C_L(\alpha) = b_L^\alpha \alpha + c_L^\alpha \\ C_M(\alpha) = b_M^\alpha \alpha + c_M^\alpha \end{cases} \tag{3.25}$$

将阻力和升力投影到艇体坐标系，得

$$\begin{cases} X_{\mathrm{vis}}^V = -L_\alpha \sin\alpha + D_\alpha \cos\alpha \\ \qquad = -\dfrac{1}{2}\rho L^2 \left(u^2 + w^2\right) C_L(\alpha)\sin\alpha - \dfrac{1}{2}\rho\left(u^2 + w^2\right) C_D(\alpha)\cos\alpha \\ \qquad \approx -\dfrac{1}{2}\rho L^2\left(u^2 + w^2\right)\left(b_L^\alpha \alpha + c_L^\alpha\right)\alpha - \dfrac{1}{2}\rho\left(u^2 + v^2\right)\left(a_D^\alpha \alpha^2 + b_D^\alpha \alpha + c_D^\alpha\right)\left(1 - \dfrac{\alpha^2}{2}\right) \\ Z_{\mathrm{vis}} = L_\alpha \cos\beta + D_\alpha \sin\alpha \\ \qquad = \dfrac{1}{2}\rho L^2\left(u^2 + w^2\right) C_L(\alpha)\cos\alpha - \dfrac{1}{2}\rho\left(u^2 + w^2\right) C_D(\alpha)\sin\alpha \\ \qquad \approx \dfrac{1}{2}\rho L^2\left(u^2 + w^2\right)\left(b_L^\alpha \alpha + c_L^\alpha\right)\left(1 - \dfrac{\alpha^2}{2}\right) - \dfrac{1}{2}\rho\left(u^2 + w^2\right)\left(a_D^\alpha \alpha^2 + b_D^\alpha \alpha + c_D^\alpha\right)\alpha \\ M_{\mathrm{vis}} = \dfrac{1}{2}\rho L^3\left(u^2 + w^2\right) C_M(\alpha) \approx \dfrac{1}{2}\rho L^3\left(u^2 + w^2\right)\left(b_M^\alpha \alpha + c_M^\alpha\right) \end{cases}$$

$$\tag{3.26}$$

考虑到 $\alpha = w/u$，将其代入式 (3.26) 中，忽略高阶小项，可表达成如下形式：

$$\begin{cases} X_{\mathrm{vis}}^V = X_{u|u|}^V u|u| + X_{uw} uw + X_{w|w|} w|w| \\ Z_{\mathrm{vis}} = Z_{w|w|} w|w| + Z_{uw} uw + Z_{u|u|} u|u| \\ M_{\mathrm{vis}} = M_{u|u|} u|u| + M_{uw} uw + M_{w|w|} w|w| \end{cases} \tag{3.27}$$

式中

$$\begin{cases} X_{u|u|}^V = -\dfrac{1}{2}\rho L^2 c_D^\alpha,\ X_{uw} = -\dfrac{1}{2}\rho L^2\left(c_L^\alpha + b_D^\alpha\right),\ X_{w|w|} = -\dfrac{1}{2}\rho L^2\left(b_L^\alpha + a_D^\alpha - 0.5c_D^\alpha\right) \\[2mm] Z_{u|u|} = \dfrac{1}{2}\rho L^2 c_L^\alpha,\ Z_{w|w|} = \dfrac{1}{2}\rho L^2\left(0.5c_L^\alpha - b_D^\alpha\right),\ Z_{uw} = \dfrac{1}{2}\rho L^2\left(b_L^\alpha - c_D^\alpha\right) \\[2mm] M_{uw} = \dfrac{1}{2}\rho L^3 b_M^\alpha,\ M_{u|u|} = M_{w|w|} = \dfrac{1}{2}\rho L^3 c_M^\alpha \end{cases}$$

$$(3.28)$$

AUV 垂直面斜航运动时，其所受的垂向力可表达成如下形式：

$$Z(w) = Z_0 + Z_w w + Z_{w|w|} w|w| \tag{3.29}$$

式中，当 α 为一小量时，有 $w = V\sin\alpha \approx V\alpha$。根据垂向力 Z 与垂向速度 w 之间的关系，应用最小二乘法按式(3.29)回归计算数据，可求得无因次水动力系数 $Z'_{w|w|}$、Z'_w、Z'_0。

采用回归分析方法求得的线性水动力系数只有配合其他高阶水动力系数或耦合水动力系数一起使用时才是精确的，如果单独使用线性水动力系数，那么可以通过垂向力、纵倾力矩与垂向速度关系曲线在原点的斜率来求得 Z'_w 和 M'_w。根据图 3.9 所示计算结果，可得相应线性水动力系数。

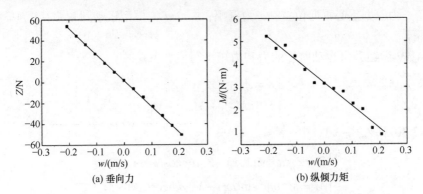

图 3.9　航速为 1m/s 时的垂向力 Z、纵倾力矩 M 与垂向速度 w 的关系曲线

将式(3.23)和式(3.28)所得水动力系数无因次化处理，有

$$X'_{u|u|} = -\frac{1}{2}\left(c_D^\beta + c_D^\alpha\right),\quad X'_{v|v|} = b_L^\beta - a_D^\beta + 0.5c_D^\beta,\quad X'_{uw} = -\left(c_L^\alpha + b_D^\alpha\right)$$

$$X'_{w|w|} = -b_L^\alpha - a_D^\alpha + 0.5c_D^\alpha,\quad Y'_{uv} = -\left(b_L^\beta + c_D^\beta\right)$$

$$Z'_{u|u|} = c_L^\alpha \ , \quad Z'_{w|w|} = 0.5c_L^\alpha - b_D^\alpha \ , \quad Z'_{uw} = b_L^\alpha - c_D^\alpha$$

$$M'_{u|u|} = M'_{w|w|} = c_M^\alpha \ , \quad M'_{uw} = b_M^\alpha \ , \quad N'_{uv} = -b_M^\beta$$

2. 非定常运动数值模拟

非定常水动力计算通过模拟 AUV 做纯升沉运动、纯俯仰运动、纯横摇运动、纯艏摇运动等四种典型的操纵运动，计算分析获得速度系数、角速度系数、加速度系数、耦合系数等相关水动力系数。数值模拟非定常运动时，采用动网格技术实现 AUV 的运动，结合 Fluent 中的用户自定义函数(user-defined function，UDF)编写模型相应的运动规律来实现。计算时，每种运动至少选取两个流速四个振荡频率共八个工况，每个工况至少出现一个完整稳定周期的结果才能结束计算，一般要 2~3 个周期。

1) 纯升沉运动

纯升沉运动(图 3.10)水动力计算主要是为了获得 Z'_w、$Z'_{\dot{w}}$、M'_w 和 $M'_{\dot{w}}$，AUV 重心运动规律如式(3.30)所示。计算结果如图 3.11 和图 3.12 所示。

$$\begin{cases} \zeta = -a\sin(\omega t) \\ \dot{\zeta} = w = -a\omega\cos(\omega t) \\ \dot{w} = a\omega^2\sin(\omega t) \end{cases} \tag{3.30}$$

式中，ζ 为模型重心垂向位置；a 为振幅；$\omega = 2\pi f$ 为模型运动圆频率；f 为模型振荡频率。

AUV 做纯升沉运动所受的力和力矩可写成如下形式：

$$\begin{cases} Z = Z_{\dot{w}}\dot{w} + Z_w w + Z_0 \\ M = M_{\dot{w}}\dot{w} + M_w w + M_0 \end{cases} \tag{3.31}$$

将式(3.30)代入式(3.31)中，有

$$\begin{cases} Z = Z_{\dot{w}}a\omega^2\sin(\omega t) - Z_w a\omega\cos(\omega t) + Z_0 \\ M = M_{\dot{w}}a\omega^2\sin(\omega t) - M_w a\omega\cos(\omega t) + M_0 \end{cases} \tag{3.32}$$

式(3.32)等价于

$$\begin{cases} Z = Z_a\sin(\omega t) + Z_b\cos(\omega t) + Z_0 \\ M = M_a\sin(\omega t) + M_b\cos(\omega t) + M_0 \end{cases} \tag{3.33}$$

应用 MATLAB 工具箱曲线拟合函数得到正弦项系数和余弦项系数，即可获得 Z_a、Z_b 和 M_a、M_b 的值，通过无因次化处理进而获得相应水动力系数 Z'_w、$Z'_{\dot{w}}$、M'_w、$M'_{\dot{w}}$。

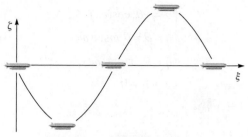

图 3.10　纯升沉运动示意图

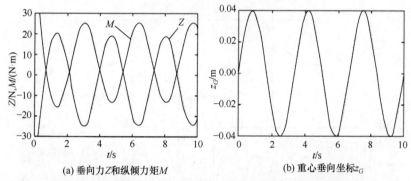

(a) 垂向力 Z 和纵倾力矩 M　　　　　　(b) 重心垂向坐标 z_G

图 3.11　f=0.3Hz、V=1m/s 工况下 AUV 做纯升沉运动计算结果

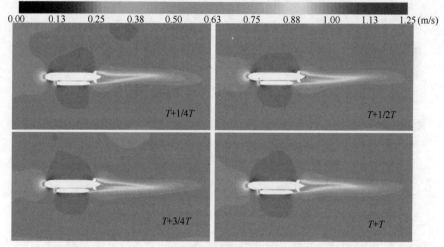

图 3.12　f=0.3Hz、V=1m/s 工况下 AUV 做纯升沉运动时纵剖面处速度分布云图[9]（见书后彩图）

2）纯俯仰运动

　　纯俯仰运动（图 3.13）水动力计算主要是为了获得 Z_q'、$Z_{\dot{q}}'$、M_q' 和 $M_{\dot{q}}'$，其运动规律如式（3.34）所示，计算结果如图 3.14 和图 3.15 所示。

$$\begin{cases} \theta = -\theta_0 \cos(\omega t) \\ q = \dot{\theta} = \theta_0 \omega \sin(\omega t) \\ \dot{q} = \theta_0 \omega^2 \cos(\omega t) \\ w = \dot{w} = 0 \end{cases}$$

(3.34)

式中，θ_0 为模型纵倾角振幅。

图 3.13　纯俯仰运动示意图

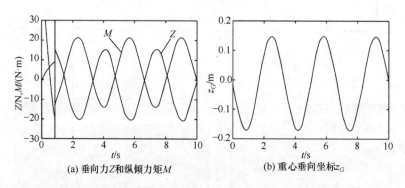

(a) 垂向力 Z 和纵倾力矩 M　　(b) 重心垂向坐标 z_G

图 3.14　f=0.3Hz、V=1m/s 工况下 AUV 做纯俯仰运动计算结果

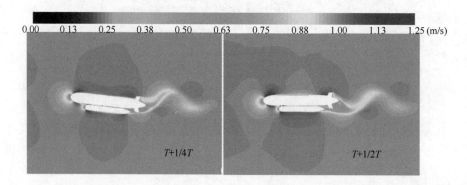

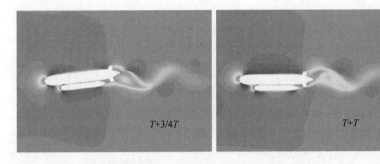

图 3.15　*f*=0.3Hz、*V*=1m/s 工况下 AUV 做纯俯仰运动时纵剖面速度分布云图[9](见书后彩图)

纯俯仰运动方程形式如下：

$$\begin{cases} Z = Z_{\dot{q}}\dot{q} + Z_q q + Z_0 \\ M = M_{\dot{q}}\dot{q} + M_q q + M_0 \end{cases} \tag{3.35}$$

将式(3.34)代入式(3.35)中，有

$$\begin{cases} Z = Z_{\dot{q}}\theta_0\omega^2\cos(\omega t) + Z_q\theta_0\omega\sin(\omega t) + Z_0 \\ M = M_{\dot{q}}\theta_0\omega^2\cos(\omega t) + M_q\theta_0\omega\sin(\omega t) + M_0 \end{cases} \tag{3.36}$$

经处理后可得 Z_q'、$Z_{\dot{q}}'$、M_q'、$M_{\dot{q}}'$ 等无因次化水动力系数。

3) 纯横荡运动

纯横荡运动(图 3.16)水动力计算主要是为了获得 Y_v'、$Y_{\dot{v}}'$、N_v' 和 $N_{\dot{v}}'$，重心运动规律如式(3.37)所示，计算结果如图 3.17 所示。

$$\begin{cases} \eta = a\sin(\omega t) \\ v = \dot{\eta} = a\omega\cos(\omega t) \\ \dot{v} = -a\omega^2\sin(\omega t) \end{cases} \tag{3.37}$$

式中，η 为模型重心横向位置。

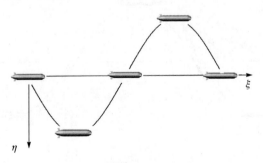

图 3.16　纯横荡运动示意图

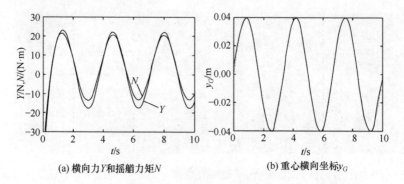

(a) 横向力 Y 和摇艏力矩 N (b) 重心横向坐标 y_G

图 3.17 f=0.3Hz, V=1m/s 工况下 AUV 做纯横荡运动计算结果

横荡运动方程可写成如下形式：

$$\begin{cases} Y = Y_{\dot{v}}\dot{v} + Y_v v + Y_0 \\ N = N_{\dot{v}}\dot{v} + N_v v + N_0 \end{cases} \tag{3.38}$$

将式(3.37)代入式(3.38)，有

$$\begin{cases} Y = -a\omega^2 Y_{\dot{v}}\sin(\omega t) + a\omega Y_v \cos(\omega t) + Y_0 \\ N = -a\omega^2 N_{\dot{v}}\sin(\omega t) + a\omega N_v \cos(\omega t) + N_0 \end{cases} \tag{3.39}$$

经处理后可得 Y'_v、$Y'_{\dot{v}}$、N'_v、$N'_{\dot{v}}$ 等无因次化水动力系数。

4) 纯艏摇运动

纯艏摇运动(图 3.18)水动力计算主要是为了获得 Y'_r、$Y'_{\dot{r}}$、N'_r 和 $N'_{\dot{r}}$，重心运动规律如式(3.40)所示，计算结果如图 3.19 所示。

$$\begin{cases} \psi = \psi_0 \cos(\omega t) \\ r = \dot{\psi} = -\psi_0 \omega \sin(\omega t) \\ \dot{r} = -\psi_0 \omega^2 \cos(\omega t) \end{cases} \tag{3.40}$$

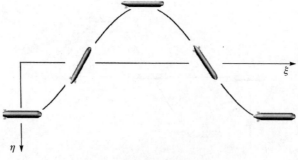

图 3.18   纯艏摇运动示意图

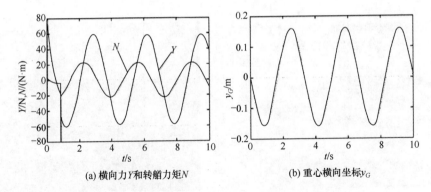

(a) 横向力Y和转艏力矩N　　　　　(b) 重心横向坐标y_G

图 3.19　f=0.3Hz, V=1m/s 时 AUV 做纯艏摇运动计算结果

艏摇运动方程可写成如下形式：

$$\begin{cases} Y = Y_{\dot{r}}\dot{r} + Y_r r + Y_0 \\ N = N_{\dot{r}}\dot{r} + N_r r + N_0 \end{cases} \tag{3.41}$$

将式(3.40)代入式(3.41)，有

$$\begin{cases} Y = -Y_{\dot{r}}\psi_0\omega^2\cos(\omega t) - Y_r\psi_0\omega\sin(\omega t) + Y_0 \\ N = -N_{\dot{r}}\psi_0\omega^2\cos(\omega t) - N_r\psi_0\omega\sin(\omega t) + N_0 \end{cases} \tag{3.42}$$

经处理后可得 Y_r' 、$Y_{\dot{r}}'$ 、N_r' 、$N_{\dot{r}}'$ 等无因次化水动力系数。

3.1.3　基于约束模型试验的性能分析

约束模型试验是目前能够获得比较精确水动力系数的主要方式。试验时，用机械装置约束模型以强迫其做规定的运动，在基准运动基础上叠加一个或两个扰动运动，并定量地改变其扰动量，来测定作用于模型上的水动力，进而获得各水动力系数。

约束模型试验所用的模型需满足几何相似条件。由于已规定了模型的运动参数，可不必满足质量、重心位置和转动惯量相似条件。尽管如此，同样存在不能满足全部动力相似条件所引起的尺度效应。因约束模型试验最后获得的是水动力系数而非水动力本身，其尺度效应要小得多。约束模型试验求得的无因次水动力系数可直接用于实艇预报。

本节主要举例介绍基于循环水槽(图 3.20)中垂直面平面运动机构(图 3.21)的约束模型(图 3.22)试验，包括直航试验、斜航试验和平面运动机构试验。

图 3.20　循环水槽

图 3.21　垂直面平面运动机构

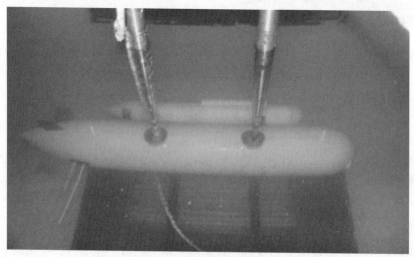

图 3.22　挂载到平面运动机构上的 AUV 试验模型

1. 直航试验

直航试验主要是通过测得模型在不同流速下所受的阻力，再根据弗劳德假定将试验模型阻力转化为实艇在不同航速下的阻力，进而可获得实艇的有效马力曲线，为后续 AUV 推进器设计、选型及能源总量确定提供依据。试验模型和实艇的摩擦阻力根据普朗特过渡流摩擦阻力公式计算求得。试验时模型悬浮布置于循环水槽工作段中间位置，根据循环水槽流速范围及临界雷诺数要求（Re_L＝$1.63×10^6 \sim 5.55×10^6$）来确定水流速度范围。

AUV 试验模型主尺寸为：长度 1.5m、直径 214mm，缩尺比例为 1.6∶1。试验时，流速范围为 0.5~1.7m/s，试验结果如图 3.23 所示。利用弗劳德假定，将模型直航阻力转化为实尺寸艇体在不同航速下的阻力，结果如图 3.24 所示。

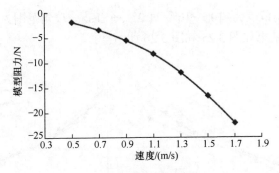

图 3.23　模型阻力曲线

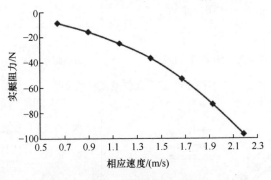

图 3.24　实艇阻力曲线

2. 斜航试验

斜航试验主要是为了获得与速度有关的非线性水动力系数 $Y_{v|v|}$、$N_{v|v|}$ 和 $Z_{w|w|}$、$M_{w|w|}$，为下一步根据理论推算非线性水动力系数做准备。同时，还可以获得速度系数 Y_v、N_v 和 Z_w、M_w。

斜航试验包括水平面斜航和垂直面斜航两种情况。水平面斜航试验时将模型固定在循环水槽内，纵中剖面与水槽中心线呈一夹角 β，给定来流速度，当漂角为小量时有

$$\begin{cases} u = V\cos\beta \\ v = -V\sin\beta \approx -V\beta \end{cases} \tag{3.43}$$

这时相当于在模型以速度 u 沿纵轴做匀速直线运动基础上叠加一侧向扰动速度 v，而其他扰动均为零，即 $\dot{v} = r = \delta = \cdots = 0$。改变系统的漂角，用六分力测力天平测量模型所受到的侧向力 Y 和转艏力矩 N。力(矩)与横向速度关系曲线在零点的切线斜率即模型的速度导数 Y_v 和 N_v。应用最小二乘法回归试验数据，可得非线性水动力系数 $Y_{v|v|}$、$N_{v|v|}$。垂直面斜航试验时将模型旋转90°进行，原理方法同上。

试验时,漂角范围为-10°～10°,每2°一个工况。攻角范围为-12°～12°,每2°一个工况,计算结果如图3.25和图3.26所示。

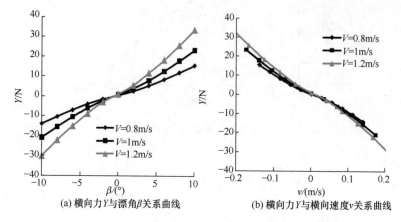

(a) 横向力Y与漂角β关系曲线　　　　(b) 横向力Y与横向速度v关系曲线

图 3.25　水平面斜航试验结果[9]

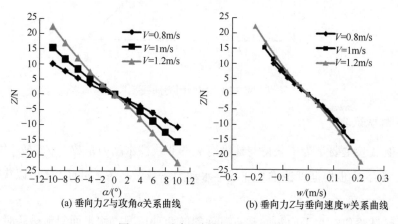

(a) 垂向力Z与攻角α关系曲线　　　　(b) 垂向力Z与垂向速度w关系曲线

图 3.26　垂直面斜航试验结果[9]

3. 平面运动机构试验

平面运动机构试验可以获得 AUV 操纵性能预报所需的绝大部分水动力系数,包括速度系数、角速度系数和加速度系数等,以及在此基础上推算出的其他水动力系数。平面运动机构试验包括纯升沉、纯俯仰、纯横荡及纯艏摇等四种运动。

平面运动机构有垂直面的和水平面的,按其振荡幅度可分为小振幅机构和大振幅机构。本试验采用垂直面平面运动机构,该机构由振荡机构、驱动系统和测力数据处理系统等三部分组成。振荡机构包括两根振荡杆、步进电机、偏心轮、可调轴承等,整体安装在水池拖车上或固定在循环水槽速度稳定段上方。两根振荡杆的下端铰接于固定在模型上的测力原件(六分力天平)上,模型的重心应调整到两根振荡杆的中间位置。改变步进电机的转速可获得模型不同的振荡频率。调节偏心轮的偏心距可改变振幅，通过可调轴承调整主轴前后段的相对扭角则可改变两根振荡杆的振动相位差。

通过调节垂直振荡的振幅、相位、频率及拖车速度或流速，模型便可在垂直面内做纯升沉、纯俯仰等垂直面运动试验，将模型横倾 90° 后安装在垂直面平面运动机构上，便实现模型的纯横荡和艏摇等水平面运动试验。试验时，至少选取两个拖车速度或循环水槽流速，振荡频率不少于四个，如 0.2Hz、0.3Hz、0.4Hz、0.5Hz 等，具体根据平面运动机构调节能力确定。

1) 纯升沉运动

纯升沉运动试验可以得到与垂向速度有关的无因次加速度及速度水动力系数 $Z_{\dot{w}}'$、$M_{\dot{w}}'$、Z_w'、M_w'。

试验时，纯升沉运动位移、速度和加速度参数如式(3.44)所示：

$$\begin{cases} \zeta_1 = \zeta_2 = -a\sin(\omega t) \\ \theta = \dot{\theta} = 0 \\ w = \dot{\zeta} = -a\omega\cos(\omega t) \\ \dot{w} = a\omega^2\sin(\omega t) \end{cases} \tag{3.44}$$

式中，ζ_1、ζ_2 分别为前后两支杆垂向位置；w 为垂向速度；a 为振幅；θ 为纵倾角；ω 为支杆振荡频率。

根据垂直面操纵运动线性方程，纯升沉运动线性方程为

$$\begin{cases} Z_{\dot{w}}\dot{w} + Z_w w + Z_0 + F_1 + F_2 = m\dot{w} \\ M_{\dot{w}}\dot{w} + M_w w + M_0 + (F_2 - F_1)l_0 = -m\dot{w}x_G \end{cases} \tag{3.45}$$

式中，F_1、F_2 分别为前后两支杆受力；$2l_0$ 为两支杆间距；m 为模型质量；x_G 为测力中心与模型重心的距离。

将式(3.44)代入式(3.45)得到试验模型受到的约束作用力(矩)为

$$\begin{cases} F_1 + F_2 = Z_{\text{in}}\sin(\omega t) + Z_{\text{out}}\cos(\omega t) + Z_c \\ (F_2 - F_1)l_0 = M_{\text{in}}\sin(\omega t) + M_{\text{out}}\cos(\omega t) + M_c \end{cases} \tag{3.46}$$

式中，Z_{in}、M_{in} 为约束作用力与支杆振荡(位移)同相位分量；Z_{out}、M_{out} 为约束作用力与支杆振荡相位正交分量；Z_c、M_c 为常量。

由此可知水动力系数表达式为

$$\begin{cases} Z_{\dot{w}} = -\dfrac{Z_{\text{in}}}{a\omega^2} + m, \quad Z_w = \dfrac{Z_{\text{out}}}{a\omega} \\ M_{\dot{w}} = -\dfrac{M_{\text{in}}}{a\omega^2} - mx_G, \quad M_w = \dfrac{M_{\text{out}}}{a\omega} \end{cases} \tag{3.47}$$

试验得到不同振荡频率下模型约束作用力同相位分量及正交分量(图 3.27)，应用最小二乘法处理数据得到与垂向加速度及速度有关的无因次水动力系数 $Z'_{\dot{w}}$、$M'_{\dot{w}}$、Z'_w、M'_w。

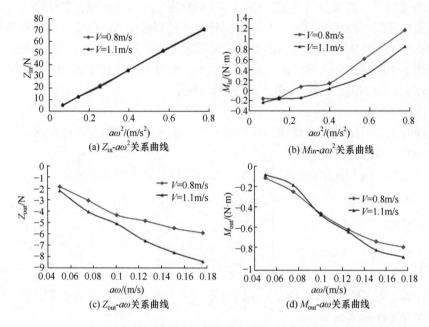

(a) Z_{in}-$a\omega^2$关系曲线   (b) M_{in}-$a\omega^2$关系曲线

(c) Z_{out}-$a\omega$关系曲线   (d) M_{out}-$a\omega$关系曲线

图 3.27 模型纯升沉约束作用力(矩)曲线[9]

2) 纯俯仰运动

纯俯仰运动试验可以得到与纵倾角速度有关的无因次角加速度及角速度水动力系数 $Z'_{\dot{q}}$、$M'_{\dot{q}}$、Z'_q、M'_q。

试验时，纯俯仰角位移、角速度和角加速度参数如式(3.48)所示：

$$\begin{cases} \theta = -\theta_0 \sin(\omega t) \\ q = \dot{\theta} = -\theta_0 \omega \cos(\omega t) \\ \dot{q} = \theta_0 \omega^2 \sin(\omega t) \\ w = \dot{w} = 0 \end{cases} \tag{3.48}$$

式中，θ_0 为角振幅，$\theta_0 = \dfrac{a}{l_0} \sin \dfrac{\varepsilon}{2}$，$\varepsilon$ 为后杆对前杆的滞后角，$\varepsilon = 2\arctan \dfrac{l_0 \omega}{V}$；$V$ 为水流速度；q 为角速度。

根据垂直面操纵运动线性方程，纯俯仰运动线性方程为

$$\begin{cases} Z_{\dot{q}}\dot{q} + Z_q q + Z_0 + F_1 + F_2 = -mVq - mx_G\dot{q} \\ M_{\dot{q}}\dot{q} + M_q q + M_0 - mgh\theta + (F_2 - F_1)l_0 = I_y\dot{q} + mx_G Vq \end{cases} \tag{3.49}$$

式中，h 为稳心高；I_y 为试验模型绕 y 轴的转动惯量。

将式 (3.48) 代入式 (3.49) 得到试验模型受到的约束作用力 (矩) 为

$$\begin{cases} F_1 + F_2 = Z_{in}\sin(\omega t) + Z_{out}\cos(\omega t) + Z_c \\ (F_2 - F_1)l_0 = M_{in}\sin(\omega t) + M_{out} + M_c \end{cases} \tag{3.50}$$

由此可知水动力系数表达式为

$$\begin{cases} Z_{\dot{q}} = -\dfrac{Z_{in}}{\theta_0\omega^2} - mx_G, \quad Z_q = \dfrac{Z_{out}}{\theta_0\omega} - mV \\ M_{\dot{q}} = -\dfrac{M_{in}}{\theta_0\omega^2} + I_y - \dfrac{mgh}{\omega^2}, \quad M_q = \dfrac{M_{out}}{\theta_0\omega} + mx_G V \end{cases} \tag{3.51}$$

试验得到不同振荡频率下模型约束作用力同相位分量及正交分量 (图 3.28)，应用最小二乘法处理数据得到与纵倾角加速度及角速度有关的无因次水动力系数 $Z'_{\dot{q}}$、$M'_{\dot{q}}$、Z'_q、M'_q。

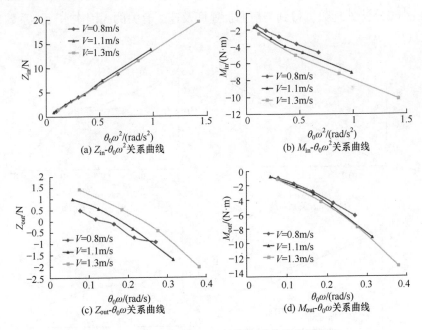

图 3.28　模型纯俯仰运动约束作用力 (矩) 曲线[9]

3) 纯横荡运动

纯横荡运动试验可以得到与横向速度有关的无因次加速度及速度水动力系数

$Y'_{\dot{v}}$、Y'_{v}、$N'_{\dot{v}}$、N'_{v}。

试验时，纯横荡运动的运动位移、速度和加速度参数如式(3.52)所示：

$$\begin{cases} \eta_1 = \eta_2 = -a\sin(\omega t) \\ \psi = \dot{\psi} = 0 \\ v = \dot{\eta} = -a\omega\cos(\omega t) \\ \dot{v} = a\omega^2\sin(\omega t) \end{cases} \tag{3.52}$$

纯横荡运动线性方程为

$$\begin{cases} Y_{\dot{v}}\dot{v} + Y_{v}v + Y_0 + F_1 + F_2 = m\dot{v} \\ N_{\dot{v}}\dot{v} + N_{v}v + N_0 + (F_1 - F_2)l_0 = m\dot{v}x_G \end{cases} \tag{3.53}$$

水动力系数表达式为

$$\begin{cases} Y_{\dot{v}} = -\dfrac{Y_{\text{in}}}{a\omega^2} + m, \quad Y_v = \dfrac{Y_{\text{out}}}{a\omega} \\ N_{\dot{v}} = -\dfrac{N_{\text{in}}}{a\omega^2} + mx_G, \quad N_v = \dfrac{N_{\text{out}}}{a\omega} \end{cases} \tag{3.54}$$

试验得到不同振荡频率下模型约束作用力同相位分量及正交分量(图 3.29)，应用最小二乘法处理数据得到与横向加速度及速度有关的无因次水动力系数 $Y'_{\dot{v}}$、Y'_{v}、$N'_{\dot{v}}$、N'_{v}。

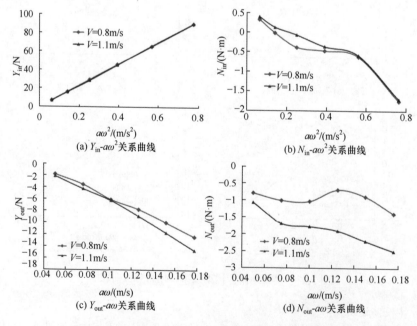

图 3.29　模型纯横荡运动约束作用力(矩)曲线[9]

4) 纯艏摇运动

纯艏摇运动试验可以得到与艏摇角速度有关的无因次角加速度及角速度水动力系数 $Y_{\dot{r}}'$、$N_{\dot{r}}'$、Y_r'、N_r'。

纯艏摇角位移、角速度和角加速度参数如式(3.55)所示:

$$\begin{cases} \psi = \psi_0 \sin(\omega t) \\ r = \dot{\psi} = \psi_0 \omega \cos(\omega t) \\ \dot{r} = -\psi_0 \omega^2 \sin(\omega t) \\ v = \dot{v} = 0 \end{cases} \tag{3.55}$$

纯艏摇运动线性方程为

$$\begin{cases} Y_{\dot{r}}\dot{r} + Y_r r + Y_0 + F_1 + F_2 = mVr + mx_G\dot{r} \\ N_{\dot{r}}\dot{r} + N_r r + N_0 + (F_1 - F_2)l_0 = I_z\dot{r} + mx_G Vr \end{cases} \tag{3.56}$$

水动力系数表达式为

$$\begin{cases} Y_{\dot{r}} = \dfrac{Y_{in}}{\psi_0 \omega^2} + mx_G, \quad Y_r = -\dfrac{Y_{out}}{\psi_0 \omega} + mV \\ N_{\dot{r}} = \dfrac{N_{in}}{\psi_0 \omega^2} + I_z, \quad N_r = -\dfrac{N_{out}}{\psi_0 \omega} + mx_G V \end{cases} \tag{3.57}$$

试验得到不同振荡频率下模型约束作用力同相位分量及正交分量(图 3.30),应用最小二乘法处理数据得到与艏摇角加速度及角速度有关的无因次水动力系数 $Y_{\dot{r}}'$、$N_{\dot{r}}'$、Y_r'、N_r'。

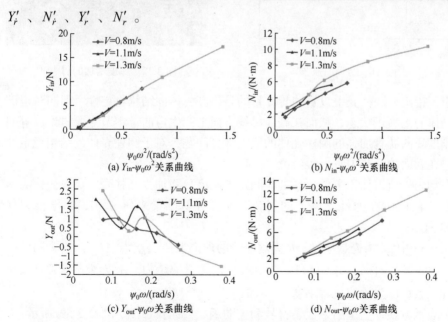

图 3.30　模型纯艏摇运动约束作用力(矩)曲线[9]

3.2 AUV 结构性能分析方法

3.2.1 基于规范的耐压结构性能分析方法

1. 环肋圆柱耐压壳结构性能计算

1) 应力计算与校验

环肋圆柱耐压壳是 AUV 耐压壳设计中经常采用的形式[12-15]，这些环向肋骨常常是刚度相同和等间距布置，如图 3.31 所示。肋骨或强肋骨可以布置在耐压壳内部或外部，呈内肋骨或外肋骨形式，其强度分析和强度标准相同。若圆柱壳体与封头连接，则舱段长度 L 尚需增加一定的封头深度，如图 3.32 所示。

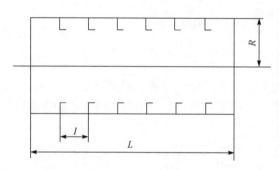

图 3.31　肋骨加强[16]　　　　　　　　图 3.32　深度增加的封头[16]

应该指出，圆柱壳上设置肋骨，目的是提高壳体的结构稳定性，但同时也破坏了壳体的无力矩状态，从而在壳体母线方向上产生弯曲。本节主要讨论以等间距同刚度环向肋骨加强的圆柱壳体的应力计算问题，对于圆柱壳体的结构稳定性问题将在后面的章节中进一步讨论。

在均匀外压力作用下的一系列等间距同刚度环肋加强圆柱壳，可以简化为两端为刚性的固定在弹性支座上的复杂弯曲弹性基础梁来研究[17]，力学模型如图 3.33 所示。

图 3.33 中，t 为壳板厚度；R 为耐压壳的理论半径；μ 为泊松比；l 为肋骨间距；F 为肋骨截面积；E 为材料弹性模量；P_j 为计算压力；A_1 为梁两端弹性支座的柔性系数；D 为梁的抗弯刚度。

为表示方便，这里引入代表符号和辅助函数，如式 (3.58) 和式 (3.59) 所示：

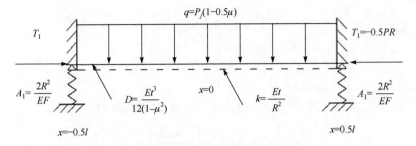

$$q=P_j(1-0.5\mu)$$

T_1

$T_1=-0.5PR$

$$A_1=\frac{2R^2}{EF}$$

$$D=\frac{Et^3}{12(1-\mu^2)}$$

$$x=0$$

$$k=\frac{Et}{R^2}$$

$$A_1=\frac{2R^2}{EF}$$

$$x=-0.5l$$

$$x=0.5l$$

图 3.33　环肋圆柱壳带梁计算力学模型[17]

$$
\begin{cases}
u_1 = u\sqrt{1-\gamma} \\[2mm]
u_2 = u\sqrt{1+\gamma} \\[2mm]
u = \dfrac{\sqrt[4]{3\left(1-\mu^2\right)}}{2}\dfrac{l}{\sqrt{Rt}} \\[4mm]
\gamma = \dfrac{\sqrt{3\left(1-\mu^2\right)}}{2}\dfrac{P_j R^2}{Et^2}
\end{cases}
\tag{3.58}
$$

$$
\begin{cases}
F_1(u_1,u_2) = \dfrac{\sqrt{1-\gamma^2}\,(\cosh(2u_1)-\cos(2u_2))}{F_5(u_1,u_2)} \\[4mm]
F_2(u_1,u_2) = \dfrac{3(1-0.5\mu)(u_2\sinh(2u_1)-u_1\sin(2u_2))}{\sqrt{3(1-\mu^2)}F_5(u_1,u_2)} \\[4mm]
F_3(u_1,u_2) = \dfrac{6(1-0.5\mu)(u_1\cosh u_1\sin u_2 - u_2\sinh u_1\cos u_2)}{\sqrt{3(1-\mu^2)}F_5(u_1,u_2)} \\[4mm]
F_4(u_1,u_2) = \dfrac{2(1-0.5\mu)(u_1\cosh u_1\sin u_2 + u_2\sinh u_1\cos u_2)}{F_5(u_1,u_2)} \\[4mm]
F_5(u_1,u_2) = u_2\sinh(2u_1)+u_1\sin(2u_2)
\end{cases}
\tag{3.59}
$$

应用壳带梁的弯曲理论可以得到应力计算公式为

$$\sigma_i = K_i\frac{P_j R}{t} \tag{3.60}$$

故所需校核的应力包括：

(1)跨度中点处壳纵剖面上的中面应力 σ_1 ，表达式为

$$
\begin{cases}
K_1 = 1 - \dfrac{F_4(u_1, u_2)}{1 + \beta F_1(u_1, u_2)} \\[4mm]
\sigma_1 = K_1 \dfrac{P_j R}{t}
\end{cases}
\tag{3.61}
$$

(2) 支座边界处壳横剖面上的内表面应力 σ_2，表达式为

$$
\begin{cases}
K_2 = 0.5 + \dfrac{F_2(u_1, u_2)}{1 + \beta F_1(u_1, u_2)} \\[4mm]
\sigma_2 = K_2 \dfrac{P_j R}{t}
\end{cases}
\tag{3.62}
$$

(3) 肋骨应力 σ_f，表达式为

$$
\begin{cases}
K_f = \left(1 - \dfrac{\mu}{2}\right) \dfrac{\beta F_1(u_1, u_2)}{1 + \beta F_1(u_1, u_2)} \\[4mm]
\sigma_f = K_f \dfrac{P_j R}{t}
\end{cases}
\tag{3.63}
$$

式 (3.61)~式 (3.63) 中，β 为一个跨度上壳体面积 lt 与肋骨型材剖面积 F 的比值，是肋骨对壳体的影响参数，即

$$
\beta = \frac{lt}{F}
$$

$K_i(i=1,2,f)$ 表示肋骨的存在对壳板应力的影响，是参数 u 和 β 的函数。参数 β 越小，肋骨越大，K_i 也越大。K_1、K_2、K_f 与 u、β 之间的关系见《潜水系统和潜水器入级规范》[18]。

文献 [18] 对圆柱壳三个强度的限制条件为

$$
\begin{cases}
\sigma_1 = K_1 \dfrac{P_j R}{t} \leqslant 0.85 \sigma_s \\[4mm]
\sigma_2 = K_2 \dfrac{P_j R}{t} \leqslant 1.15 \sigma_s \\[4mm]
\sigma_f = K_f \dfrac{P_j R}{t} \leqslant 0.60 \sigma_s
\end{cases}
\tag{3.64}
$$

式中，σ_s 为材料的屈服强度。

2) 结构稳定性计算与校核

随着 AUV 的潜深越来越大，为减轻耐压壳的重量，采用的材料的屈服极限越来越高，因而确保耐压壳的结构稳定性问题就越来越重要。在均匀外压作用下，具有肋骨和中间支骨的圆柱壳体有以下几种失稳形式：

(1)壳板失稳。当肋骨和中间支骨的刚度超过自身的临界刚度时,在均匀外压力 P 作用下,可能出现这种失稳形式。此时肋骨及中间支骨保持自身正圆形不变,成为壳板的刚性支座周界。壳板则在两者之间形成一个半波,从而在众多间距内形成若干连续的凹凸交替半波。从横剖面看,则在整个圆周上形成许多凹凸交替半波。

(2)肋骨失稳。当肋骨刚度小于其临界刚度,外压力超过其临界压力时,肋骨将连同壳板和中间支骨一起在舱段内失稳,也就是整个舱段内圆柱壳丧失其总稳定性。此时,仅舱段的两端横舱壁和框架肋骨保持正圆形不变,成为壳的刚性支座周界。壳体在母线方向上整个舱段只形成一个半波。从横剖面看,则在整个圆周上形成 2～4 个整波。

(3)有强肋骨的部分舱段失稳。当耐压壳舱段较长时,保证稳定性所需的肋骨截面尺寸可能远大于保证强度所需的尺寸,这对耐压壳重量及内部设备布置非常不利。此时,可以在舱段中间某一位置布置一加大的大肋骨,称为强肋骨。

当普通肋骨刚度小于其临界刚度,只有强肋骨刚度超过其临界刚度时,肋骨将连同壳板一起在横舱壁和强肋骨之间失稳,这时强肋骨仍保持其正圆形不变,与两横舱壁一起成为壳的刚性支座。强肋骨将舱段整体分割成两个部分,应该按分割后的两部分舱段长度分别进行总体失稳计算。

(4)强肋骨失稳。当强肋骨的刚度小于其临界刚度时,强肋骨将连同壳板和普通肋骨一起,在横舱壁之间失稳。

若圆柱壳无任何肋骨,则仅有第(1)种失稳表现形式,且为舱段间总体失稳;若圆柱壳仅有普通肋骨而无强肋骨,则具有前两种失稳形式,分别称为肋骨间壳板失稳(局部失稳)和肋骨失稳(舱段总体失稳),如图 3.34 所示;若圆柱壳仅有强肋骨而无普通肋骨,则第(1)和第(3)两种失稳为同一表现形式,即仅有两种失稳形式,分别为壳板失稳(局部失稳)和强肋骨失稳(舱段总体失稳);若圆柱壳同时有普通肋骨和强肋骨,则第(2)和第(3)两种失稳为同一表现形式,即仅有三种失稳形式,分别称为普通肋骨间壳板失稳、强肋骨与横舱壁间舱段失稳(肋骨失稳)和强肋骨失稳(舱段总体失稳)。

(a) 局部失稳形式　　　　　　(b) 舱段总体失稳形式

图 3.34　失稳形式[16]

(1)舱段稳定性。由里茨(Ritz)法可确定环肋圆柱壳舱段失稳的欧拉载荷 P_e（理论临界压力）为

$$P_e = \frac{\left[\dfrac{D}{R^3}(n^2-1+m^2\alpha^2)^2 + \dfrac{Et}{R}\cdot\dfrac{m^4\alpha^4}{(m^2\alpha^2+n^2)^2} + \dfrac{EI}{R^3l}(n^2-1)^2\right]}{n^2-1+0.5m^2\alpha^2} \tag{3.65}$$

式中，$\alpha = \pi R/L$，此处 L 为圆柱壳舱段长度；D 为壳体的抗弯刚度；m、n 为失稳时沿壳的长度方向形成的半波数和沿圆周方向形成的整波数，由式(3.65)取最小值的条件可确定数值大小；I 为考虑带板宽度的肋骨惯性矩，可由式(3.66)确定，如图 3.35 所示。

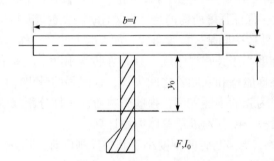

图 3.35　带板肋骨惯性矩示意图[16]

$$I = I_0 + \frac{lt^3}{12} + \left(y_0 + \frac{t}{2}\right)^2 \frac{ltF}{lt+F} \tag{3.66}$$

式中，I_0 为肋骨型材的自身惯性矩；y_0 为肋骨型材中和轴距壳体内表面距离；F 为肋骨型材剖面积。

因为在常用的尺寸范围内，通常在 $m=1$ 时可得到最小的 P_e 值，故式(3.65)可简化为

$$P_e = \frac{\left[\dfrac{D}{R^3}(n^2-1+\alpha^2)^2 + \dfrac{Et}{R}\cdot\dfrac{\alpha^4}{(\alpha^2+n^2)^2} + \dfrac{EI}{R^3l}(n^2-1)^2\right]}{n^2-1+0.5\alpha^2} \tag{3.67}$$

式中，方程右边方括号内的各项分别表示壳板抗弯刚度、壳板抗压刚度和肋骨抗弯刚度对理论临界压力 P_e 的影响。由于 $(n^2-1+\alpha^2)^2$ 与 $(n^2-1)^2$ 同量级，且 $D \ll EI/l$，因此方程括号内的第一项与第三项相比可忽略，故式(3.67)进一步简化为

$$P_e = \frac{\left[\dfrac{EI}{R^3l}(n^2-1)^2 + \dfrac{Et}{R}\cdot\dfrac{\alpha^4}{(\alpha^2+n^2)^2}\right]}{n^2-1+0.5\alpha^2} \tag{3.68}$$

(2)壳板稳定性。因为仅壳板丧失了稳定性，故 $I = 0$，$\alpha = \pi R/l$，则由式 (3.67) 得肋骨间壳板的临界压力为

$$P_e = \frac{\left[\dfrac{D}{R^3}(n^2-1+\alpha^2)^2 + \dfrac{Et}{R} \cdot \dfrac{\alpha^4}{(\alpha^2+n^2)^2}\right]}{n^2-1+0.5\alpha^2} \tag{3.69}$$

由于壳板失稳时圆周上形成的波数 n 较多，故 $(n^2-1)^2 \approx n^2$，则式 (3.69) 进一步简化为

$$P_e = \frac{\left[\dfrac{D}{R^3}(n^2+\alpha^2)^2 + \dfrac{Et}{R} \cdot \dfrac{\alpha^4}{(\alpha^2+n^2)^2}\right]}{n^2+0.5\alpha^2} \tag{3.70}$$

式中，波数 n 由 P_e 的最小值确定，实际上 n 比较大，且难以估计，因此应作进一步简化。

设 $A = \dfrac{n^2}{\alpha^2}$，则式 (3.70) 可改写为

$$P_e = \frac{D\alpha^2}{R^3} \cdot \frac{1}{A+0.5}\left[(A+1)^2 + \frac{EtR^2}{D\alpha^4} \cdot \frac{1}{(A+1)^2}\right] \tag{3.71}$$

对于一般的钢和铝合金，$\mu = 0.3$，$u = \dfrac{0.643l}{\sqrt{Rt}}$，所以可得

$$\frac{D\alpha^2}{R^3} = \frac{Et^2}{R^2} \cdot \frac{0.373}{u^2}, \quad \frac{EtR^2}{D\alpha^4} = 0.657u^4 \tag{3.72}$$

式 (3.71) 中，可近似取 $A+1 = 1.346u$ [17]，将其代入式 (3.72) 可得

$$P_e = \frac{0.603}{u-0.371} \cdot E\left(\frac{t}{R}\right)^2 \approx \frac{0.6}{u-0.37} \cdot E\left(\frac{t}{R}\right)^2 \tag{3.73}$$

利用式 (3.73) 所获得的精度完全满足初步设计需要。

前面讨论了采用肋骨加强的圆柱壳的稳定性问题，给出了它们的理论临界压力 P_e 的计算公式，但是试验结果表明，各类壳体的实际临界压力 P_{cr} 都低于理论值。产生这种误差的因素很多，主要包括以下两个方面：

(1)在实际建造过程中，耐压壳总是存在初始挠度，从而在均匀外压力作用下，将引起壳体内的附加弯曲应力，这种附加弯曲应力促使壳体提前失稳，因此这种误差是偏于危险的。

(2)壳体材料的弹性模量 E 并不是始终保持不变的。在实际应用中，当壳体中的应力超过比例极限后，弹性模量 E 就已下降，因此使得临界压力也下降，所

以这种误差也是偏于危险的。

基于上述原因，在进行实际的计算中，需根据式(3.74)对理论临界压力进行修正，从而得到实际临界压力为

$$P_{cr} = C_g C_s P_e \tag{3.74}$$

式中，C_g 为考虑了壳体有初挠度对壳体稳定性不利影响的修正系数；C_s 为考虑到材料不符合胡克定律对壳体稳定性不利影响的修正系数，可根据如下拟合公式计算得到：

$$C_s = 0.3 \arctan\left[-1.4924\left(\frac{\sigma_e}{\sigma_s} - 1.5\right)\right] \\ + 0.0053\left(\frac{\sigma_e}{\sigma_s}\right)^{-1} + 0.0969 \times 3^{-\left(\frac{\sigma_e}{\sigma_s}\right)} + 0.6616 \tag{3.75}$$

根据上述计算结果，对于承受外压的圆柱壳体的稳定性校核，相应分为舱段稳定性校核和壳板稳定性校核两部分内容，具体计算如下：

(1)环肋圆柱壳壳板失稳的校核公式为

$$P_{cr} = 0.75 C_s P_e \geqslant P_j \tag{3.76}$$

式中，P_e 可由式(3.73)确定；C_s 可由式(3.75)计算得到，其中，$\sigma_e = P_e R / t$。

(2)强肋骨与横舱壁间局部舱段稳定性校核公式为

$$P_{cr} = 0.83 C_s P_e \geqslant 1.2 P_j \tag{3.77}$$

式中，P_e 由式(3.68)确定，其中，$\alpha = \begin{cases} \pi R / a \\ \pi R /(L-a) \end{cases}$，$a$ 为强肋骨与某一侧横舱壁间的舱段长度；C_s 由式(3.75)计算得到，其中，$\sigma_e = \dfrac{P_e R}{t + F/l}$。

(3)舱段总体稳定性校核公式为

$$P_{cr} = 0.83 C_s P_e \geqslant 1.2 P_j \tag{3.78}$$

式中，P_e 由式(3.68)确定，其中，$\alpha = \pi R / L$；C_s 由式(3.75)计算得到，其中，$\sigma_e = \dfrac{P_e R}{t + F/l}$。

2. 球形耐压壳结构性能计算

1)应力计算与校验
球形耐压壳(球壳)承受均匀外压时，可以保持其球形受到均匀的压缩，此时

均匀中面压应力为

$$\sigma = \frac{PR}{2t} \tag{3.79}$$

式中，P 为均匀外部压力；R 为球壳中面半径；t 为球壳的厚度。

根据文献[18]，并考虑到安全储备的要求，球壳壳板应力 σ 为

$$\sigma = \frac{P_j R}{2t} \tag{3.80}$$

式中，P_j 为计算压力。

所得球壳体壳板应力 σ 应满足：

$$\sigma \leqslant 0.85\sigma_s \tag{3.81}$$

式中，σ_s 为材料的屈服强度。

2) 球壳的稳定性

如果压力超过某一极限值，那么受压壳体的球形平衡状态将变为不稳定，从而导致球壳失稳破坏。假设耐压球壳满足如下条件：①材料均匀；②各向同性；③有完善几何球形；④无初始应力；⑤应力-应变关系是线性的。则根据由 Zoelly 于 1915 年用小变形假设推导出的理论公式可得球壳失稳压力为

$$P_e = \frac{2E}{\sqrt{3\left(1-\mu^2\right)}}\left(\frac{t}{R}\right)^2 \tag{3.82}$$

式中，t 为球壳厚度；R 为球壳中面半径。

式(3.82)为受压球壳失稳的最早理论公式，是经典理论值。然而，要满足上述假设条件几乎是不可能的，例如，在实际锻造中很难获得完善的几何球形，并且在焊接结构中也很难无残余应力。均匀外压作用下球壳的稳定性试验结果也表明，失稳压力远小于式(3.82)所给出的计算值，一般仅是它的 1/3～1/4，而且失稳破坏是突然发生的。为了证明理论与实际的这一差别，人们进行了大量的试验和理论分析，得到一些实用的计算公式，常用的公式有以下几种[16]。

(1) Berch 公式：

$$P_{cr} = f_0 \frac{200t}{R} \tag{3.83}$$

式中，$f_0 = 2\sigma_s - \dfrac{1.15R}{t}$。

Berch 与 Zoelly 是同时期的，该公式是在当时试验基础上得到的经验公式，曾用于潜艇球面舱壁的失稳压力计算，近年来由于新材料的采用，其中的系数必

须重新进行验证。

（2）德川公式：

$$P_e = 17.95E\left(\frac{t}{D_{\text{sphere}}}\right)^{2.5} \tag{3.84}$$

式中，D_{sphere} 为球壳直径。

式（3.84）是一个用 20 面体近似球壳得到的计算公式，与模型试验进行比较后，得到下列两个经验公式：

$$P_{\text{cr}} = \begin{cases} 14.82E\left(\dfrac{t}{D_{\text{sphere}}}\right)^{2.5}, & \dfrac{t}{D_{\text{sphere}}} < 0.0045 \\[4mm] 0.00816E\left(\dfrac{t}{D_{\text{sphere}}}\right)^{1.19}, & \dfrac{t}{D_{\text{sphere}}} > 0.0045 \end{cases} \tag{3.85}$$

在以上这些试验和理论研究中，都把球壳看成一个完善的几何球形，即仅考虑球壳的名义半径和壳厚，而没有考虑球壳本身的不完善及加工制造方法对临界压力的影响。

（3）卡门-钱学森公式：

$$P_e = 0.3652E\left(\frac{t}{R}\right)^2 \tag{3.86}$$

式（3.86）是用考虑球壳微小变形的能量法求解球壳的破坏问题得到的，它考虑了球壳初始变形（缺陷）的影响，认为球壳破坏强度随初始变形增加有一极小值。卡门和钱学森取此极小值作为失稳压力的下限。

（4）美国海军耐压球壳设计公式。20 世纪 60 年代，美国海军 Krenzke 研究小组在泰勒水池对 200 多个球壳模型进行试验，认为计算球壳临界压力值应考虑如下因素：①加工产生的局部半径的影响；②非弹性失稳的影响；③制造效应。Krenzke 等提出按式（3.87）计算球壳临界压力值：

$$P_{\text{cr}} = 0.84C_z\sqrt{E_s E_t}\left(\frac{t_{\text{cr}}}{R_{\text{cr}}}\right)^2 \tag{3.87}$$

式中，C_z 为制造效应的影响系数，可查有关图表得到；E_s、E_t 分别为材料的割线模量和切线模量；t_{cr} 为临界弧长上的壳板平均厚度；R_{cr} 为球壳外表面的局部曲率半径。

（5）俄罗斯实际临界压力公式：

$$P_{cr} = \eta_1 \eta_2 \frac{2E}{\sqrt{3(1-\mu^2)}} \left(\frac{t}{R}\right)^2 \tag{3.88}$$

式中，η_1 为考虑到初挠度、材料不均匀性和其他非线性因素的修正系数，$\eta_1 = 0.3$；η_2 为考虑到偏离胡克定律影响的修正系数，钢球壳可查文献[18]。

(6)我国规范临界压力公式：

$$P_{cr} = 0.84 C_s C_z E C^2 \tag{3.89}$$

式中

$$C_s = 0.3 \arctan\left[-1.4924\left(\frac{\sigma_e}{\sigma_s} - 1.5\right)\right] + 0.0053\left(\frac{\sigma_e}{\sigma_s}\right)^{-1} + 0.0969 \times 3^{-\left(\frac{\sigma_e}{\sigma_s}\right)} + 0.6616$$

$$C_z = \begin{cases} 0.2613 \arctan\left[0.6452\left(\frac{\sigma_e}{\sigma_s}\right)\right] + 0.2498 \times 2^{-0.0730 \big/ \left(\frac{\sigma_e}{\sigma_s}\right)^5} + 0.3153 \times 11^{0.2286 \big/ \left(\frac{\sigma_e}{\sigma_s}\right)} \\[4mm] - \dfrac{0.2144}{\left[\left(\frac{\sigma_e}{\sigma_s}\right) + 1.9331\right]^3} - 0.7141 \times 3.5^{-\left(\frac{\sigma_e}{\sigma_s}\right)} + 0.0807, \quad \dfrac{\sigma_e}{\sigma_s} < 3 \\[4mm] 0.96, \hspace{5cm} \dfrac{\sigma_e}{\sigma_s} > 3 \end{cases}$$

$$C = 1.6536 \times \left(\frac{t}{R}\right)^{1.2162}$$

文献[18]要求承受外压力的球形壳体按照式(3.89)计算，计算所得到的屈曲压力应满足式(3.90)：

$$P_{cr} \geqslant P_j \tag{3.90}$$

3. 耐压壳封头设计

半球形封头(图 3.36(a))的强度和稳定性计算过程与整个球形耐压壳一样，这里不再赘述。其他封头形式还包括椭球形封头(图 3.36(b))、扁球形封头(图 3.36(c))等。它们的校核和半球形封头的强度与稳定性的计算及检验一致，也是参照整球形壳的公式计算，只是扁球形封头在校验中以封头顶部的半径作为球壳体半径，而椭球形封头在校验中以等效半径 R_d 作为球壳体半径，由式(3.91)计算得出：

$$R_d = \frac{D_0 D_1}{4H} \tag{3.91}$$

式中，D_0 为椭球内径；D_1 为椭球外径；H 为椭球深度。

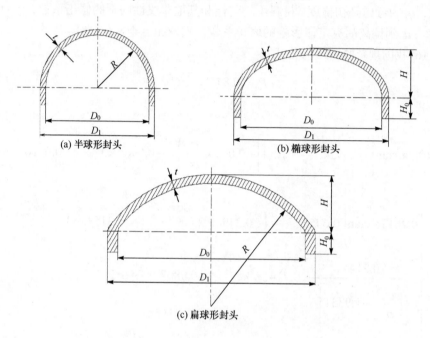

(a) 半球形封头   (b) 椭球形封头

(c) 扁球形封头

图 3.36　典型封头的形式[18]

3.2.2　基于有限元分析的结构性能分析方法

1. 有限元分析方法介绍

在计算机出现以前，求解微分方程的方法大都表示成级数展开的形式，称为解析法，它们只能求解极其简单的微分方程和极其规则的区域问题。但是，绝大多数实际的微分方程的求解问题，方程和区域都是十分复杂的，因此解析法远远不能满足实际的需要。有限元分析(finite element analysis，FEA)方法原则上可以求解任何复杂的偏微分方程和任何复杂的求解区域问题，它是一种使复杂工程解获得近似解的数值分析技术。

结构有限元分析方法是目前普遍采用的结构性能分析方法，可以对具有复杂几何特征的结构，获取其在复杂外力作用下内部结构的准确力学信息，并求取变形体的位移、应变、应力。在准确力学分析的基础上，设计者就可以对所设计对象进行强度、刚度等方面的评判，以便对不合理的设计参数进行修改，以得到较优化的设计方案。

结构有限元分析方法最早是从结构化矩阵分析发展而来的，逐步推广到板、壳和实体等连续体固体力学分析，实践证明这是一种非常有效的数值分析方法，已成为最重要的工程分析技术之一。从理论上也已经证明，只要用于离散求解对象的单元足够小，所得的解就可足够逼近精确值。

1) 有限元分析方法的基本思想

有限元分析方法是把要分析的连续体假想地分割成有限个单元所组成的组合体，简称离散化。这些单元仅在顶角处相互连接，这些连接点称为节点。离散化的组合体与真实弹性体的区别在于：组合体中单元与单元之间的连接除了节点之外再无任何关联。但是这种连接要满足变形协调条件，既不能出现裂缝，也不允许发生重叠。显然，单元之间只能通过节点来传递内力。通过节点来传递的内力称为节点力，作用在节点上的载荷称为节点载荷。当连续体受到外力作用发生变形时，组成它的各个单元也将发生变形，因而各个节点要产生不同程度的位移，这种位移称为节点位移。

在有限元中，常以节点位移作为基本未知量。并对每个单元根据分块近似的思想，假设一个简单的函数近似地表示单元内位移的分布规律，再利用力学理论中的变分原理或其他方法，建立节点力与位移之间的力学特性关系，得到一组以节点位移为未知量的代数方程，从而求解节点的位移分量。然后利用插值函数确定单元集合体上的场函数。显然，如果单元满足问题的收敛性要求，那么随着缩小单元的尺寸，增加求解区域内单元的数目，解的近似程度将不断改进，近似解最终将收敛于精确解。

结构有限元是将一个连续体结构离散成有限个单元体，这些单元体在节点处相互铰接，把载荷简化到节点上，计算在外载荷作用下各节点的位移，进而计算各单元的应力和应变，从而形成原有系统的一个数值近似系统，也就是得到相应的数值近似解。

2) 有限元分析方法的主要步骤

有限元分析方法的主要步骤如下。

(1) 结构力学模型的简化。从实际的问题中抽象出力学模型，对实际问题的边界条件、约束条件和外载荷条件进行简化。抽象简化出来的力学模型应该能尽可能地反映真实的实际问题，合理的模型既能保证计算结果的精度，又不会带来结构上的过分复杂。模型的建立在有限元分析的过程中是一个比较重要的阶段。

(2) 结构的离散化。结构的离散化就是将连续的结构体划分为有限个单元体以代替原来的结构。这个过程也就是网格的划分，网格划分是建立有限元模型的中心工作，模型的合理性很大程度上可以通过所划分的网格形式反映出来。

(3) 位移模式的选择。为了能用节点位移表示单元体的位移、应变和应力，在分析时就要对单元体位移的分布进行一定的假设，假设位移是坐标的某种简单函数，这个函数就是位移模式或者位移函数。一般情况下选择多项式作为位移模式，因为所有的光滑函数的局部都可以用多项式逼近。

（4）分析单元的力学特性。单元特性的分析包括以下三部分内容：利用几何方程，用位移模式导出用节点位移表示单元应变的关系式；利用物理方程，由应变表达式导出用节点位移表示单元应力的关系式；利用虚功原理建立作用于单元上的节点力和节点位移之间的关系式，也就是单元的刚度方程。

（5）计算等效节点力。弹性体经过离散后，假定力是通过节点在单元体之间进行传递的。但是，实际的连续体，力是通过单元的公共边界进行传递的。因此，作用在单元上的各种力就需要等效移植到节点上，也就是用等效的节点力来代替单元上的力。移植的方法是按照虚功等效原则进行的。

（6）建立结构的平衡方程。集合所有单元的刚度方程，建立这个结构的平衡方程。这个过程包括两个方面的内容：一是由各个单元的刚度矩阵集合成整个物体的整体刚度矩阵；二是将作用于各单元的等效节点力列阵合成总的载荷列阵。集合所依据的原则是要求相邻的单元在公共节点处的位移相等。

（7）求解未知节点的位移和计算单元应力。由集合起来的平衡方程组，解出未知位移。在线弹性平衡问题中，可以根据方程组的具体特点选择合适的计算方法。对于非线性问题，则通过一系列的步骤，逐步修正刚度矩阵或载荷矩阵，才能获得解答。最后，利用物理方程和求出的节点位移计算各单元的应力，并加以整理，得出所要的结果。

在 AUV 结构中，梁、杆、板是主要的承力构件，关于它们的计算分析对于结构设计优化来说具有非常重要的作用，对梁、杆、板的建模要充分考虑到实际结构的几何特征及连接方式，并需要对其进行不同层次的简化，可以就某一特定分析目的得到相应的一维、二维、三维模型。

2. 有限元分析软件介绍

目前，世界上已有很多功能强大的有限元分析软件，如 ANSYS、ABAQUS、MSC.Patran/Nastran 和 I-DEAS 等。下面主要介绍应用范围最为广泛的 ANSYS 和 MSC.Patran/Nastran。ANSYS 具有多种多样的分析能力，从简单的线性静态分析到复杂的非线性动态分析，而且，ANSYS 还具有产品优化设计、估计分析等附加功能。目前，ANSYS 已经广泛应用于航空航天、土木工程、舰船、汽车交通、地矿、轻工业等众多科学研究领域。ANSYS 软件主要包括三部分：前处理模块、分析计算模块和后处理模块。前处理模块提供了一个强大的实体建模和网格划分工具，用户可以方便地建立各类有限元分析模型，它提供了 100 种以上的单元类型，用来模拟工程中的各类结构和材料。在 ANSYS 的前处理模块中，用户可以实现自顶向下的实体建模，可以直接定义三维图元，如球、圆柱等，也可以通过布尔操作实现复杂实体的创建，还可以使用拖拉、延伸、旋转、复制等命令。ANSYS能够使用四种方法实现对计算机辅助设计(computer aided design，CAD)模型划分网格，分别是延伸划分、映射划分、自由划分和自适应划分。分析计算模块包括结构分析、流体动力分析、电磁场分析、声场分析以及多物理场的耦合分析，可以模拟多种物理介质的相互作用，具有灵敏度分析及优化分析能力。后处理模块可以将计算结果以彩色等值线显示、梯度显示、矢量显示、粒子流迹显示、立体切片显示、透明及半透明显示等图形方式显示出来，也可以将计算结果以图表、曲线形式显示或输出。ANSYS 还提供了两种优化方法，即零阶方法和一阶方法，这两种方法可以处理绝大多数优化问题。ANSYS 建模过程可以通过自定义参数实现基于命令流的建模过程，然后在优化阶段通过定义设计变量、分析文件、目标函数、循环控制等，实现循环设计直到满足设计要求。

MSC.Patran/Nastran 诞生于 1980 年前后，是在美国国家航空航天局(National Aeronautics and Space Administration，NASA)的资助下，随着计算机及其交互技术的发展，应运而生并日益完善的新一代计算机辅助工程分析前后处理系统，已被广泛应用于各大工程领域。MSC.Nastran 是一款具有高度可靠性的结构有限元分析软件，有着 40 年的开发和改进历史，并通过 5000 多个最终用户的长期工程应用的验证。MSC.Nastran 为用户提供了方便的模块化功能选项，其重要功能模块有基本分析模块(包括静力、模态、屈曲、热应力、流-固耦合及数据库管理等)、动力学分析模块、热传导模块、非线性模块、设计灵敏度分析及优化模块、超单元分析模块、气动弹性分析模块、DMAP(direct matrix abstraction program)用户开发工具模块及高级堆成分析模块。MSC.Patran 是有限元分析的前后处理软件，用户可以通过图形交互界面方便地完成网格划分、模型描述等工作，从而使工程分析人员从繁重的数据准备工作中解脱出来；并且能将计算结果以多种方式提供给用户，以便用户在方便时获取信息并完成后处理。通过 MSC.Patran 可以与多种CAD 和计算机辅助工程(computer aided engineering，CAE)软件相连接。几何模型可以通过 CAD 软件导入 MSC.Patran 中，也可以在 MSC.Patran 里直接建立。MSC.Patran 有强大的网格划分功能，包括曲线、曲面和实体的各种网格划分，对几何或单元的加载，边界条件的定义，材料模型定义，单元属性定义，工况定义，场定义，分析类型定义，分析结果显示，x、y 图示等。

3. 有限元分析实例

环肋圆柱壳作为一种耐压结构，在 AUV 中有着广泛的应用。相比球形耐压壳，环肋圆柱壳利于内部舱室的布置，易于加工，水中的运动阻力小。其内部装有电子部件、检测仪器、能源电池等，可以说是 AUV 核心设备的保护体。一旦耐压壳出现结构破损，耐压舱室进水，将引发各电子仪器、电池的短路失控，甚至发生电机击穿导致整个电控系统毁坏以致 AUV 丢失的恶性事故。鉴于此,对 AUV 耐压壳进行结构应力分析,确保其具有足够的强度和刚度将是 AUV 设计中十分重要的一项任务。例 3.1 将采用 ANSYS 有限元分析的方式对 AUV 耐压结构进行强度分析,为 AUV 结构设计提供可靠的参考。

例 3.1 对某环肋圆柱壳结构进行强度分析[19],结构的相关参数如表 3.1 所示。圆柱壳壳体、肋骨及法兰都选用同一种材料,为铝合金 7075,其物理属性为弹性模量 E=7.1×10⁴MPa,泊松比 μ=0.3,屈服强度 σ_s=435MPa,密度 ρ=2860kg/m³。该耐压壳的设计潜深为 1000m。

表 3.1 环肋圆柱壳的有关参数

总长/mm	内半径/mm	壳板厚度/mm	肋骨个数
1075	380	14	8
肋骨宽度/mm	肋骨高度/mm	法兰宽度/mm	法兰高度/mm
20	46	25	46

在加工时,整个舱段是在车床上一次加工出来的,没有额外的焊接等工艺,保证了壳体、肋骨、法兰的一体性。考虑到圆柱壳的中面曲率半径远大于壳板厚度(>20 倍),可以用薄壳理论来分析此环肋圆柱壳。在几何建模时,将圆柱壳、环形肋骨以及法兰的三维实体模型全部用面表示,并黏合成为一个整体,模型如图 3.37 所示。网格划分时,采用壳单元 Shell93 对环肋圆柱壳及肋骨进行网格划分,划分完网格的环肋圆柱壳模型如图 3.38 所示。

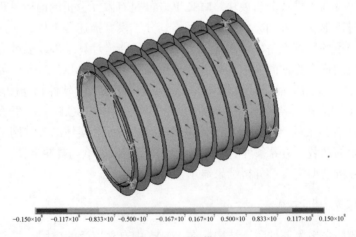

$-0.150×10^8 \quad -0.117×10^8 \quad -0.833×10^7 \quad -0.500×10^7 \quad -0.167×10^7 \quad 0.167×10^7 \quad 0.500×10^7 \quad 0.833×10^7 \quad 0.117×10^8 \quad 0.150×10^8$

图 3.37 几何模型

图 3.38　网格模型

考虑到耐压壳在安装到 AUV 中时，两端需要用球型封头进行密封，并且要固定在承载框架上。因此，在对模型添加几何约束时，将耐压壳两端进行简支约束。安全系数取为 $n_s=1.5$，则在耐压壳上施加的面载荷为 $P_j=\rho gh\cdot n_s$ =15MPa，启动 ANSYS 求解器进行求解。

选用静力求解方式进行分析。求解完毕后，得到耐压壳的变形图及其在径向、周向及轴向的应力云图，如图 3.39 所示。

从图 3.39 中可以清楚地看到，壳板周向最大应力出现在相邻肋骨跨度的中点处，而壳板轴向最大应力发生在肋骨与圆柱壳连接处，这与理论分析[20]吻合。

利用 ANSYS 后处理器中设定路径获取指定位置应力的方法，依次得到相邻肋骨跨度中点处壳板周向应力、肋骨与圆柱壳连接处壳板轴向应力及肋骨应力，如表 3.2 所示。

0.181×10^{-4}　0.332×10^{-4}　0.483×10^{-4}　0.634×10^{-4}　0.785×10^{-4}　0.837×10^{-4}　0.109×10^{-3}　0.124×10^{-3}　0.139×10^{-3}　0.154×10^{-3}

(a) 变形图

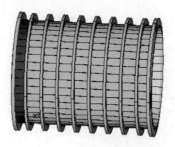

−0.166×10⁸ −0.118×10⁸ −0.699×10⁷ −0.218×10⁷ 0.263×10⁷ 0.744×10⁷ 0.122×10⁸ 0.171×10⁸ 0.219×10⁸ 0.267×10⁸

(b) 径向应力

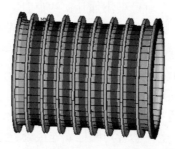

−0.326×10⁹ −0.283×10⁹ −0.241×10⁹ −0.198×10⁹ −0.155×10⁹ −0.112×10⁹ −0.695×10⁸ −0.267×10⁸ 0.161×10⁸ 0.589×10⁸

(c) 周向应力

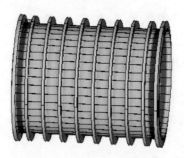

−0.303×10⁹ −0.253×10⁹ −0.203×10⁹ −0.152×10⁹ −0.102×10⁹ −0.517×10⁸ −0.137×10⁸ 0.489×10⁸ 0.993×10⁸ 0.150×10⁹

(d) 轴向应力

图 3.39　计算结果

表 3.2 ANSYS 计算壳板应力值 （单位：MPa）

计算载荷	壳板周向应力 σ_1	壳板轴向应力 σ_2	肋骨应力 σ_3
15	310.7	303	210.5

按照《潜水系统和潜水器入级规范》中的公式对壳板及肋骨强度进行校核：

(1) 相邻肋骨中点处壳板的周向应力应满足 $\sigma_1 \leqslant 0.85\sigma_s$ ，计算结果为 $\sigma_1 = 310.7\text{MPa} < 0.85\sigma_s (369.8\text{MPa})$ ，满足要求。

(2) 肋骨处壳板的轴向应力应满足 $\sigma_2 \leqslant 1.15\sigma_s$ ，计算结果为 $\sigma_2 = 303\text{MPa} < 1.15\sigma_s (500.3\text{MPa})$ ，满足要求。

(3) 肋骨应力应满足 $\sigma_3 \leqslant 0.6\sigma_s$ ，计算结果为 $\sigma_3 = 210.5\text{MPa} < 0.6\sigma_s (261\text{MPa})$ ，满足要求。

3.3 AUV 螺旋桨推进性能分析方法

3.3.1 基于势流理论面元法的螺旋桨推进性能分析

面元法又称边界元法，是水动力学问题常用的数值方法，广泛应用于船舶螺旋桨的理论分析和计算。其基本方程由格林(Green)公式导出。处理方法是将物面划分成多个面元，在其上分布源汇、偶极或涡，然后根据边界条件及库塔条件使方程封闭，求得方程的数值解。其优点是在真实物面上满足边界条件，不需要对物面形状做任何假设，因此可以更准确地计算物体的流体动力系数。

在实际应用时，面元法可分为基于速度的面元法和基于速度势的面元法，后者更适合水中螺旋桨问题的求解。

1. 螺旋桨定常水动力性能数值计算

螺旋桨数值计算的几何模型和坐标系建立如图 3.40 所示，坐标原点 O 固定于桨盘面中心，x 轴沿螺旋桨的旋转轴指向下游，y 轴沿某一桨叶的母线方向。

根据格林定理，关于螺旋桨扰动速度势的积分方程可写为

$$2\pi\phi(P_V) = \iint\limits_{S_B} \phi(Q_S)\frac{\partial}{\partial n_{Q_S}}\left(\frac{1}{R_{P_V Q_S}}\right)\mathrm{d}S + \iint\limits_{S_W} \Delta\phi(Q_W)\frac{\partial}{\partial n_{Q_W}}\left(\frac{1}{R_{P_V Q_W}}\right)\mathrm{d}S$$

$$+ \iint\limits_{S_B} (V_0 \cdot n_{Q_S})\left(\frac{1}{R_{P_V Q_S}}\right)\mathrm{d}S, \quad \text{在} S_B \text{上}$$

(3.92)

式中，$\phi(P_V)$ 表示流场内任意一点 P_V 的扰动速度势；Q_S 为边界面 S 上的点，边界面 S 由螺旋桨表面 S_B、尾涡面 S_W 和外边界面 S_∞ 组成；Q_W 为尾涡面 S_W 上的点；$R_{P_V Q_S}$ 为 P_V 点到 Q_S 点的距离；V_0 为不可压缩、无黏性、无旋的均匀来流速度向量；$\boldsymbol{n}_{Q_S}$ 为边界面 S 上 Q_S 点的外法线单位向量；$\dfrac{\partial}{\partial n_{Q_S}}$ 为边界面 S 上 Q_S 点的法向导数；

$\dfrac{\partial}{\partial n_{Q_W}}$ 为尾涡面 S_W 上 Q_W 点的法向导数。

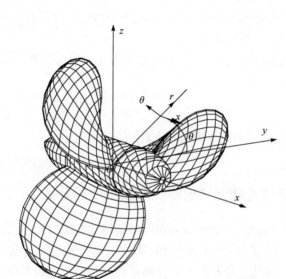

图 3.40　螺旋桨的坐标系[21]

在螺旋桨问题中，$\Delta\phi$ 在同一半径为一常量。在尾缘附近，还要满足：

$$(\Delta p)_{\mathrm{TE}} = p_{\mathrm{TE}}^+ - p_{\mathrm{TE}}^- = 0 , \quad 在 S_W 上 \tag{3.93}$$

式中，p_{TE}^+、p_{TE}^- 分别为升力体尾缘上、下表面压力。

将螺旋桨表面、桨毂表面和尾涡面划分成一系列双曲面元，当面元划分足够密时，可假设每个面元上的 ϕ、$\Delta\phi$、$V_0 \cdot \boldsymbol{n}_Q$ 为常数。因此，式(3.92)可离散为

$$\sum_{j=1}^{N_P}\left(\delta_{ij} - C_{ij}\right)\phi_j - \sum_{l=1}^{N_W} W_{il}\Delta\phi_l = -\sum_{j=1}^{N_P} B_{ij}\left(V_{0j} \cdot n_j\right), \quad i=1,2,\cdots,N_P \tag{3.94}$$

式中，N_P 为一个桨叶和其对应桨毂部分的面元数；N_W 为一个桨叶的尾涡面上的面元数；δ_{ij} 为 Kronecker 函数；C_{ij}、W_{il}、B_{ij} 为影响函数，可由 Morino 导出的解析公式或 Newman 方法求解；V_{0j} 为第 j 个面元的相对进流速度，当无限远方来流为 V_a、螺旋桨转速为 n、第 j 个面元位于螺旋桨半径 r_j 时，有

$$V_{0j} = \sqrt{V_a^2 + (2\pi n r_j)^2} \tag{3.95}$$

考虑到螺旋桨展向流动的影响，这里采用等压库塔条件封闭方程，通过 Newton-Raphson 迭代过程满足等压库塔条件；求解式(3.96)得出螺旋桨表面的偶极子强度即速度势分布，采用 Yanagizawa 发展的方法，可将桨叶表面的速度势转换为桨叶每个面元的局部切向速度 V_{tj}，则每个面元上的压力 p_j 可由伯努利方程计算求得。将所得压力无因次化，即压力系数 $(C_p)_j$；最后计算出基于势流理论面元法的螺旋桨推力和转矩为

$$\begin{cases} T_P = Z \cdot \displaystyle\sum_{j=1}^{N_P} p_j n_{xj} S_j \\ Q_P = Z \cdot \displaystyle\sum_{j=1}^{N_P} p_j \left(n_{yj} z_j - n_{zj} y_j \right) S_j \end{cases} \tag{3.96}$$

式中，Z 为螺旋桨叶数；n_{xj}、n_{yj}、n_{zj} 为第 j 个面元的单位法向量的三个分量；y_j、z_j 为第 j 个面元上控制点的坐标。

由式(3.96)得到的推力和转矩忽略了黏性的影响。黏性对推力和转矩的影响可用黏性修正公式表示，详见文献[21]。

设黏性修正后的螺旋桨上总的推力、转矩分别为 T、Q，则定义无量纲系数(进速系数 J、推力系数 K_T、转矩系数 K_Q)为

$$J = \frac{V_0}{nD}, \quad K_T = \frac{T}{\rho n^2 D^4}, \quad K_Q = \frac{Q}{\rho n^2 D^5} \tag{3.97}$$

螺旋桨效率为

$$\eta_P = \frac{J}{2\pi} \frac{K_T}{K_Q} \tag{3.98}$$

2. 螺旋桨非定常水动力性能数值计算

沿螺旋桨旋转方向将桨叶编号，假设初始时间为 $t_0 = 0$ 时，第一个叶片在 $\theta = 0$ 处，取时间步长 Δt，相应的旋转角度步长为 $\Delta \theta = \omega \Delta t$，实际计算时，一般取能被 2π 整除的 $\Delta \theta$。在第 k_t 步时，时间为 $k_t \Delta t$，第一个叶片旋转角度为 $k_t \Delta \theta$，第 k 个叶片旋转角度为 $k_t \Delta \theta - 2\pi (k-1) / Z$。

求解非定常问题时螺旋桨桨叶面元划分方法与解定常问题时相同，一个叶片及其对应的 $1/Z$ 桨毂部分面元数为

$$N_P = 2N_{BC} N_{BR} + N_H \tag{3.99}$$

式中，N_{BC} 为一个桨叶叶片上弦长方向面元数；N_{BR} 为一个桨叶叶片上展长方向面元数；N_H 为一个桨叶对应的 $1/Z$ 桨毂面元数。

在一个叶片对应的单个尾涡面上的面元数为

$$N_W = N_{BR} L_W \tag{3.100}$$

式中，L_W 为沿着尾涡流线的面元数，应趋于无穷大，但在实际计算中，一般取一个足够大的数。

为了在时域中计算方便，尾涡的面元划分在 θ 方向上取等间距，长度为 $\Delta\theta$，则周向面元数为 $2\pi/\Delta\theta$，进而可知一个周期尾涡面元总数为 $N_{BR} L_W \cdot 2\pi/\Delta\theta$。设尾涡的周期数为 n_W，则尾涡上总的面元数为 $n_W N_{BR} L_W \cdot 2\pi/\Delta\theta$。实际计算时，$n_W \geqslant 2$ 时结果就基本收敛。螺旋桨尾涡面的几何形状在非均匀流更加复杂，它与螺旋桨的几何特征、转速及来流速度分布密切相关。这里选用线性尾涡模型，即某半径处的尾涡沿剖面弦向流出，并等螺距地向后运动。这样每个叶片的水动力性能以相同的规律周期性变化，相邻叶片间的相位差为 $2\pi/Z$。

同螺旋桨的定常水动力性能计算方法，式(3.92)可离散为

$$\sum_{k=1}^{Z}\sum_{j=1}^{N_P}\left(\delta_{ij}^k - C_{ij}^k\right)\phi_j^k\left(k_t\Delta t\right) - \sum_{k=1}^{Z}\sum_{m=1}^{N_{BR}}\sum_{l=1}^{L_W}W_{iml}^k\Delta\phi_{ml}^k\left(k_t\Delta t\right)$$

$$= -\sum_{k=1}^{Z}\sum_{j=1}^{N_P}B_{ij}^k\left[V_{ij}^k\left(k_t\Delta t\right)\cdot n_j^k\right], \quad i = 1,2,\cdots,ZN_P \tag{3.101}$$

为了求解方便，取第一个叶片为主叶片，其他叶片上的速度势分布可由主叶片推导求得。取时间步长 Δt，使角度 $360/Z$ 可以被角度步长 $\Delta\theta$ 整除，那么当进行了 $360/(Z\Delta\theta)$ 步计算后，叶片正处于前一个叶片的初始位置，而当 $k_t = 360/\Delta\theta$ 时，叶片回到了原来初始位置，时域中的计算进行了一周。为了求解方便，取第一个叶片为主叶片，同时以 $\Delta\theta$ 代替式(3.101)中的 Δt，则可将式(3.101)改写为主叶片和 $1/Z$ 桨毂的线性方程组：

$$\sum_{j=1}^{N_P}\left(\delta_{ij}^1 - C_{ij}^1\right)\phi_j^1\left(k_t\Delta\theta\right) = \sum_{k=2}^{Z}\sum_{j=1}^{N_P}C_{ij}^k\phi_j^k\left(k_t\Delta\theta\right) + \sum_{k=1}^{Z}\sum_{m=1}^{N_{BR}}\sum_{l=1}^{\infty}W_{iml}^k\Delta\phi_{ml}^k\left(k_t\Delta\theta\right)$$

$$- \sum_{k=1}^{Z}\sum_{j=1}^{N_P}B_{ij}^k\left[V_{ij}^k\left(k_t\Delta\theta\right)\cdot n_j^k\right], \quad i = 1,2,\cdots,N_P \tag{3.102}$$

式中，将 $\phi_j^k\left(k_t\Delta\theta\right)(k=2,3,\cdots,Z)$ 看成是已知的，则 $\phi_j^1\left(k_t\Delta\theta\right)$ 为未知量；尾涡面上的速度势跳跃 $\Delta\phi_{ml}^k\left(k_t\Delta\theta\right)$ 中主叶片尾涡面最靠近叶片随边处面元的 $\Delta\phi_{ml}^1\left(k_t\Delta\theta\right)$ 可由库塔条件确定，此后它将保持强度沿尾涡面的流线方向运动，这样速度势跳

跃中的其他项 $\Delta\phi_{ml}^1(k_t\Delta\theta)(l=2,3,\cdots,L_W)$ 可由该时刻以前的计算推知。

由于叶片间的上述关系，其他叶片上的速度势 $\phi_j^k(k_t\Delta\theta)$ 与主叶片上速度势有如下关系：

$$\phi_j^k\left(k_t\Delta\theta\right)=\begin{cases}\phi_j^1\left[(k_t-l_k)\Delta\theta\right], & l_k\leqslant k_t \\ (\phi_j^1)_0\left[(L_\theta-l_k+k_t)\Delta\theta\right], & l_k>k_t\end{cases} \tag{3.103}$$

式中，$L_\theta=360/\Delta\theta$；$l_k=\dfrac{360}{Z\Delta\theta}(k-1)(k=2,3,\cdots,Z)$；$(\phi_j^1)_0$ 为前一周计算出的主叶片上的速度势。

当螺旋桨旋转一个步长 $\Delta\theta$ 时，尾涡也向后拖出 $\Delta\theta$ 角。考虑到运动的周期性及主叶片与其他叶片的关系，尾涡面上速度势跳跃的值可由式（3.104）和式（3.105）递推求出。

主叶片：

$$\Delta\phi_{ml}^1\left(k_t\Delta\theta\right)=\begin{cases}\Delta\phi_{ml}^1\left[(k_t-l+1)\Delta\theta\right], & 1<l\leqslant k_t \\ \left(\Delta\phi_{ml}^1\right)_0\left[(L_\theta+k_t-l+1)\Delta\theta\right], & L_\theta\geqslant l>k_t \\ \Delta\phi_{m(l-n_W L_\theta)}^1(k_t\Delta\theta), & (n_W+1)L_\theta\geqslant l>n_W L_\theta,n_W=1,2,\cdots\end{cases}$$

$$\tag{3.104}$$

其他叶片：

$$\Delta\phi_{ml}^k\left(k_t\Delta\theta\right)=\begin{cases}\Delta\phi_{m(l+l_k)}^1(k_t\Delta\theta), & l+l_k\leqslant k_t \\ \Delta\phi_{m(l+l_k-L_\theta)}^1(k_t\Delta\theta), & 2L_\theta\geqslant(l+l_k)>L_\theta \\ \Delta\phi_{m(l-n_W L_\theta)}^k(k_t\Delta\theta), & (n_W+1)L_\theta\geqslant l>n_W L_\theta,n_W=1,2,\cdots\end{cases} \tag{3.105}$$

式中，$(\Delta\phi_{ml}^1)_0$ 是前一周计算出的主叶片的尾涡面上的速度势跳跃值。

具体计算时，需先求解螺旋桨的定常水动力性能，然后根据伴流分布和桨叶表面网格划分，计算出主桨叶每一时间步长所处的流场速度分布，然后根据库塔条件求解离散方程式（3.102），计算出每个步长 $k_t\Delta\theta$ 主叶片上的 $\Delta\phi_{ml}^1$ 和最靠近主叶片随边处的 $\Delta\phi_{ml}^1$。离散方程式（3.102）中，未知的速度势 ϕ_j^k 和速度势跳跃 $\Delta\phi_{ml}^k$ 取定常计算的值。主叶片上的 $\Delta\phi_{ml}^1$ 和其他叶片上的 ϕ_j^k、$\Delta\phi_{ml}^k$ 由式（3.103）、式（3.104）、式（3.105）确定，需要注意的是，第一周的前一周的 $(\phi_j^1)_0$、$(\Delta\phi_{ml}^1)_0$ 也取定常计算的值。以此循环计算至螺旋桨旋转一周的水动力达到收敛。

进速系数 J、推力系数 K_T、转矩系数 K_Q 及螺旋桨效率 η_P 的计算方法与定常求解相同，在此不再赘述。

3. 计算结果与分析

1)螺旋桨的敞水性能计算与分析

这里选择 DTRC4119 螺旋桨作为算例，计算螺旋桨的敞水性能及桨后尾流场，并将计算结果与试验值进行比较。DTRC4119 螺旋桨的主要几何参数如表 3.3 所示。

表 3.3　DTRC4119 螺旋桨的几何参数

名称	参数值
直径/m	0.305
叶数	3
螺距比	1.084
毂径比	0.2
纵倾角/(°)	0
侧斜角/(°)	0
叶剖面	NACA66-mod

计算过程中螺旋桨的网格在弦向和径向均采用余弦划分，网格数为 20×20，螺旋桨的尾涡采用线性尾涡模型，长度为 2 倍螺距，网格划分如图 3.41 所示。

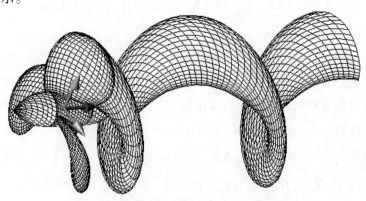

图 3.41　DTRC4119 螺旋桨的网格划分[22]

敞水性能计算结果与试验数据的比较如图 3.42 所示。由图中数据可以看出，敞水性能计算值与试验值总的来说吻合良好，但在重载状态（小进速）下还存在着一定的偏差，主要原因有：在螺旋桨重载状态下攻角变大，流体可能出现离体现象，而面元法无法考虑流体离体的影响；面元法是一种势流的方法，计算方程中未考虑黏性的影响，只是在方程求解后再附加上相当平板公式计算的黏性修正，这与实际情况有所不同；在数值计算时，采用的线性尾涡模型也会造成一定的计算误差。

螺旋桨剖面压力计算结果与试验数据的比较如图 3.43 所示，剖面压力分布计算值与试验值总的来说吻合良好。

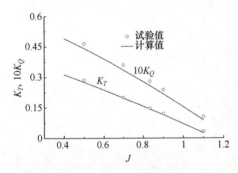

图 3.42　DTRC4119 螺旋桨敞水性能[22]　　图 3.43　DTRC4119 螺旋桨 0.7R 处压力系数

（J=0.833）[22]

2）螺旋桨的非定常性能计算与分析

这里选择某五叶大侧斜螺旋桨 Seiun-Maru HSP 作为算例，计算螺旋桨的非定常水动力性能，并将计算结果与试验值及其他学者的计算值进行比较。Seiun-Maru HSP 螺旋桨的主要几何参数、试验条件、伴流场及计算模型分别如表 3.4、表 3.5、图 3.44 和图 3.45 所示。

表 3.4　Seiun-Maru HSP 螺旋桨的几何参数

名称	参数值
直径/m	3.6
叶数	5
螺距比（0.7R）	0.944
毂径比	0.1972
后倾角/(°)	−3.03
侧斜角/(°)	45
叶剖面型号	Modified SRI-B

表 3.5 Seiun-Maru HSP 螺旋桨的试验条件

名称	值
船速/kn	9
螺旋桨转速/(r/min)	90.7
进速系数	0.851
推力系数	0.172
转矩系数	0.0268

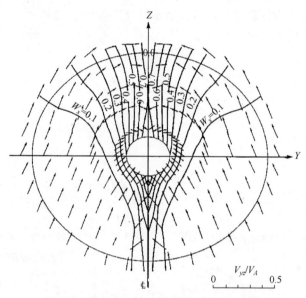

图 3.44 Seiun-Maru HSP 螺旋桨的伴流场[21]

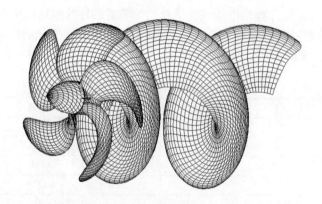

图 3.45 Seiun-Maru HSP 螺旋桨计算模型[22]

采用面元法计算了螺旋桨旋转一周过程中, 某一桨叶处于 0°、90°、180°、270° 时其 0.7R 半径处桨叶表面的压力分布(图 3.46)及 0.7R 叶切面处的压力脉动

（图 3.47），计算结果与试验值及 Hoshino[23]的计算结果吻合良好（图 3.48）。图 3.49
为 HSP 螺旋桨主叶片压力分布。

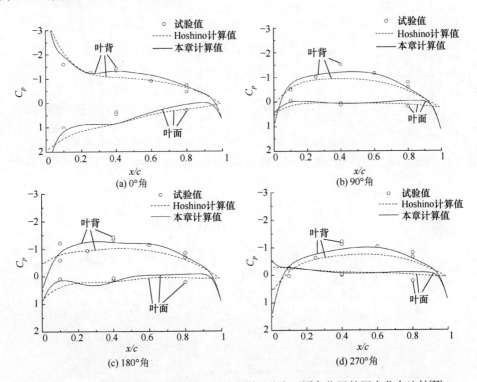

图 3.46　Seiun-Maru HSP 螺旋桨 r/R=0.7 剖面处在不同角位置的压力分布比较[22]

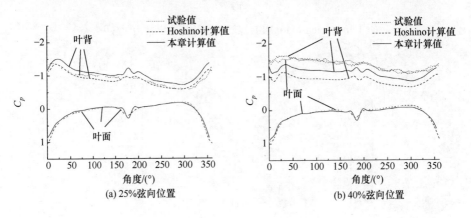

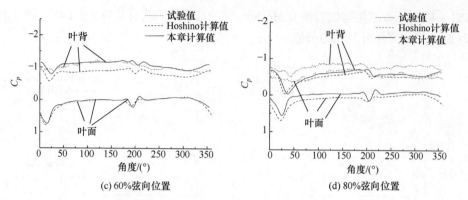

(c) 60%弦向位置 (d) 80%弦向位置

图 3.47 Seiun-Maru HSP 螺旋桨 *r*/*R*=0.7 叶切面处不同弦向位置旋转一周过程中的压力脉动[22]

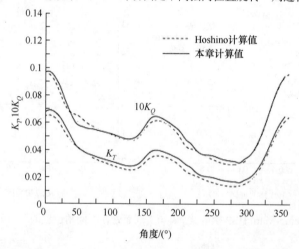

图 3.48 Seiun-Maru HSP 螺旋桨主叶片非定常力比较[22]

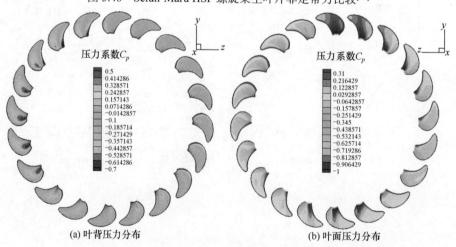

(a) 叶背压力分布 (b) 叶面压力分布

图 3.49 Seiun-Maru HSP 螺旋桨主叶片压力分布图[22](见书后彩图)

从上述两个算例可以看出，基于面元法理论的螺旋桨定常、非定常及尾流场性能预报方法是稳定可靠的。

3.3.2　基于计算流体力学方法的螺旋桨推进性能计算

1. 螺旋桨敞水性能计算

1）计算模型及网格划分

这里计算对象为一小盘面比螺旋桨，其主要参数如表 3.6 所示，计算模型如图 3.50 所示。

表 3.6　螺旋桨的主要参数

名称	参数值
直径/m	0.2
螺距比	0.5
毂径比	0.15
桨叶数	3
盘面比	0.3
转速/(r/min)	1200

通过将 Fortran 程序得到的三维螺旋桨型值点导入 ICEM 软件中来建立螺旋桨三维模型。计算域由两部分组成：包含螺旋桨且直径为螺旋桨直径 1.1 倍的小圆柱域、抠除这一小圆柱域的外部大圆柱域。大圆柱域直径为 6 倍螺旋桨直径，来流的边界设置于螺旋桨的前方 3 倍螺旋桨直径处，出流边界设置于螺旋桨后方 8 倍螺旋桨直径处。采用滑移网格技术实现对桨在黏性流场中旋转动作的模拟。计算时，包含螺旋桨的小圆柱域随螺旋桨一起转动，模拟螺旋桨真实的转动，外部区域静止不动，模拟桨外流场流动。转动区域与静止区域结合处采用交接面（interface）交换流场信息。

整个计算域采用混合型网格，包含螺旋桨的小圆柱域采用非结构网格，并局部加密了桨叶叶梢处的网格。根据雷诺数，螺旋桨表面边界层网格的尺度因子 y^+ 取为 30，边界层按 1.2 的比例延伸 3 层，第一层网格高度为 0.22mm。外流场由六面体结构化网格构成，并且相较于内域的网格密度适当降低。生成的螺旋桨周围网格如图 3.51 所示。

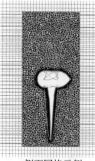

侧面网格示例

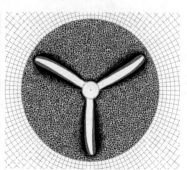

正面网格示例

图 3.50　螺旋桨计算模型

（见书后彩图）

图 3.51　螺旋桨网格划分示例

（见书后彩图）

2)计算结果分析

这里在均匀流场中研究上述有试验值的螺旋桨敞水性能。为了验证 CFD 数值模拟方法的准确性，分析比较计算结果和试验值的相对误差。计算过程中，进速系数选取 0.3～0.45，相对于不同的进速系数，转速保持不变，为 1200r/min，只改变进流速度。

（1）湍流模型的比较与分析。首先计算网格数为 120 万时，改变计算的湍流模型，在不同进速系数下螺旋桨的推力系数 K_T、转矩系数 K_Q、效率 η，与试验值比较结果如表 3.7～表 3.9 所示。主要考虑了四种湍流模型：标准 k-ε 模型、RNG k-ε 模型、标准 k-ω 模型和 SST k-ω 模型。

表 3.7　不同湍流模型 K_T 计算结果

进速系数 J	K_T				试验值	误差分析			
	标准 k-ε	RNG k-ε	标准 k-ω	SST k-ω		标准 k-ε	RNG k-ε	标准 k-ω	SST k-ω
0.3	0.126	0.125	0.127	0.128	0.133	−5.5%	−5.6%	−4.3%	−3.7%
0.35	0.112	0.110	0.113	0.112	0.119	−6.2%	−7.5%	−5.0%	−6.1%
0.4	0.095	0.095	0.097	0.0971	0.103	−7.8%	−7.8%	−6.0%	−5.8%
0.45	0.080	0.079	0.080	0.080	0.087	−8.0%	−8.5%	−8.0%	−8.0%

表 3.8　不同湍流模型 $10K_Q$ 计算结果

进速系数 J	$10K_Q$				试验值	误差分析			
	标准 k-ε	RNG k-ε	标准 k-ω	SST k-ω		标准 k-ε	RNG k-ε	标准 k-ω	SST k-ω
0.3	0.126	0.125	0.133	0.134	0.139	−8.6%	−9.3%	−3.4%	−3.3%
0.35	0.121	0.120	0.126	0.124	0.128	−5.2%	−6.7%	−2.4%	−2.9%
0.4	0.101	0.106	0.114	0.113	0.118	−8.4%	−7.4%	−4.0%	−3.8%
0.45	0.099	0.098	0.101	0.101	0.106	−6.0%	−7.1%	−4.7%	−4.7%

表 3.9 不同湍流模型 η 计算结果

进速系数 J	η				试验值	误差分析			
	标准 k-ε	RNG k-ε	标准 k-ω	SST k-ω		标准 k-ε	RNG k-ε	标准 k-ω	SST k-ω
0.3	0.477	0.478	0.455	0.454	0.460	−3.7%	−3.9%	−1.0%	−1.4%
0.35	0.514	0.510	0.500	0.502	0.514	0.0%	−0.77%	−2.7%	−2.3%
0.4	0.560	0.570	0.540	0.545	0.559	−0.17%	1.9%	−3.3%	−2.5%
0.45	0.578	0.580	0.565	0.565	0.590	−2.0%	−0.16%	−4.2%	−4.2%

从上述表中的误差分析结果可以看出，Fluent 数值模拟分析的结果误差均在 10%以内，可以用于估算螺旋桨的性能。四种计算模型的精确度各有不同，从整体上来说 k-ω 计算结果的精确度比 k-ε 的更高，而两种 k-ω 模型的计算结果非常接近。

(2)网格数量对计算结果的影响。为了分析网格数量不同对螺旋桨敞水性能影响，分别计算网格数为 63 万、85 万、120 万时的螺旋桨性能。确定湍流模型为 SST k-ω，计算不同进速系数下不同网格数所得到的螺旋桨的推力系数 K_T、转矩系数 K_Q 以及效率 η，并且与试验值进行比较，结果如表 3.10～表 3.12 所示。

表 3.10 不同网格数量 K_T 计算结果

进速系数 J	K_T			试验值	误差分析		
	63 万	85 万	120 万		63 万	85 万	120 万
0.3	0.128	0.127	0.127	0.133	−4.0%	−4.2%	−4.3%
0.35	0.113	0.113	0.113	0.119	−5.0%	−5.0%	−5.0%
0.4	0.095	0.097	0.097	0.103	−7.4%	5.8%	−6.0%
0.45	0.079	0.079	0.080	0.087	−8.5%	−8.5%	−8.0%

表 3.11 不同网格数量 $10K_Q$ 计算结果

进速系数 J	$10K_Q$			试验值	误差分析		
	63 万	85 万	120 万		63 万	85 万	120 万
0.3	0.142	0.131	0.133	0.139	2.1%	−3.6%	−3.4%
0.35	0.131	0.124	0.126	0.128	2.3%	−2.6%	−2.4%
0.4	0.115	0.115	0.114	0.118	−2.5%	2.5%	−4.0%
0.45	0.099	0.100	0.101	0.106	−6.6%	−5.6%	−4.7%

表 3.12　不同网格数量 η 计算结果

进速系数 J	η			试验值	误差分析		
	63 万	85 万	120 万		63 万	85 万	120 万
0.3	0.430	0.462	0.455	0.460	−6.5%	−0.4%	−1.0%
0.35	0.480	0.507	0.500	0.514	−6.6%	−1.4%	−2.7%
0.4	0.530	0.535	0.540	0.559	−5.1%	−4.3%	−3.3%
0.45	0.560	0.563	0.565	0.590	−5.0%	−4.5%	−4.2%

从表中可以看出，网格数量的不同，对螺旋桨各系数的计算结果有影响。通过比较可以发现，63 万网格时螺旋桨的效率较另外两种情况误差更大。但是随着网格数量的增加，在网格质量满足要求的情况下计算结果差异逐渐变小，如 85 万和 120 万网格之间结果差异较小，可见在网格达到 80 万后无须再过多增加网格数量。因此，在划分网格时除了考虑准确性，也应综合考虑对计算机的要求以及模拟计算的效率。

2. 艇体与螺旋桨之间干扰分析

此处以"WL-3"AUV 为例分析艇体与螺旋桨之间的干扰。

首先，基于前面螺旋桨敞水性能计算方法，计算"WL-3"AUV 的螺旋桨敞水性能。该螺旋桨为三叶小盘面比螺旋桨，桨直径为 0.246m、设计最大转速为950r/min，计算模型如图 3.52 所示。

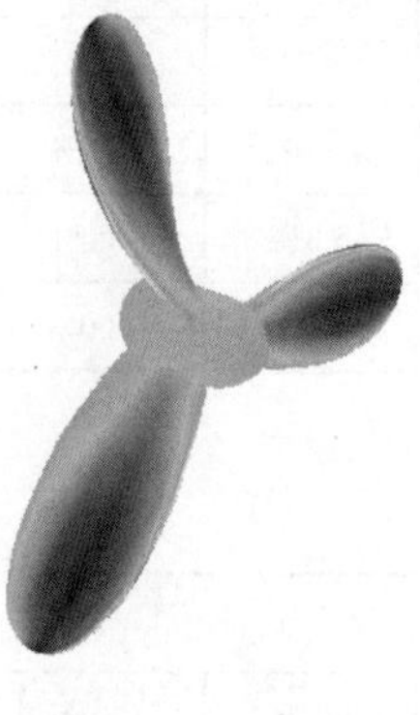

计算时，螺旋桨转速保持 950r/min 不变，通过改变来流速度实现进速系数的变化。经计算，来流速度 1.948m/s、转速 950r/min 时，螺旋桨产生的推力为 98.46N、转矩为3.16N·m。

1）艇体及附体伴流对艇桨水动力性能干扰分析

实际使用中，螺旋桨均是固连在 AUV 艇体上而不是独立的。由于艇体的存在，其产生的伴流会改变螺旋桨的来流，进而影响螺旋桨的性能。因此，将艇体和桨同时考虑，基于 CFD 技术数值模拟"WL-3"AUV 艇体对螺旋桨的影响，计算模型如图 3.53（a）所示。

图 3.52　"WL-3"AUV
螺旋桨计算模型

数值计算时，采用动网格技术来实现螺旋桨与艇体间的相对运动。计算域采用圆柱形，主要分为三部分：包含螺旋桨且整体随螺旋桨一起旋转的动域、包含动域和 AUV 模型的内部静域、剩余的外部静域。网格划分时采用混合网格技术离散计算域，动域和内部静域采用非结构化网格离散，外

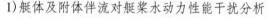

部静域采用结构化网格离散。速度入口来流速度为 V=1.948m/s，螺旋桨转速设为
950r/min。网格划分时采用混合网格技术离散计算域，网格形式如图 3.53（b）所示，
计算结果如图 3.54 和图 3.55 所示。

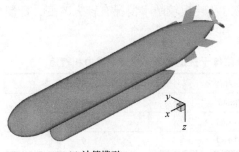

(a) 计算模型   (b) AUV 纵剖面网格形式

图 3.53 艇桨模型网格划分形式[9]

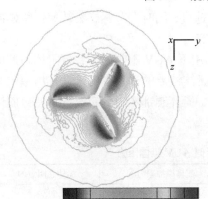
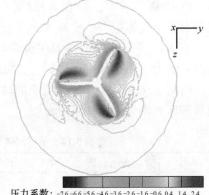

压力系数：-7.2 -6.2 -5.2 -4.2 -3.2 -2.2 -1.2 -0.2 0.8 1.8 2.8   压力系数：-7.6 -6.6 -5.6 -4.6 -3.6 -2.6 -1.6 -0.6 0.4 1.4 2.4

(a) 无附体   (b) 有附体

图 3.54 艇后桨盘面处压力系数分布图[9]（见书后彩图）

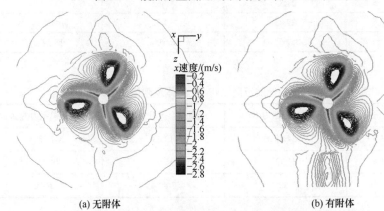

(a) 无附体   (b) 有附体

图 3.55 艇后桨前端轴向速度场分布图[9]（见书后彩图）

从图 3.54 和图 3.55 中可以看出,艇体及附体改变了螺旋桨盘面处的流场分布,进而影响螺旋桨的性能。

表 3.13 为来流速度 1.948m/s 时,螺旋桨在艇体及附体干扰下的推力和转矩。从中可以看出,在艇体扰动下,螺旋桨推力及转矩较敞水情况有较大改变,即艇体明显影响了螺旋桨的性能。

表 3.13　来流速度为 1.948m/s 时艇体及附体干扰情况下的螺旋桨推力和转矩

工况	推力/N	转矩/(N·m)
敞水螺旋桨	98.46	3.16
有艇体无附体	117.64	3.47
有艇体有附体	119.37	3.49

2) 匀速航行时艇桨水动力性能干扰分析

在 CFD 软件中,速度入口设置一定来流速度,同时调节螺旋桨转速使得螺旋桨推力等于艇体阻力,模拟 AUV 匀速航行状态。

表 3.14 及表 3.15 分别为在螺旋桨推力作用下 AUV 不带附体和带附体匀速航行时各阻力大小,从中可以看出,螺旋桨对艇体性能的干扰主要体现在压差阻力上。由图 3.56 可知,由于螺旋桨的抽吸作用,艇体艉部压力分布改变,使得艇体艏艉部压差增大,压差阻力增加。

表 3.14　不带附体匀速航行时 AUV 艇体阻力

工况	V/(m/s)	艇体压差阻力/N	艇体摩擦阻力/N	艇体总阻力/N
无桨时	2.01	46.11	23.87	69.98
有桨时	2.01	56.37	24.34	80.71
相差	—	22.25%	1.97%	15.33%
无桨时	1.5	21.83	13.62	35.45
有桨时	1.5	27.43	14.52	41.95
相差	—	25.65%	6.61%	18.34%

表 3.15　带附体匀速航行时 AUV 主艇体及附体总阻力

工况	V/(m/s)	艇体压差阻力/N	艇体摩擦阻力/N	艇体总阻力/N
无桨时	1.5	24.45	17.23	41.68
有桨时	1.5	31.13	17.90	49.03
相差	—	27.32%	3.89%	17.63%

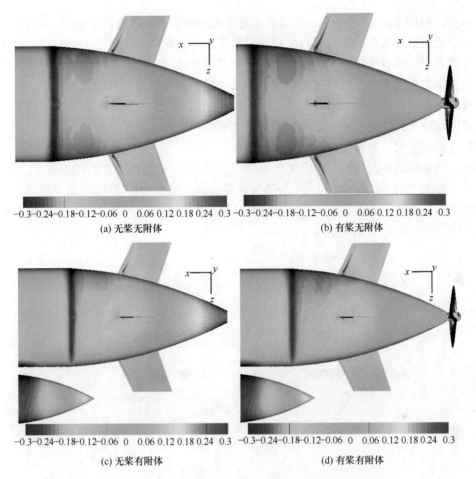

图 3.56　V=1.5m/s 艇体表面压力系数分布云图[9]（见书后彩图）

不带附体匀速航行状态下，航速 V=2.01m/s 时，AUV 推力减额分数为 0.133，螺旋桨的转速为 847r/min、推力为 80.69N，转矩为 2.51N·m；航速 V=1.5m/s 时螺旋桨转速、推力及转矩分别为 615r/min、41.98N、1.33N·m，推力减额分数为 0.156，此时螺旋桨推进效率为 73.5%。

带附体匀速航行状态下，航速 V=1.5m/s，AUV 推力减额分数为 0.150，螺旋桨转速、推力及转矩分别为 640r/min、49.05N、1.49N·m，此时螺旋桨推进效率为 73.7%。

3.3.3　槽道桨推进性能分析

槽道推进器主要用于提高并保证 AUV 的小范围机动能力，如原地回转、俯仰、横移、潜浮等。相对于作用相同的舷外推进器，槽道推进器由于布置在艇体内部，AUV 航行阻力更小，且可有效避免由碰撞带来的推进器损伤。

槽道推进器中的螺旋桨与一般的螺旋桨、导管螺旋桨相比有如下特点：由于在槽道内工作，流场具有内流场的特性，桨对槽道内流场有强烈的抽吸作用，即使在系泊点，槽道进出口流体速度也不可忽略；进出口形状对槽道螺旋桨的性能有较大影响，槽道开口及其艇体部分减压产生的推力不可忽略；螺旋桨的位置对槽道螺旋桨的性能有较大影响；槽道进速系数较小，一般在 0.1 左右，低进速系数流场比较大，进速系数流场更复杂[24]。

槽道推进器的推力是由喷流的反作用力 T_1 和槽道出入口处的压差力 T_2 组成的，如图 3.57 所示。T_1 的大小与喷流速度的平方成正比；而 T_2 是由于槽道入口处的水被抽吸，流速加大，形成伴流低压区，从而在槽道两侧出入口之间出现较大的压差。T_2 的大小与 T_1 相当。

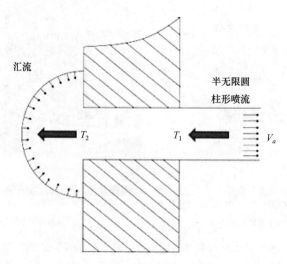

图 3.57　槽道推进器的流动模型

当槽道推进器在理想流体中工作时，槽道入口处的流动相当于汇流，出口处的流动相当于半无限圆柱形喷流。

根据动量定理，理想情况下，螺旋桨两侧的压降为

$$\Delta p = \frac{1}{2}\rho V_a^{\ 2} \tag{3.106}$$

式中，V_a 为喷流速度。

所以，由 AUV 两侧压差引起的推力为

$$T_C = \Delta p \cdot S_a = \frac{1}{2}\rho S_a V_a^{\ 2} \tag{3.107}$$

式中，S_a 为槽道横截面面积。

当 AUV 无航速时，由半无限圆柱形喷流产生的侧向力为

$$Y_0 = Q_F V_a = \rho S_a V_a^2 = 2T_C \tag{3.108}$$

式中，Q_F 为槽道推进器单位时间内的流量。

由此可见，理想状态下，无航速时槽道推进器产生的推力为螺旋桨产生推力的 2 倍。但是，由于海水黏性的存在，海水要克服槽道内及出入口处的阻力，Y_0 稍小于 $2T_C$，即

$$Y_0 = kT_C \tag{3.109}$$

式中，系数 k 取决于螺旋桨的工况，$1<k<2$。Beverige[25]通过模型试验及实船测量分析，螺旋桨的推力占总推力的 52%～87%，Oosterveld[26]则认为螺旋桨推力占总推力的 63%。

螺旋桨消耗的功率为

$$P_T = TV_a = \frac{1}{k} Y_0 V_a \tag{3.110}$$

引入螺旋桨的推力系数及扭矩系数：

$$\begin{cases} T = K_T \rho n^2 D^4 \\ Q = K_Q \rho n^2 D^5 \end{cases} \tag{3.111}$$

螺旋桨消耗的功率为

$$P_T = 2\pi nQ \tag{3.112}$$

AUV 航行速度一般较低，常规的螺旋桨效率定义方法此时不再适用。评价槽道推进器的性能主要有以下几个参数[27]。

静推力性能系数（Bendmam 系数）：

$$\zeta = \frac{Y_0}{P_{IN}^{2/3} D_C^{2/3} (\rho\pi/2)^{2/3}} \tag{3.113}$$

式中，P_{IN} 为输入功率；D_C 为槽道直径。静推力性能系数反映了在理想情况下总推力与输入功率、螺旋桨直径之间的关系。

静态效率系数：

$$\eta_d = \frac{Y_0^{2/3}}{P_{IN} (\rho\pi^2/4)^{1/2}} \tag{3.114}$$

此系数反映了直径相同时 1hp（马力，1hp=745.7W）产生的总推力的大小。

推力比系数：

$$\frac{Y_0}{T} = \frac{A_P}{2A_J}$$

(3.115)

式中，T 为螺旋桨桨叶产生的推力；A_P 为螺旋桨盘面积；A_J 为槽道出口面积。此系数反映了螺旋桨推力比随槽道出口面积比的关系。

影响槽道推进器推力的有如下几个因素：

(1) AUV 在有航速时，喷流与航速会相互干扰，在喷流出口处形成低压区，产生一个附加吸力[11]，导致喷流轨迹会向 AUV 一侧弯曲，这时 AUV 附近喷流一侧流速较快，根据伯努利原理，此处压力会减小，进而抵消部分喷流作用力。因此，有航速时槽道桨的推力会有所降低。

(2) 槽道推进器工作时，AUV 绕枢心进行转动。当 AUV 静止时，枢心与重心重合，艏部槽道推进器和艉部推进器到枢心的距离相近，艏艉槽道推进器产生的转动力矩相近。当 AUV 前进时，枢心位于重心之前，艏部槽道推进器的力臂比艉部槽道推进器的力臂小得多，因此艉部槽道推进器产生的转向力矩明显大于艏部槽道推进器产生的转动力矩。同理，AUV 后退时，艏部槽道推进器产生的转动力矩明显大于艉部。

(3) 艇体航速与槽道喷流速度之比 ξ 对侧向力有影响。随着 ξ 的增大，侧向力逐渐减小，当 $\xi = 0.4$ 时，侧向力降低到最低值，几乎仅为无航速时的 15%；随着 ξ 的继续增大，侧向力开始回复[28]。美国深潜救生艇 DSRV 的试验结果表明，当航速为 3kn 时，艏部槽道推进器的推力下降到无航速时的 10%，而艉部槽道推进器的推力下降到无航速时的 40%[27]。

(4) 槽道入口形状的影响。槽道入口的形状决定了水流是否分离，而入口水流的分离或扰动，对螺旋桨极为不利。入口导圆半径增加能够减小入口分离现象，改善螺旋桨入流均匀性，但随着入口导圆的增加，螺旋桨推力有所减小[29]。为了使入口的水流得到整流，槽道的最小长度是槽道内径的 3~4 倍。

(5) 桨盘在槽道中不同位置的影响。沈国鉴等[30]通过试验，对 PM7206 螺旋桨在槽道中三种不同的位置(距进口 1/8 槽道长度、1/4 槽道长度和 3/8 槽道长度)时的槽道螺旋桨进行了测试，其对应的螺旋桨推力系数分别为 0.1545、0.1447 和 0.1417。他们的一个重要结论是：随着螺旋桨的位置到进口距离的增大，槽道桨的推力也逐渐减小，但减小的程度有所下降。根据他们的计算，螺旋桨从距进口 1/4 槽道长度到槽道中央位置，推力递减约 3%，效率递减约 4.5%。但是在实际工程安装过程中，由于入口倾角、驱动电机等装置的影响，螺旋桨安装位置无法无限靠近入口位置，且一般槽道推进器需要双向产生推力，因此螺旋桨可以根据实际情况选择安装于距离入口 1 倍螺旋桨直径处[29]。对于 AUV 垂向推进器，由于存在水面原地下潜工况，此时桨盘应尽可能远离水面，避免由于入口流量过小出现推力损失过大的现象。

3.4　AUV 舵翼水动力性能分析方法

3.4.1　单独舵板的水动力性能分析方法

舵翼产生的力包括升力和阻力，可用式 (3.116) 表达：

$$
\begin{cases}
L_{\mathrm{fin}} = \dfrac{1}{2}\rho V_E^2 A_{\mathrm{fin}} C_L(\beta_E) \\[2mm]
D_{\mathrm{fin}} = \dfrac{1}{2}\rho V_E^2 A_{\mathrm{fin}} C_D(\beta_E)
\end{cases}
\tag{3.116}
$$

式中，L_{fin}、D_{fin} 为舵翼的升力和阻力；β_E 为舵翼有效攻角，如图 2.9 和图 2.10 所示；V_E 为舵翼有效进速；A_{fin} 为舵翼侧投影面积；$C_L(\beta_E)$ 和 $C_D(\beta_E)$ 分别为舵翼的升力系数和阻力系数，都是关于有效攻角的函数[6,31]，可以通过经验公式估算、CFD 数值计算以及试验获得。

本节以在艉部布置四个尺寸及纵向位置相同的、呈"十"字形布置的舵翼的 AUV 为研究对象，则有 $A_{\mathrm{hf}} = A_{\mathrm{vf}} = A_{\mathrm{fin}}$，$\lambda_R^{\mathrm{hf}} = \lambda_R^{\mathrm{vf}}$，$x_{\mathrm{fin}}^{\mathrm{hf}} = x_{\mathrm{fin}}^{\mathrm{vf}} = x_{\mathrm{fin}}$。

在式 (3.116) 的基础上，应用半经验公式来估算舵翼的升力系数[6]和阻力系数[32,33]：

$$
\begin{cases}
C_L^{\mathrm{fin}}(\beta_E) = C_{L\beta_E}\beta_E \\[3mm]
C_D^{\mathrm{fin}}(\beta_E) = C_{D0}^{\mathrm{fin}} + \dfrac{[C_L^{\mathrm{fin}}(\beta_E)]^2}{\kappa_2 \lambda_R \pi}
\end{cases}
\tag{3.117}
$$

式中，$\kappa_2 = 0.85 \sim 0.9$；$C_{L\beta_E}$ 为升力系数关于有效攻角 β_E 的斜率，其值可以通过经验公式 (3.118)[4,7]计算得到，即

$$
C_{L\beta_E} = \left[\frac{1}{2\kappa_1\pi} + \frac{1}{\pi\lambda_{\mathrm{RE}}} + \frac{1}{2\pi\lambda_{\mathrm{RE}}}\right]^{-1}
\tag{3.118}
$$

式中，$\kappa_1 = 0.9$。

根据假设 3.1，可以近似认为舵翼产生的阻力和升力就是其所受的纵向力 X_{fin} 和相应横向力 Y_{fin} 和 Z_{fin}。

对于水平舵：

$$
V_E = (V_E)_{\mathrm{hf}} = [u^2 + (w - x_{\mathrm{fin}}q)^2]^{1/2}，\quad \beta_E = (\beta_E)_{\mathrm{hf}} = \delta_{\mathrm{hf}} + \beta_{\mathrm{hf}}
$$

式中，δ_{hf} 为水平舵舵角，规定下潜舵角为正，如图 2.9 所示；β_{hf} 为 AUV 垂直面

运动时艇体舵翼处的攻角，且有 $\beta_{\text{hf}} = \arctan\left(\dfrac{w - x_{\text{fin}}q}{u}\right) \approx \dfrac{w - x_{\text{fin}}q}{u}$，则有

$$
\begin{cases}
X_{\text{fin}}^{\text{hf}} \approx -\dfrac{1}{2}\rho V_E^2 A_{\text{fin}} \left\{ C_{D0}^{\text{fin}} + \dfrac{[C_L^{\text{fin}}(\beta_E)]^2}{\kappa_2 \lambda_R \pi} \right\} \\
\qquad \approx -\dfrac{1}{2}\rho A_{\text{fin}} C_{D0}^{\text{fin}} u \,|\,u\,| - \dfrac{1}{2}\rho A_{\text{fin}} \dfrac{C_{L\beta_E}^2}{\kappa_2 \lambda_R \pi}[V_E^2 \delta_{\text{hf}}^2 + 2uw\delta_{\text{hf}} \\
\qquad\quad - 2x_{\text{fin}}uq\delta_{\text{hf}} + w^2 - 2x_{\text{fin}}wq + x_{\text{fin}}^2 q^2] \\
Z_{\text{fin}} = -\dfrac{1}{2}\rho V_E^2 A_{\text{fin}} C_{L\beta_E} \cdot (\beta_E)_{\text{hf}} = -\dfrac{1}{2}\rho A_{\text{fin}} C_{L\beta_E} V_E^2\left(\delta_{\text{hf}} + \dfrac{w - x_{\text{fin}}q}{u}\right) \\
M_{\text{fin}} = -x_{\text{fin}} Z_{\text{fin}}
\end{cases}
\tag{3.119}
$$

对于垂直舵：

$$
V_E = (V_E)_{\text{vf}} = [u^2 + (v + x_{\text{fin}}r)^2]^{1/2}, \quad \beta_E = (\beta_E)_{\text{vf}} = \delta_{\text{vf}} + \beta_{\text{vf}}
$$

式中，δ_{vf} 为垂直舵舵角，右舵为正，如图 2.10 所示；β_{vf} 为 AUV 水平面运动时艇体舵翼处的漂角，且有 $\beta_{\text{vf}} = \arctan\left(\dfrac{v + x_{\text{fin}}r}{u}\right) \approx \dfrac{v + x_{\text{fin}}r}{u}$，则有

$$
\begin{cases}
X_{\text{fin}}^{\text{vf}} \approx -\dfrac{1}{2}\rho V_E^2 A_{\text{fin}} \left\{ C_{D0}^{\text{fin}} + \dfrac{[C_L^{\text{fin}}(\beta_E)]^2}{\kappa_2 \lambda_R \pi} \right\} \\
\qquad \approx -\dfrac{1}{2}\rho A_{\text{fin}} C_{D0}^{\text{fin}} u \,|\,u\,| - \dfrac{1}{2}\rho A_{\text{fin}} \dfrac{C_{L\beta_E}^2}{\kappa_2 \lambda_R \pi}(V_E^2 \delta_{\text{vf}}^2 + 2uv\delta_{\text{vf}} \\
\qquad\quad + 2x_{\text{fin}}ur\delta_{\text{vf}} + v^2 + 2x_{\text{fin}}vr + x_{\text{fin}}^2 r^2) \\
Y_{\text{fin}} = -\dfrac{1}{2}\rho V_E^2 A_{\text{fin}} C_{L\beta_E} \cdot (\beta_E)_{\text{vf}} = -\dfrac{1}{2}\rho A_{\text{fin}} C_{L\beta_E} V_E^2\left(\delta_{\text{vf}} + \dfrac{v + x_{\text{fin}}r}{u}\right) \\
N_{\text{fin}} = x_{\text{fin}} Y_{\text{fin}}
\end{cases}
\tag{3.120}
$$

忽略高阶小项，可得

$$X_{u|u|}^{\text{fin}} = X_{u|u|}^{\text{hf}} + X_{u|u|}^{\text{vf}} = -\rho A_{\text{fin}} C_{D0}^{\text{fin}}, \qquad X_{\delta_{\text{vf}}\delta_{\text{vf}}} = -\dfrac{1}{2}\rho A_{\text{fin}} \dfrac{C_{L\beta_E}^2 (V_E^{\text{vf}})^2}{\kappa_2 \lambda_R \pi}$$

$$X_{\delta_{\text{hf}}\delta_{\text{hf}}} = -\dfrac{1}{2}\rho A_{\text{fin}} \dfrac{C_{L\beta_E}^2 (V_E^{\text{hf}})^2}{\kappa_2 \lambda_R \pi}, \qquad X_{uv\delta_{\text{vf}}} = X_{uw\delta_{\text{hf}}} = -\rho A_{\text{fin}} \dfrac{C_{L\beta_E}^2}{\kappa_2 \lambda_R \pi}$$

$$X_{ur\delta_{\text{vf}}} = -X_{uq\delta_{\text{hf}}} = -\rho A_{\text{fin}} \dfrac{x_{\text{fin}} C_{L\beta_E}^2}{\kappa_2 \lambda_R \pi}, \qquad X_{vv}^{\text{vf}} = X_{ww}^{\text{hf}} = -\dfrac{1}{2}\rho A_{\text{fin}} \dfrac{C_{L\beta_E}^2}{\kappa_2 \lambda_R \pi}$$

$$X_{vr}^{\text{vf}} = -X_{wq}^{\text{hf}} = -\rho A_{\text{fin}} \dfrac{x_{\text{fin}} C_{L\beta_E}^2}{\kappa_2 \lambda_R \pi}, \qquad X_{rr}^{\text{vf}} = X_{qq}^{\text{hf}} = -\dfrac{1}{2}\rho A_{\text{fin}} \dfrac{x_{\text{fin}}^2 C_{L\beta_E}^2}{\kappa_2 \lambda_R \pi}$$

$$Y_{\delta_{vf}} = Z_{\delta_{hf}} = -\frac{1}{2}\rho A_{fin}V_E^2 C_{L\beta}, \qquad Y_{uv}^{fin} = Z_{uw}^{fin} = -\frac{1}{2}\rho A_{fin}C_{L\beta}$$

$$Y_{ur}^{fin} = -Z_{uq}^{fin} = -\frac{1}{2}\rho A_{fin}C_{L\beta}x_{fin}, \qquad N_{\delta_{vf}} = -M_{\delta_{hf}} = -\frac{1}{2}\rho A_{fin}V_E^2 C_{L\beta}x_{fin}$$

$$N_{uv}^{fin} = -M_{uw}^{fin} = -\frac{1}{2}\rho A_{fin}C_{L\beta}x_{fin}, \qquad N_{ur}^{fin} = M_{uq}^{fin} = -\frac{1}{2}\rho A_{fin}C_{L\beta}x_{fin}^2$$

3.4.2 艇体和螺旋桨对舵翼水动力性能的影响分析

1. 艇体和螺旋桨对舵翼水动力性能影响初步分析

1) 艇体的影响

在艇后伴流场中工作的舵翼，其与水流的相对速度以及水流流动情况都受艇体影响，这些影响大致可有下列几方面[11]：

(1) 艇体对展弦比的映像作用。如将艇体看成紧贴舵翼的一块无限平板，则会产生映像作用，使舵翼有效展弦比较几何展弦比增加 1 倍。但实际上艇体是一曲面，舵板与艇体之间存在间隙，并随舵角 δ 增加而增大间隙。某试验结果表明[11]：当 $\delta = 0$ 时，有效展弦比几乎等于几何展弦比的 2 倍；当 $\delta = 31°$ 时，其值约为 1.5 倍；对于回转体艇型，$\delta = 6°$ 以上，映像作用就显著下降。根据映像作用，舵翼的根部应尽量贴近艇体安装。

(2) 艇体边界层的影响。位于艇体边界层内艉部舵翼，相当于有效舵面积的减小。有效舵面积可按式 (3.121) 估算：

$$\left(A_{fin}\right)_E = A_1 + \frac{A_2}{2\chi + 1} \tag{3.121}$$

式中，A_1、A_2 分别为边界层外、内的舵翼面积；χ 为边界层内的速度分布律的指数。

所以，艉舵翼的翼展应尽量大些，两侧的幅度应与艇的最大宽度相等，但回转体艇型或十字艉形，一般都有不同程度的超宽。艉舵翼外形宜采用较小倾斜度的梯形，以尽可能减少处于艇体边界层内的舵面积，这显然比设计成三角形更加有利。

(3) 艇体的整流效应。当 AUV 以速度 V、漂角 β、角速度 r 做水平面曲线运动时，在艉舵处不考虑艇体对水流影响的几何漂角 β_{vf} 为

$$\beta_{vf} = \arctan\frac{x_R r - V\sin\beta}{V\cos\beta} \tag{3.122}$$

而垂直舵的几何攻角为

$$(\beta_E)_{\mathrm{vf}} = \delta_{\mathrm{vf}} \pm \beta_{\mathrm{vf}} \tag{3.123}$$

式中，x_R 表示垂直舵上的 R 点距 AUV 坐标原点的距离；δ_{vf} 为垂直舵的名义舵角。

在式(3.123)中，当 r 与 δ_{vf} 同符号时取负号(如定常回转运动)；反之取正号(如 Z 形操纵中开始反向操舵)。

实际上，由于存在艇体(还有螺旋桨)，水流有沿艇体纵向流动的趋势，即整流效应，使得艉部的实际漂角比 β_{vf} 小，可用 $\varepsilon\beta_{\mathrm{vf}}$ 表示，或将整流效应系数 ε 写成 $\gamma/\beta_{\mathrm{vf}}=\varepsilon$ (其中 γ 为整流拉直角)，一般 $\varepsilon\approx0.2\sim0.7$。舵板越紧靠艇体，$\varepsilon$ 越大，如艇艉嵌入式垂直舵的整流效应系数 ε 可达 0.7 左右。

于是垂直舵的有效攻角为

$$\overline{(\beta_E)}_{\mathrm{vf}} = \delta_{\mathrm{vf}} \pm \varepsilon\beta_{\mathrm{vf}} \tag{3.124}$$

2)艇体伴流和螺旋桨尾流的影响

艇体伴流降低了舵与水的相对速度，使舵的迎流速度降为 $V_E=V(1-w_{\mathrm{fin}})$，其中，$V_E$ 为舵板处实际来流速度，V 为 AUV 速度，w_{fin} 为艉舵处的伴流系数。对于直接位于桨尾流中的舵，由于桨后的水流速度比桨前大约增加 30%，所以舵效显著增大，并随桨的负荷增大而正比例增加，但随二者间的间隙扩大而减小，实际上，现在 AUV 广泛采用桨在舵后的形式，虽然桨对舵也有抽吸作用，但对舵的水动力的增加是较小的。

3)固定鳍效应

有些 AUV 采用具有较大固定鳍的舵，此时类似于襟翼舵，偏转舵角同时获得翼型拱度改变的有利影响，从而可获得较大的升力，其缺点是此时舵的升阻比较小。

2. 基于计算流体力学方法的艇体和螺旋桨对舵翼水动力性能的影响分析

为了解 AUV 艇体及螺旋桨对舵翼水动力性能的影响，本节采用 Fluent 软件进行数值模拟，在计算过程中将 AUV 的艇体、舵翼与螺旋桨三者作为一个统一的整体来求解，分析置于艇体艉部的舵翼舵效。

1)计算模型及计算域

本节以某 AUV 为计算对象，艇长 5.5m，最大直径 0.82m，艇体采用 Nystrom 艇型，NACA0015 剖面的尾翼呈十字对称布置，根据螺旋桨数目和位置的不同分为四种总布置方式：①单螺旋桨置于十字形舵翼之前；②单螺旋桨设置在舵翼之后；③双螺旋桨布置在艇体的两侧，舵翼之前；④双螺旋桨布置在舵翼之后。四种桨舵组合布置方案如图 3.58 所示。

计算区域分为两部分，即包围 AUV 艇体的内部计算域以及抠除内部计算域的外部计算域，外部计算域轮廓为一个直径为 AUV 直径 5 倍的圆柱体，纵向从艇体的艏部向前延伸 1.5 倍艇长，从 AUV 艇体的艉部向后延伸 4 倍艇长。内部计算域中既有旋转的螺旋桨，也有固定的 AUV 艇体和舵翼，因此需要使用滑移网格技术来处理。螺旋桨区域的处理方式与 3.3.2 节第 2 部分相同，即包围在桨外的小圆柱域与螺旋桨定义为子域一起做旋转运动，除此之外的区域都是不动的静域。

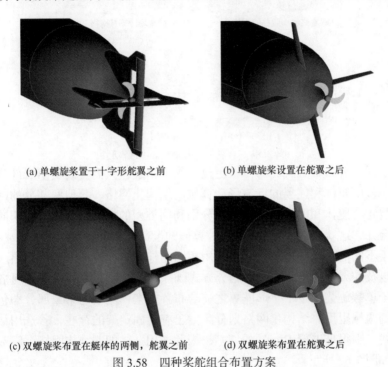

(a) 单螺旋桨置于十字形舵翼之前　　　　　(b) 单螺旋桨设置在舵翼之后

(c) 双螺旋桨布置在艇体的两侧，舵翼之前　　(d) 双螺旋桨布置在舵翼之后

图 3.58　四种桨舵组合布置方案

计算时将区域的边界分为进口边界、出口边界、远场边界及物面。在入口边界处根据 AUV 的实际情况设定速度为 1.54m/s。出口边界处的给定静压力等于参考压力，AUV 艇体的外表面设定为无滑移条件。此外，需要设定螺旋桨的旋转中心和旋转速度，对于每一种不同的布置方案，旋转中心各不相同。转速取为 700r/min，在螺旋桨区域和近流场区域的交接面使用滑移网格的方法，将小圆柱交接面设定为 interface 类型。

2) 网格划分

计算过程中采用结构网格和非结构网格的混合网格生成技术，整个计算域的网格进行模块化处理。模型中的网格主要分为三部分：第一部分是用非结构网格划分的螺旋桨和小圆柱的网格，如图 3.59(a)所示；第二部分是包围艇体和舵翼的内流场计算域的结构网格，如图 3.59(b)所示；第三部分是包围艇体的小域和整个大域的外流场计算域的结构网格，如图 3.59(c)所示。

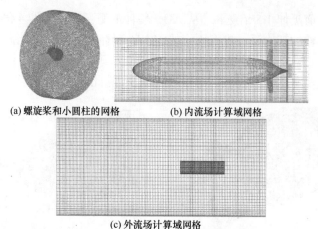

(a) 螺旋桨和小圆柱的网格   (b) 内流场计算域网格

(c) 外流场计算域网格

图 3.59　单桨置于舵后时的网格划分

对于同一种布置方式，每一次更改舵翼的角度，只需要改变第二部分网格，即艇体、包围艇体和舵翼的近流场计算域的结构化网格，其他两部分的网格保持不变。将含有艇体和舵翼的结构网格分别和同类型的螺旋桨网格以及相同的外流场网格合并，这就形成了整个 AUV 计算域的全部网格。

对于不同的总布置方式，仍然选用相同的外流场计算域网格，只更改螺旋桨和艇体以及舵翼的网格，这样的划分方式既提高了效率，又利于保证网格质量。

对于单螺旋桨置于十字形舵翼之前的布置方案，网格的第二部分即包围艇体和舵翼的内域也用非结构化网格划分。由于有艉固定架的存在，若选用结构网格划分方式，则很难进行 Block 的切割，因此选用贴体的非结构网格。艉部网格划分结果如图 3.60 所示。

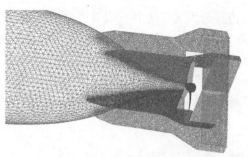

图 3.60　单桨置于舵前时的艉部非结构网格(见书后彩图)

3)计算结果分析

设计时只改变方向舵的舵角，计算了四种布置下不同舵角时舵翼的升力、阻力及升阻比，并将其计算结果进行比较分析。图 3.61 为各种情况下舵翼的升力系数，在单桨布置时，如果舵翼位于螺旋桨之后，舵翼的升力比舵翼位于桨前时的升力大。因为置于桨后的舵翼受螺旋桨尾流场的影响，舵的来流速度明显比置于桨前时增加。

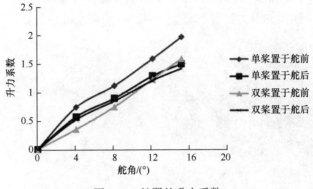

图 3.61　舵翼的升力系数

图 3.62(a) 为 15°舵角下布局①方案时舵前剖面速度等值线图；图 3.62(b) 为 15°舵角下布局②方案时舵前剖面速度等值线图。布局①最大舵翼来流速度为 3.3m/s，布局②最大舵翼来流速度为 1.65m/s，可以看出，置于桨后的舵翼来流速度明显增加。

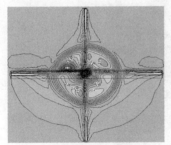
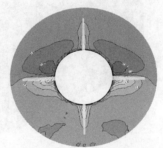

(a) 布局①15°舵角时舵前剖面速度　　(b) 布局②15°舵角时舵前剖面速度
图 3.62　单桨布置舵前的剖面流速(见书后彩图)

但是，双桨布置时舵翼的升力变化规律略有不同。在舵角较小时，置于双桨后舵翼的升力系数反而比置于双桨前的舵翼小，随着舵角的增加，置于桨后的舵翼升力系数增加更快，当舵角达到 12°时，置于桨后的舵翼升力系数比置于舵前时高。从图 3.62 中也可以看出，位于单桨前后的舵翼比与双桨配合的舵翼升力大，其中位于单桨后的舵翼在相同舵角时升力最大。

双桨布置时，舵翼前方的来流速度如图 3.63 所示，布局③中双桨置于舵翼之前，螺旋桨尾流的影响使得舵前的来流速度增加，最大为 2.7m/s，布局④中双桨置于舵翼之后，与布局③相比舵前的流体进速偏小，最大为 1.55m/s。但是在计算结果中，小舵角时布局③的舵翼升力反而偏小，这主要是由于艇体的干扰。在本节计算中图 3.58(c)中舵翼的位置增加了艇体对舵翼的不利干扰，从而使得舵翼的升力急速下降。为了验证这一分析，此处改变了图 3.58(c)中舵翼和桨的位置，舵翼与图 3.58(d)中的位置相同，如图 3.64 所示。分析 8°舵角时的舵效，发现在这种布置方式下，舵翼的升力比原来提高了 42%，与桨在舵后相比，升力增加 24%。

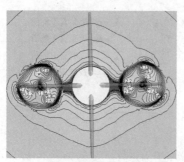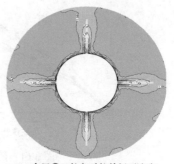

(a) 布局③0°舵角时舵前剖面速度　　　　(b) 布局④0°舵角时舵前剖面速度

图 3.63　双桨布置舵前的剖面流速(见书后彩图)

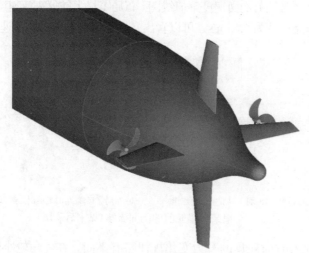

图 3.64　双螺旋桨置于舵前

　　舵翼的阻力变化规律与升力略有不同，图 3.65 是舵翼阻力系数曲线，可以看出桨置于舵前会使舵的阻力偏大，以单桨时更甚。综合二者得出了图 3.66 的升阻比曲线，所有布置方式的升阻比的变化类似于抛物线形，在 8°舵角附近达到最大值，当舵角继续增大时，其值开始下降。首先仅考虑桨舵的位置变化，当螺旋桨置于舵翼之后时舵翼的升阻比较置于之前更高，其次考虑螺旋桨的数目，单桨布置的情况比双桨时舵的升阻比好。升阻比最高的布局方式是单桨位于舵翼之后。

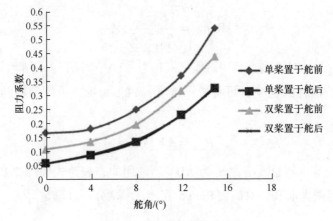

图 3.65　舵翼的阻力系数

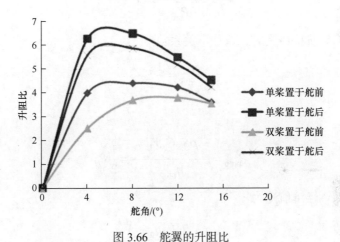

图 3.66　舵翼的升阻比

3.5　AUV 续航力性能分析方法

续航力性能分析是指在 AUV 设计完成后,根据确定好的(电池)能量,计算 AUV 最大航程及对应的航速(即经济航速)。

AUV 能量配置主要有两种形式:①单电池组,即所有设备均使用一套电池组;②双电池组,即推进系统使用一套电池组(动力电池组),其他系统使用另一电池组(控制电池组)。

1. 单电池组

AUV 航程可表达为[33]

$$\text{Range} = \frac{E_{\text{Battery}}}{P_{\text{prop}} + P_H} V \tag{3.125}$$

式中，E_{Battery} 为 AUV 电池可用总能量；V 为 AUV 航速；P_H 为除推进系统外所有其他系统所消耗的功率，可看成一常量；P_{prop} 为推进系统消耗的功率，可表达为

$$P_{\text{prop}} = R_t V / \eta_{\text{prop}} \tag{3.126}$$

式中，η_{prop} 为推进器总效率；R_t 为 AUV 直航阻力，表达式如式(2.12)所示。

为了获得最大航程，对航程 Range 沿 P_{prop} 求微分，并满足[33]：

$$\frac{\partial(\text{Range})}{\partial P_{\text{prop}}} = 0 \tag{3.127}$$

可知，当 AUV 航程最大时，有如下关系：

$$P_{\text{prop}} = \frac{1}{2} P_H \tag{3.128}$$

则有

$$P_{\text{prop}} = \frac{\frac{1}{2}\rho S_F C_D V_{\text{ECO}}^3}{\eta_{\text{prop}}} = \frac{1}{2} P_H \tag{3.129}$$

进而可得 AUV 经济航速为

$$V_{\text{ECO}} = \left(\frac{P_H \eta_{\text{prop}}}{\rho S_F C_D}\right)^{1/3} \tag{3.130}$$

AUV 最大航程为

$$(\text{Range})_{\text{max}} = \frac{2E_{\text{Battery}}}{3}\left(\frac{\eta_{\text{prop}}}{\rho S_F C_D P_H^2}\right)^{1/3} \tag{3.131}$$

从式(3.131)可以看出，AUV 艇体外形及主尺寸确定后要想提高其航程，除提高电池能量外，还可以采用减小非控制系统设备功耗及提高推进器效率的方式。

2. 双电池组

由于 AUV 中的设备由动力电池组和控制电池组分别供电，因此其航程可表达为

$$\text{Range} = Vt = V \cdot \min\left(t_{\text{prop}}, t_H\right) \tag{3.132}$$

式中，t_{prop} 为推进系统可工作时间；t_H 为除推进系统外其他系统可工作时间。且有

$$t_{\text{prop}} = \frac{E_{\text{prop}}}{P_{\text{prop}}} = \frac{E_{\text{prop}}}{\frac{1}{2}\rho S_F C_D V^3}\eta_{\text{prop}} \tag{3.133}$$

$$t_H = \frac{E_H}{P_H} \tag{3.134}$$

式中，E_{prop} 为动力电池组可用总能量；E_H 为控制电池组可用总能量。

当设备选型确定后，E_H 和 P_H 即已确定，即 t_H 为一固定值。由于 AUV 最长工作时间不会超过 t_H，因此当 AUV 航程最大时，有如下关系：

$$t_{\text{prop}} = t_H \tag{3.135}$$

由此计算，可得 AUV 经济航速为

$$V_{\text{ECO}} = \left(\frac{P_H}{E_H} \cdot \frac{E_{\text{prop}}\eta_{\text{prop}}}{0.5\rho S_F C_D}\right)^{1/3} \tag{3.136}$$

最大航程为

$$(\text{Range})_{\max} = \left(\frac{E_H^2}{P_H^2} \cdot \frac{E_{\text{prop}}\eta_{\text{prop}}}{0.5\rho S_F C_D}\right)^{1/3} \tag{3.137}$$

从以上公式可以看出，要想提高 AUV 航程，除提高电池能量外，还可以通过减小非控制系统设备功耗及提高推进器效率的方式来实现。

参 考 文 献

[1] Fossen T I. Guidance and Control of Ocean Vehicles [M]. New York: John Wiley & Sons, 1994.

[2] Newman J N. Marine Hydrodynamics[M]. Cambridge: MIT Press, 1977.

[3] Blevins R D. Formulas for Natural Frequency and Mode Shape[M]. New York: Van Nostrand Reinhold, 1979.

[4] Prestero T T J. Verification of a six degree of freedom simulation model for the REMUS autonomous underwater vehicle[D]. Cambridge: Massachusetts Institute of Technology, 2001.

[5] Koray K. Modeling and motion simulation of an underwater vehicle[D]. Ankara: Middle East Technical University, 2007.

[6] Hoerner S F, Borst H V. Fluid Dynamic Lift[M]. [S.l.]:[s.n.], 1985.

[7] Triantafyllou M S, Hover F S. Maneuvering and control of marine vehicles: MIT Course 2.154 Class Notes[Z].[S.l. : s.n.], 2000.

[8] 于宪钊. 微小型水下航行器水动力性能分析及双体干扰研究[D]. 哈尔滨: 哈尔滨工程大学, 2012.

[9] 赵金鑫. 大挂载水下航行器操纵性能分析及双体干扰研究[D]. 哈尔滨: 哈尔滨工程大学, 2013.

[10] 王亚兴. AUV 的水动力优化及近水面运动性能研究[D]. 哈尔滨: 哈尔滨工程大学, 2015.

[11] 施生达. 潜艇操纵性[M]. 北京: 国防工业出版社, 1995.

[12] ECA Group . AUV solutions[EB/OL]. https://www.ecagroup.com/en/find-your-eca-solutions/auv [2019-4-25].

[13] International Submarine Engineering Ltd. Explorer AUV[EB/OL]. https://ise.bc.ca/product/explorer[2019-4-25].

[14] Kongsberg Maritime Inc. REMUS-100 autonomous underwater vehicle[EB/OL]. https://www.kongsberg.com/globalassets/maritime/km-products/product-documents/remus-100-autonomous-underwater-vehicle [2018-11-12].

[15] Teledyne Marine Inc. Gavia AUV[EB/OL]. http://www.teledynemarine.com/gavia-auv/?BrandID=9 [2019-03-04].

[16] 张铁栋. 潜水器设计原理[M]. 哈尔滨: 哈尔滨工程大学出版社, 2011.

[17] 石德新, 王晓天. 潜艇强度[M]. 哈尔滨: 哈尔滨工程大学出版社, 1997.

[18] 中国船级社. 潜水系统和潜水器入级规范[S]. 北京: 中国船级社, 2014.

[19] 施德培, 李长春. 潜水器结构强度[M]. 上海: 上海交通大学出版社, 1991.

[20] 陈铁云, 陈伯真. 弹性薄壳力学[M]. 武汉: 华中工学院出版社, 1983.

[21] 苏玉民, 黄胜. 船舶螺旋桨理论[M]. 哈尔滨: 哈尔滨工程大学出版社, 2003.

[22] 蔡昊鹏. 基于面元法理论的船用螺旋桨设计方法研究[D]. 哈尔滨: 哈尔滨工程大学, 2011.

[23] Hoshino T. Data for 22th ITTC 98'Workshop on panel method and RANS Solution[C]. The 22nd ITTC Propulsion Committee, Grenoble, 1998.

[24] 姚志崇, 曹庆明. 槽道桨水动力性能数值分析[C]. 船舶水动力学学术会议暨中国船舶学术界进入 ITTC 30 周年纪念会, 杭州, 2008.

[25] Beverige J L. Design and performance of bow thrusters: NSRDC Report No. 3611[R]. [S.l. : s.n.], 1971.

[26] Oosterveld M. Ducted propellers systems suitable for tugs and pushboats[J]. International Shipbuilding Progress, 1972, 19: 351-371.

[27] 王超, 郭春雨, 常欣. 特种推进器及附加整流装置[M]. 哈尔滨: 哈尔滨工程大学出版社, 2013.

[28] 张潞怡. 关于来流对槽道推进器流体动力性能影响的研究[J]. 海洋工程, 1995, (1):13-19.

[29] 翟树成, 曹庆明. 侧推器槽道参数数值模拟研究[C]. 2015 年船舶水动力学学术会议, 哈尔滨, 2015.

[30] 沈国鉴, 沈行龙. 轴向圆筒内对称叶剖面螺旋桨系列的模型试验研究[J]. 中国造船, 1982, (1): 55-64.

[31] McCormick B A. Aerodynamics, Aeronautics, and Flight Mechanics[M]. 2nd ed. New York: Wiley & Sons, 1995.

[32] Nahon M. A simplified dynamics model for autonomous underwater vehicles[C]. Proceedings of Symposium on Autonomous Underwater Vehicle Technology, Monterey, 2002.

[33] Furlong M E, Mcphail S D, Stevenson P. A concept design for an ultra-long-range survey class AUV[C]. Oceans, Aberdeen, 2007.

4

AUV 设计方案评价

AUV 的设计是一个在搜索中筛选、经多次反复螺旋迭代逐渐收敛的过程。AUV 设计方案是个多解问题，如何从多解的方案中筛选出符合 AUV 设计要求的最佳方案，必须通过方案评价与决策。

由于对 AUV 设计方案进行评价是一项涉及面广、信息量大和极具多学科特征的系统工程，如果采用主观想象加经验的评估方式是难以对 AUV 的设计方案做出公正的评判。因此，本章根据 AUV 的方案设计特点，初步探讨 AUV 设计方案评价准则和方法。

4.1　AUV 设计方案评价意义和内容

AUV 设计方案评价是对构思和设计的各种方案在技术性能参数、经济与社会效益等方面进行分析比较，从中选择最佳方案的过程。

4.1.1　设计方案评价意义

1. 评价是决策的基础和依据

评价贯穿于 AUV 设计的全过程。设计人员和其他技术人员从可行性研究、初步设计方案、详细设计方案及样机系统集成与加工等一系列活动中，都在自觉或不自觉地采用某种方法，运用某一标准不断地进行权衡和比较，这实质上就是一种经验评价。随着科学技术的发展，设计对象和内容的复杂化，要求人们运用科学方法进行评价。

评价过程应包括三方面[1]：

(1)分析和判断设计方案是否满足设计任务要求以及满足到什么程度。

(2)对达到设计要求的方案，要进一步从技术、成本、进度等方面寻找弱点，提出改进的具体目标，以综合给出更为完善的方案。对未达到要求的方案，指出改进方向。

（3）对超过目标要求的方案，要重点考虑其经济性是否合理，寻求降低成本的途径。

综上所述，只有经过对 AUV 方案的评价之后，才能比较优劣，最后确定最佳方案。

2. 方案评价是提高 AUV 质量的首要前提

通过方案评价可以揭示出 AUV 的不足和隐患，并将其消除在萌芽阶段，提高 AUV 质量及可靠性，保证研制进度，杜绝决策失误。

3. 方案评价有利于提高设计人员的素质，形成合理的知识结构

通过对 AUV 设计方案的技术先进性和经济性等方面的评价，设计人员清醒地认识到在科学技术和生产飞速发展、市场竞争激烈的形势下，设计受各种条件的制约。设计人员不仅要考虑使用需求，还要考虑使用成本；不仅要考虑技术先进性，还要考虑实现的可能性；不仅要考虑设计质量、寿命，还要考虑使用可靠、便于维修。只有这样才能设计并研制出高水平的 AUV 产品。

4.1.2　设计方案评价内容

评价内容主要包括技术评价、经济评价和风险评价。

1. 技术评价

技术评价[1]是以设计方案是否满足设计要求的技术性能及满足的程度为目标，评价方案技术上的先进性和可行性，具体内容包括性能指标、可靠性、维修性、保障性等方面。

技术评价主要利用理论计算和试验获得数据资料并进行分析。为了便于对几个方案进行比较，常常把技术指标换算成评分指标进行对比和分析。

2. 经济评价

经济评价是围绕设计方案的效益进行评价的，主要包括各方案的研究成本、制造成本和使用成本。这里的"成本"既包括纯经济成本，也包括时间成本。

（1）研究成本是指在研究阶段产生的计算分析、设备试制、样机试验及组织实施等产生的成本。

（2）制造成本主要包括加工制造、配套设备采购、系统集成等实际生产时产生的成本，以及生产设备添置与升级、测试设备添置、加工工艺改进等满足方案产品生产条件所支付的成本。

(3)使用成本主要指在应用阶段产生的维护、保障、存储等产生的成本。

以设计任务书中规定的成本为目标对各方案进行比较，功能及技术指标相同时，成本最低的方案为优。

在经济评价中还应考虑方案实施的生产条件是否具备，这些条件主要指设备、原材料供应、资金来源、技术力量等。

3. 风险评价

AUV 的研制风险具体可归纳为是否在技术上可行、经费上划算、时间上允许等三个方面，其风险通常可用技术风险、费用风险和进度风险来表述。

(1)技术风险。主要包括所采取的新技术、新方法是否可行、可用、可靠；使用的关键设备是否易于获得，不易获得时替代设备能否满足功能指标要求；设计方案是否易于生产实现等。

(2)费用风险。主要指要完成指定的功能技术指标，在设备采购、加工、集成、测试以及交付使用后维修、保障、使用等方面产生的费用是否合理。

(3)进度风险。主要指方案在研制、测试、生产等阶段的时间安排能否满足合同或任务书进度要求，是否存在延期的可能。

在方案设计和筛选过程中，常常要进行多次评价，对于多种设计方案，先进行定性评价，即把那些不可行或水平不高的方案弃掉，留下少数较好的方案。然后对这些方案的技术参数、性能、经济效益等主要指标进行量化，再进行详细评价，最终选择最佳方案。不论是定性评价还是详细评价，都是依据技术先进性和经济性，并把这两者结合起来进行综合比较。

4.2 AUV 设计方案综合评价准则

AUV 设计方案可以通过以下 6 个主要属性进行综合评判[2,3]，即综合技术性能、可靠性、维修性、保障性、风险性以及经济性，各属性中又包含多种影响因素。为了综合考虑用户需求及不同专家对各属性重要性的认知差异，可将 AUV 设计方案的综合评价指数 CI 表示为

$$CI = \sum_{j=1}^{6} w_j \cdot a_j \qquad (4.1)$$

式中，$a_j(j=1,2,\cdots,6)$ 依次表示以上 6 个属性；$w_j(j=1,2,\cdots,6)$ 为各属性重要性系

数，即基于用户要求和工程设计经验的加权系数，w_j 满足：

$$\begin{cases} w_j > 0 \\ \sum_{j=1}^{6} w_j = 1 \end{cases} \tag{4.2}$$

1. 综合技术性能

AUV 综合技术性能由艇载任务系统作战/作业能力和 AUV 平台总体技术能力决定。

由于 AUV 任务功能不同，所搭载的任务载荷及能力要求也不同，如执行海底地形地貌测量任务的 AUV，其主要搭载侧扫声呐、多波束测深声呐、合成孔径声呐等，任务要求主要是在多远探测距离上达到的探测分辨率；而对于执行通信中继任务的 AUV，其搭载的主要任务载荷是通信声呐，任务要求主要是通信距离、通信带宽、通信速率及通信可靠性等。因此，此处对于任务系统的作业/作战能力不具体细分，统一用 P_TS 表示。

AUV 平台技术能力包括平台航行能力 P_S、平台操纵性 P_M、平台结构性能 P_C、平台适用性 P_U、平台生命力 P_L 等五个方面。

AUV 综合技术性能评估模型 F 可表述为

$$E\_P = P\_TS \times (P\_S + P\_M + P\_C + P\_U + P\_L) \tag{4.3}$$

(1) 平台航行能力 P_S 主要包括最大航速 S_{VM}、巡航速度 S_{VE}、续航力 S_E、潜深 S_D、导航定位能力 S_N 等要素，其评估模型为

$$P\_S = \left(S_{VM} \times S_{VE} \times S_E \times S_D \times S_N \right)^{1/5} \tag{4.4}$$

(2) 平台操纵性 P_M 主要包括回转半径 M_R、稳心高 M_h、水平面静稳定系数 M_{HSS}、水平面动稳定系数 M_{HDS}、垂直面静稳定系数 M_{VSS}、垂直面动稳定系数 M_{VDS} 等要素，其评估模型为

$$P\_M = \left(M_R + M_h \right) \times \left(M_{HSS} \times M_{HDS} \times M_{VSS} \times M_{VDS} \right)^{1/4} \tag{4.5}$$

(3) 平台结构性能 P_C 主要包括耐压结构强度裕度 C_{HYS}、耐压结构稳定性裕度 C_{HCS}、艇体结构强度裕度 C_{BYS}、艇体变形 C_{BD} 等要素，其评估模型为

$$P\_C = C_{HYS} \times C_{HCS} + C_{BYS} \times C_{BD} \tag{4.6}$$

(4) 平台适用性 P_U 主要包括排水量 U_W、主尺寸 U_S、布放回收 U_{LR} 等因素，其评估模型为

$$P\_U = \left(U_W \times U_S \right)^{1/2} + U_{LR} \tag{4.7}$$

(5)平台生命力 P_L 主要包括储备浮力 L_{RB}、可弃压载 L_B、应急通信/示位能力 L_E 等要素，其评估模型为

$$P\_L = L_{RB} + L_B + L_E \tag{4.8}$$

2. 可靠性

可靠性是指在规定条件下，系统或设备无故障的持续时间或概率，一般由平均故障间隔时间(mean time between failures，MTBF)和系统可用性 E_A 衡量[4,5]。这里用 E_A 作为 AUV 可靠性度量，其评估模型为

$$E\_A = T_U / (T_U + T_D) \tag{4.9}$$

式中，T_U 为装备系统的可用时间；T_D 为装备系统的不可用时间。

3. 维修性

维修性是通过设计赋予 AUV 装备维修方便、迅速而经济的特性，是指 AUV 在规定的条件下和规定的时间内，按规定的程序和方法进行维修时，修复排除系统故障，保持或回复到规定状态的能力[4]。

因此，可以用平均修复时间(mean time to repair，MTTR)作为维修性度量。其评估模型为

$$MTTR = \sum_{i=1}^{n}(\lambda_i t_i) / \lambda \tag{4.10}$$

式中，λ_i 为第 i 个部件的故障率；λ 为整个系统故障率，$\lambda = \sum_{i=1}^{n}\lambda_i$；$t_i$ 为 AUV 第 i 个部件修复或更换所需时间；n 为修复和更换部件总数。

4. 保障性

保障性是保证全寿命周期内 AUV 平时战备完好性和战时完成任务的能力。保障性能力通过设计特性、保障资源及保障实施获得。AUV 保障性的主要目标是战备完好性，为此，战备完好性的目标值可用来衡量并表征 AUV 的保障性[4]。战备完好性目标的综合保障参数评估模型为

$$E\_CR = MTBF / (MTBF + MTTR + MLDT) \tag{4.11}$$

式中，MTBF 为 AUV 平均故障间隔时间；MTTR 为 AUV 平均修复时间；MLDT 为 AUV 保障延误时间。

5. 风险性

根据 AUV 研制的特点，并参照潜艇的一些做法[6,7]，AUV 的研制风险具体可

归纳为是否在技术上可行、经费上划算、时间上允许等三个方面，其风险通常可用技术风险、费用风险和进度风险来表述。可以通过主观估计和专家调查来确定所研制系统的各类风险。设备风险评估模型可由式(4.12)表示：

$$K_i = \sum_{j=1}^{3} u_{ij} b_{ij} \qquad (4.12)$$

式中，i 为系统中的设备序号；j=1,2,3 分别代表各设备的技术风险、费用风险和进度风险；K_i 为第 i 项设备的加权综合风险评价值；u_{ij} 为第 i 项设备 j 因素的权重系数；b_{ij} 为第 i 项设备 j 因素的风险评分值。则全系统的风险度 E_R 为

$$E\_R = \sum_i v_i K_i \qquad (4.13)$$

式中，v_i 为第 i 项设备的权重系数。

6. 经济性

AUV 的经济性可用全寿命费用(life cycle cost，LCC)表述，是指在 AUV 预期的有效寿命期内所有费用的总和，包括设计、研制、生产、试验到使用、维护和后勤保障等各方面已经和将要承担的费用，以及其他有关费用。大致上分，就是采办费用和使用保障费用的总和。

根据设计艇的功能需求将总体功能分为作业/作战能力、平台航行能力和保障设施三类功能模块。根据各模块中实体的属性，建立重量 W 与排水量 ∇ 的关联关系，然后按文档资料或市场价格求出实体(设备或系统)单位重量的采购费用 c_{ijk} (i 表示第 i 类模块，j 表示第 j 个模块，k 表示第 k 项实体)。这样，第 k 项实体的费用 LCC_{ijk} 可定义为

$$\mathrm{LCC}_{ijk} = c_{ijk} \cdot W_{ijk} \qquad (4.14)$$

式中，W_{ijk} 为第 i 类模块内第 j 个子模块中第 k 项实体的重量。

一艘 AUV 全寿命费用 LCC 可用如下表达式表述：

$$\mathrm{LCC} = \sum \mathrm{LCC}_{ijk} \qquad (4.15)$$

4.3　AUV 设计方案综合评价方法

4.3.1　层次分析法

层次分析法(analytic hierarchy process，AHP)是目前最常用的方案评价方法，

其基本原理就是排序，即最终将各方案（或措施）排出优劣次序，作为决策的依据。应用 AHP 分析决策问题时，首先要把问题条理化、层次化，构造出一个有层次的结构模型。在这个模型下，复杂问题被分解为元素的组成部分。这些元素又按其属性及关系形成若干层次。上一层次的元素作为准则对下一层次有关元素起支配作用。这些层次可以分为三类：

(1)最高层，即目标层，是分析问题的预定目标或理想结果，反映 AUV 总体设计综合性能优劣程度。

(2)中间层，即准则层，可以由若干个层次组成，包括所需考虑的准则、子准则等为实现目标所涉及的中间环节。

(3)最底层，即措施层或方案层，包括为实现目标可供选择的各种措施、方案等。

递阶层次结构中的层次数与问题的复杂程度及需要分析的详尽程度有关，一般层次数不受限制，但每一层中的元素一般不要超过 9 个[8]。请专家、权威人士对各因素两两比较重要性，再利用数学方法，对各因素层层排序，最终把系统分析归结为最低层因素相对于最高(总目标)的相对重要性权值的确定或相对优劣次序的排序问题，以提高决策者对各目标差异的识别，从而建立系统的综合评估模型。

对于 AUV 这类较复杂的系统，可以根据舰船通用规范和 AUV 各属性与各技术指标之间的相互关系，把总目标分解为若干个关系确定的子目标，对各子目标又可以建立中间的层次各异的层次分析结构模型。

层次分析法的主要特点是定性与定量分析相结合，将人的主观判断用数量形式表达出来并进行科学处理，能较准确地反映客观实际情况。同时，这一方法虽然有深刻的理论基础，但表现形式非常简单，容易被人理解、接受，因此这一方法在复杂工程系统设计多目标决策和综合评估方面得到一定的应用[9]。但层次分析法的推广应用主要有两个困难：

(1)如何根据实际情况抽象出较为贴切的层次结构。

(2)如何将某些定性的属性进行比较接近实际的定量化处理。

层次分析法也有其局限性，主要表现在：

(1)它在很大程度上依赖于人们的经验，主观因素的影响很大，它至多只能排除思维过程中的严重非一致性，却无法排除决策者个人可能存在的严重片面性。

(2)比较、判断过程较为粗糙，不能用于精度要求较高的决策问题。

4.3.2 综合评估法

选定功能及指标相近的 AUV 作为母型艇，将式(4.1)标准化为 AUV 方案设计的综合评价函数：

$$\text{CI} = w_1 \frac{\text{E\_P}}{(\text{E\_P})_B} + w_2 \frac{\text{E\_A}}{(\text{E\_A})_B} + w_3 \frac{\text{MTTR}}{(\text{MTTR})_B}$$
$$+ w_4 \frac{\text{E\_CR}}{(\text{E\_CR})_B} + w_5 \frac{\text{E\_R}}{(\text{E\_R})_B} + w_6 \frac{\text{LCC}}{(\text{LCC})_B} \tag{4.16}$$

式中，下标"B"表示母型艇相应的属性；$w_i (i=1,2,\cdots,6)$ 由用户代表、科研单位等共 n 位专家组成的专家组对各项属性进行评判打分确定，分数越高，表示在评价准则中越重要，评分按表 4.1 填写。

表 4.1 专家组评分表

专家	分值					
	E_P	E_A	MTTR	E_CR	E_R	LCC
1	w_{11}	w_{12}	w_{13}	w_{14}	w_{15}	w_{16}
$\vdots$	$\vdots$	$\vdots$	$\vdots$	$\vdots$	$\vdots$	$\vdots$
n	w_{n1}	w_{n2}	w_{n3}	w_{n4}	w_{n5}	w_{n6}

每个属性的平均权重系数为

$$\overline{w_j} = \frac{1}{n} \sum_{i=1}^{n} w_{ij}, \quad j=1,2,\cdots,6 \tag{4.17}$$

为了既能适应各种属性测度又能充分利用专家经验，这里的评分采用 1~6 的比例标度[8]，这是由于一方面这种比例标度比较符合人们进行判断时的心理习惯，另一方面，作者认为参与比较的对象对于它们所从属的性质或准则有较为接近的强度，否则比较判断的定量化就没有意义了，因而比例标度范围不必过大。如果出现强度相差过于悬殊的情形，那么可以通过实际情况设置一致性误差标准 $\varepsilon > 0$ 对其进行制约。当 $\left| w_{ij} - \overline{w_j} \right| > \varepsilon$ 时，表明第 i 位专家对第 j 个属性的测度评判明显与其他专家不一致，应将其剔除，或与该专家协调解决。最后对各属性的权重系数作归一化处理：

$$w_j = \frac{\overline{w_j}}{\dfrac{1}{n} \sum_{i=1}^{n} \sum_{j=1}^{6} w_{ij}}, \quad j=1,2,\cdots,6 \tag{4.18}$$

式中，w_j 为一个无量纲的参数，是 AUV 设计方案评估中各属性的加权系数。

综合评估法既可用于 AUV 设计方案的比较，也可作为目标函数用量化优选方法对 AUV 设计参数进行优化选择。根据 AUV 总体、性能、结构、系统和设备情况，可以估算 AUV 的主要属性值，而这些属性值就是合同规定的指标，在方案设计阶段均应有完善这些属性的设计措施。对于 AUV 主要属性指标，可由用户会同总体设计专家在综合考虑各种因素的情况下进行估算、评定。

这里所采用的综合评估法是对多属性决策方法的一种提炼，该方法可用于 AUV 总体优化设计和参数分析，也可对 AUV 设计方案进行综合评估。

参 考 文 献

[1] 王和平, 杨华保, 陈江宁. 现代飞行器设计理论与技术[M]. 西安: 西北工业大学出版社, 2012.

[2] 吕建伟, 易慧, 刘中华. 舰船设计方案评估指标体系研究[J]. 船舶工程, 2005, (4): 53-57.

[3] Riggins R J. Streamlining the NAVSEA ship design process [J]. Naval Engineers Journal, 1981, 93(2): 23-32.

[4] 尤子平. 舰船总体系统工程[M]. 北京: 国防工业出版社, 1998.

[5] 夏金柱, 孔令今. 系统可靠性设计[M]. 北京: 中国船舶工业总公司第七研究院, 1986.

[6] Whitcomb C A. Naval ship design philosophy implementation [J]. Naval Engineers Journal, 2010, 110(1): 49-63.

[7] 吕建伟, 罗建军. 舰船研制风险分析方法研究[J]. 船舶工程, 1995, (5): 19-24.

[8] 刘传云, 马运义, 许建, 等. 常规潜艇总体设计评价准则和评估方法研究[J]. 船舶工程, 2007, (4): 44-47.

[9] 尹日建, 浦金云. 现代作战舰艇生命力的层次分析法综合评估[J]. 长春工业大学学报(自然科学版), 2004, (3): 36-38.

5

工程优化理论与算法

面对 AUV 等工程项目研发时，设计人员总是希望在满足任务书要求条件下，寻求最优方案使技术、经济指标达到最佳，这就是工程优化问题。传统的工程设计由于设计手段和设计方法的限制，设计者不可能得到大量设计方案的有效分析比较，往往错失最佳设计方案。随着现代计算机的发展和普及，以计算机为基础的数值计算方法的成熟应用，为工程优化问题提供了先进的手段和方法：通过将工程优化问题加以数学描述，形成一组由数学表达式组成的数学模型，然后选择一种最优化数值计算方法和计算机算法程序进行运算求解，得到最优的设计参数 [1]。为了便于后面 AUV 优化设计内容的阐述，本章汇总工程优化设计运用的重要数学理论与算法。

5.1 优化设计的数学基础

优化设计问题实际上就是极值问题。工程设计一般可归结为多变量、多约束的非线性优化问题。尽管高等数学中的极值理论是求解这种问题的基础，但却不能用来直接求出最优解。以下是多变量约束优化问题的求解方法所涉及的数学理论基础，包括多元函数的方向导数和梯度、泰勒级数展开、极值条件和数值迭代解法等。

5.1.1 最优化问题的数学模型

最优化问题的数学模型由设计变量、约束条件和目标函数值三部分组成，其数学形式为

$$
\begin{aligned}
&\text{minimize}: f(\boldsymbol{X}), \quad \boldsymbol{X} \in \mathbf{R}^n \\
&\text{s.t.}: g_j(\boldsymbol{X}) \leqslant 0, \quad j = 1, 2, \cdots, p \\
&\quad\quad h_k(\boldsymbol{X}) = 0, \quad k = 1, 2, \cdots, q \\
&\text{D.V.}: \boldsymbol{X} = [x_1, x_2, \cdots, x_n]^{\mathrm{T}}
\end{aligned} \tag{5.1}
$$

式中，向量 $\boldsymbol{X} = [x_1, x_2, \cdots, x_n]^T$ 为设计变量；$f(\boldsymbol{X})$ 为目标函数，通常转化为最小化的形式；p、q 分别为不等式约束 $g_j(\boldsymbol{X})$ 和等式约束 $h_k(\boldsymbol{X})$ 的个数；D.V. 表示设计变量。

由于工程设计的解一般都是实数解，故可省略 $\boldsymbol{X} \in \mathbf{R}^n$，将优化设计的数学模型简记为

$$
\begin{aligned}
& \text{minimize}: f(\boldsymbol{X}) \\
& \text{s.t.}: g_j(\boldsymbol{X}) \leqslant 0, \quad j = 1, 2, \cdots, p \\
& \qquad h_k(\boldsymbol{X}) = 0, \quad k = 1, 2, \cdots, q
\end{aligned} \tag{5.2}
$$

当设计问题要求极大化目标函数 $f(\boldsymbol{X})$ 时，只要将目标函数改写为 $-f(\boldsymbol{X})$ 即可，因为 $\min f(\boldsymbol{X})$ 和 $\max[-f(\boldsymbol{X})]$ 具有相同的解。同样，当不等式约束条件中的不等号为"$\geqslant$"时，只需要将不等式两端同乘以"-1"，即可得到"$\leqslant$"的一般形式。

以下是与优化问题数学模型相关的几个概念。

1. 设计变量

在设计过程中进行选择并最终必须确定的各项独立参数称为设计变量。在选择过程中，这些变量一旦确定，设计对象也就完全确定。对于工程优化问题，设计变量应该选择那些与目标函数和约束函数密切相关的、能够表达设计对象特征的独立参数。同时，还要兼顾求解的精度和复杂性方面的要求。一般来说，设计变量的个数越多，数学模型越复杂，求解越困难。

对于复杂设计问题，可以先把那些较次要的参数或者变化范围较窄的参数作为常量，以减少设计变量的数目，加快求解速度。当确定这种简化的模型计算无误时，再逐渐增加设计变量的个数，逐步提高解的准确性和完整性。

设计变量有连续变量和离散变量之分。可以在实数范围内连续取值的变量称为连续变量，只能在给定数列或集合中取值的变量称为离散变量。含离散变量的优化问题称为离散规划问题。几乎所有的优化理论和方法都是针对连续变量提出来的。而工程优化实际问题往往包含各种各样的离散变量，如整数变量、标准序列变量等。对于各种包含离散变量的优化问题，一般先将离散变量当作连续变量，求出连续最优解后，再作适当的离散化处理。

由线性代数可知，若 n 个设计变量 x_1、x_2、$\cdots$、x_n 相互独立，则由它们形成的向量 $\boldsymbol{X} = [x_1, x_2, \cdots, x_n]^T$ 的全体集合构成一个 n 维欧氏空间，称为设计空间，记作 $\mathbf{R}^n$。一组设计变量可看成设计空间中的一个点，称为设计点。所有设计点的集合构成一个设计空间。其中，设计变量的个数 n 称为设计空间的维数。

2. 约束条件

约束条件是设计变量取值时的限制条件。约束条件的形式可能是对某个或某

组设计变量的直接限制，称为显式约束，如型材结构的尺寸直接受总布置影响，需在长度或宽度上进行限制；也可能是对某个或某组设计变量的间接限制，称为隐式约束，如结构应力必须小于材料的许用应力，而结构应力又是尺寸、载荷大小等设计变量的函数。

约束条件可以用数学等式或不等式来表示。等式约束的形式为 $h_k(X) = 0$ $(k=1,2,\cdots,m)$；不等式约束的形式为 $g_j(X) \leqslant 0$ $(j=1,2,\cdots,n)$。一切满足 $g_j(X) \leqslant 0$ 和 $h_k(X) = 0$ 的设计点的集合构成了优化问题的可行域，可行域中的点是设计变量可以选取的，称为可行设计点或简称可行点。与可行域相对应的是非可行域，其中的所有点都不满足约束条件，在这个区域中选取设计点是违背设计约束的，即非可行点。如果设计点落到某个约束边界面(或边界线)上，则称为边界点，边界点是允许的极限设计方案。

3. 目标函数

目标函数是评价一个设计方案优劣程度的依据，因此选择目标函数是优化设计过程中最为重要的决策之一。例如，AUV 结构优化设计时，最常用的目标函数是结构的重量，即以结构最轻为优化目标，而结构的体积、承载能力、自振频率、振幅等也都可以根据需要作为优化设计的目标函数。最优化的过程就是不断调整设计变量，找出目标函数最大或最小的过程。

在最优化设计问题中，可以只有一个目标函数，称为单目标函数。当一个设计中存在多个优化目标时，这种优化问题也就称为多目标函数。在一般问题中，目标函数的数量越多，设计的综合效果越好，问题的求解也越复杂。

要知道一个目标函数的最优点在设计空间中所处的位置，就需要了解目标函数的变化规律。对于简单的问题，等值线或等值面不仅可以直观地描绘函数的变化趋势，而且还可以直观地给出极值点的位置。

5.1.2 多元函数

1. 多元函数的方向导数与梯度

1)二元函数及多元函数的方向导数

在高等数学中，以 x_1、x_2 为变量的二元可微函数 $f(x_1, x_2)$ 在 $x_0(x_{10}, x_{20})$ 点处，沿 S 方向的方向导数为

$$\left.\frac{\partial f}{\partial S}\right|_{x_0} = \left.\frac{\partial f}{\partial x_1}\right|_{x_0} \cos\theta_1 + \left.\frac{\partial f}{\partial x_2}\right|_{x_0} \cos\theta_2 = \left[\begin{array}{cc} \dfrac{\partial f}{\partial x_1} & \dfrac{\partial f}{\partial x_2} \end{array}\right]_{x_0} \left[\begin{array}{c} \cos\theta_1 \\ \cos\theta_2 \end{array}\right] \tag{5.3}$$

对于有 n 个变量 x_1、x_2、$\cdots$、x_n 的多元函数 $f(x_1, x_2, \cdots, x_n)$ 在 $x_0(x_{10}, x_{20}, \cdots, x_{n0})$ 点处沿 S 方向的方向导数为

$$\left.\frac{\partial f}{\partial S}\right|_{x_0} = \begin{bmatrix} \dfrac{\partial f}{\partial x_1} & \dfrac{\partial f}{\partial x_2} & \cdots & \dfrac{\partial f}{\partial x_n} \end{bmatrix}_{x_0} \begin{bmatrix} \cos\theta_1 \\ \cos\theta_2 \\ \vdots \\ \cos\theta_n \end{bmatrix} \tag{5.4}$$

式中，θ_1、θ_2、$\cdots$、θ_n 分别为 S 方向与 x_1、x_2、$\cdots$、x_n 之间的夹角。方向导数表示函数在该方向上的变化率。

2) 二元函数及多元函数的梯度

式 (5.3) 中的 $\begin{bmatrix} \dfrac{\partial f}{\partial x_1} & \dfrac{\partial f}{\partial x_2} \end{bmatrix}_{x_0}$ 的转置 $\begin{bmatrix} \dfrac{\partial f}{\partial x_1} & \dfrac{\partial f}{\partial x_2} \end{bmatrix}_{x_0}^{\mathrm{T}}$ 称为二元函数 $f(x_1, x_2)$ 在 x_0 点处的梯度，记为

$$\nabla f(x_0) = \begin{bmatrix} \dfrac{\partial f}{\partial x_1} & \dfrac{\partial f}{\partial x_2} \end{bmatrix}_{x_0}^{\mathrm{T}} = \begin{bmatrix} \dfrac{\partial f}{\partial x_1} \\ \dfrac{\partial f}{\partial x_2} \end{bmatrix}_{x_0} \tag{5.5}$$

同理，多元函数 $f(x_1, x_2, \cdots, x_n)$ 在 x_0 点处的梯度记为

$$\nabla f(x_0) = \begin{bmatrix} \dfrac{\partial f}{\partial x_1} & \dfrac{\partial f}{\partial x_2} & \cdots & \dfrac{\partial f}{\partial x_n} \end{bmatrix}_{x_0}^{\mathrm{T}} \tag{5.6}$$

2. 多元函数的泰勒级数展开

为了便于数学问题的分析和求解，可以采用泰勒级数展开的形式将一个复杂的非线性函数简化成线性函数或二次函数。

由高等数学知识可知，一元函数 $f(x)$ 若在点 x_k 的邻域内 n 阶可导，则函数可在该点的邻域内作如下泰勒级数展开：

$$f(x) = f(x_k) + f'(x_k) \cdot (x - x_k) + \frac{1}{2!} f''(x_k) \cdot (x - x_k)^2 + \cdots + R_n \tag{5.7}$$

式中，R_n 为余项。

多元函数 $f(X)$ 在点 $X^{(k)}$ 处也可以作泰勒级数展开，展开式一般取三项，其形式与一元函数展开式的前三项相似，即

$$f(\boldsymbol{X}) \approx f\left(\boldsymbol{X}^{(k)}\right) + \left[\nabla f\left(\boldsymbol{X}^{(k)}\right)\right]^{\mathrm{T}} \left[\boldsymbol{X} - \boldsymbol{X}^{(k)}\right]$$
$$+ \frac{1}{2}\left[\boldsymbol{X} - \boldsymbol{X}^{(k)}\right]^{\mathrm{T}} \nabla^2 f\left(\boldsymbol{X}^{(k)}\right)\left[\boldsymbol{X} - \boldsymbol{X}^{(k)}\right] \tag{5.8}$$

式 (5.8) 称为函数 $f(\boldsymbol{X})$ 的泰勒级数二次近似式。其中，$\nabla^2 f\left(\boldsymbol{X}^{(k)}\right)$ 是由函数在点 $\boldsymbol{X}^{(k)}$ 的所有二阶偏导数组成的矩阵，称函数 $f(\boldsymbol{X})$ 在点 $\boldsymbol{X}^{(k)}$ 处的二阶导数矩阵或黑塞 (Hessian) 矩阵，有时也记作 $H\left(\boldsymbol{X}^{(k)}\right)$。二阶导数矩阵的组成形式如下：

$$\nabla^2 f\left(\boldsymbol{X}^{(k)}\right) = \begin{bmatrix} \dfrac{\partial^2 f(\boldsymbol{X}^{(k)})}{\partial x_1^2} & \dfrac{\partial^2 f(\boldsymbol{X}^{(k)})}{\partial x_1 \partial x_2} & \cdots & \dfrac{\partial^2 f(\boldsymbol{X}^{(k)})}{\partial x_1 \partial x_n} \\ \dfrac{\partial^2 f(\boldsymbol{X}^{(k)})}{\partial x_2 \partial x_1} & \dfrac{\partial^2 f(\boldsymbol{X}^{(k)})}{\partial x_2^2} & \cdots & \dfrac{\partial^2 f(\boldsymbol{X}^{(k)})}{\partial x_2 \partial x_n} \\ \vdots & \vdots & & \vdots \\ \dfrac{\partial^2 f(\boldsymbol{X}^{(k)})}{\partial x_n \partial x_1} & \dfrac{\partial^2 f(\boldsymbol{X}^{(k)})}{\partial x_n \partial x_2} & \cdots & \dfrac{\partial^2 f(\boldsymbol{X}^{(k)})}{\partial x_n^2} \end{bmatrix} \tag{5.9}$$

因为 n 元函数的偏导数有 $n \times n$ 个，而且偏导数的值与求导次序无关，所以函数的二阶导数矩阵是一个 $n \times n$ 阶对称矩阵，称为 Hessian 矩阵。

取泰勒级数展开式的前两项时，可得到函数的泰勒线性近似式：

$$f(\boldsymbol{X}) \approx f\left(\boldsymbol{X}^{(k)}\right) + \left[\nabla f\left(\boldsymbol{X}^{(k)}\right)\right]^{\mathrm{T}} \left[\boldsymbol{X} - \boldsymbol{X}^{(k)}\right] \tag{5.10}$$

5.1.3　凸集与凸函数

在优化问题中，凸集和凸函数是很常见的，它们有一些特殊的结构，在最优化理论证明及算法研究中具有非常重要的意义。

1. 凸集

连接一个点集 D 内任意两个点 x_1 和 x_2 的直线，如果该线段上的任何一个点都在该点集 D 之内，则称该点集 D 为凸集，否则称为非凸集，用数学表达式可表达为

$$kx_1 + (1-k)x_2 = y \in D, \quad 0 \leqslant k \leqslant 1, x_1 \in D, x_2 \in D \tag{5.11}$$

凸集可以是有界的，也可以是无界的。n 维空间中的 m 维子空间是凸集，如超平面和半空都是凸集。凸集具有如下性质：

(1) 一个凸集放大和缩小后所形成的新集合依然是凸集。

(2)两个凸集的和所形成的新集合依然是凸集。

(3) n 个凸集的交集还是凸集。

(4)直线和线段都是凸集，而且在两个确定点 x_1 和 x_2 之间线段上的任一点 x 都是 x_1 和 x_2 的凸组合。

2. 凸函数

在所讨论的域 R 内，凸函数的数学定义为：对于一个函数 $f(x)$，如果其上任意两点 $f(x_1)$、$f(x_2)$ 的连线位于该两点所夹函数曲线之上，则称函数 $f(x)$ 为凸函数，即

$$x_1 \in R, \quad x_2 \in R, \quad R \in [a,b]$$
$$f[kx_1 + (1-k)x_2] \leqslant kf(x_1) + (1-k)f(x_2), \quad 0 \leqslant k \leqslant 1 \tag{5.12}$$

如果将式(5.12)中"$\leqslant$"改为"$<$"时，该式将仍成立，则称函数 $f(x)$ 为严格的凸函数。

对于多元函数，相似于一元函数的条件，在已知点 x_0 所围区域内的各点函数值都小于由已知点 x_0 所张成曲面上对应点的函数值，则称函数为凸函数。

凸函数(严格凸函数)的负值为凹函数(严格凹函数)。若函数为严格的凹函数，那么极值的必要条件 $\nabla f(x)=0$ 也是该函数为极值的充分条件。

1)凸函数的性质

凸函数具有如下性质：

(1)若 $f(x)$ 为定义在凸集 R 上的凸函数，且 k 为正数，则 $kf(x)$ 也必是定义在凸集 R 上的凸函数。

(2)定义在凸集 R 上的两个凸函数 $f_1(x)$、$f_2(x)$，其和也为该凸集上的一个凸函数。

(3)若 $f_1(x)$ 和 $f_2(x)$ 为定义在凸集 R 上的两个凸函数，α、β 为任意两个整数，则函数 $\varphi(x) = \alpha f_1(x) + \beta f_2(x)$ 为凸集 R 上的凸函数。

2)局部极小和全局极小

设函数 $f(x)$ 为定义在凸集 R 上的凸函数，则 $f(x)$ 的任何局部极小点同时也是 R 内的全局极小点。证明如下：

设 x_1 为函数 $f(x)$ 在 R 内的一个极小点，$f(x)$ 为 R 内的凸函数，则对于 R 内任意点 x_2，有

$$f(x_2) \geqslant f(x_1) + \left[\nabla f(x_1)\right]^{\mathrm{T}}(x_2 - x_1) \tag{5.13}$$

因为 x_1 为极小点，必有

$$\left[\nabla f\left(x_1\right)\right]^{\mathrm{T}}\left(x_2-x_1\right)\geqslant 0 \tag{5.14}$$

所以有

$$f\left(x_2\right)\geqslant f\left(x_1\right) \tag{5.15}$$

因为 x_2 为 R 内任意点，可见 x_1 为局部极小点，也必然是全局极小点。

显然，非凸集内的极值点往往不止一个，应求最小值点作为优化极值点。

5.1.4 最优化问题的求解方法

不同类型的最优化问题可以有不同的最优化求解方法，即使同一类型的问题也可有多种最优化方法。反之，某些最优化方法可以适用于不同类型的模型。最优化问题的求解方法一般可以分成解析法、直接法和数值计算法。

解析法通常只适用于目标函数和约束条件有明显的解析表达式的情况。求解方法是：先求出最优的必要条件，得到一组方程或不等式，再求解这组方程或不等式，一般是用求导数的方法或变分法求出必要条件，通过必要条件将问题简化，因此也称间接法。直接法是指当目标函数较为复杂或者不能用变量显函数描述时，无法用解析法求必要条件，此时可采用直接搜索的方法经过若干次迭代搜索到最优点。这种方法常常根据经验或通过试验得到所需结果。对于一维搜索(单变量极值问题)，主要用消去法或多项式插值法；对于多维搜索问题(多变量极值问题)主要应用爬山法。数值计算法实际也是一种直接法，它以梯度法为基础，所以是一种解析与数值计算相结合的方法。

1. 迭代法

数值计算法是根据目标函数的变化规律，以适当的步长沿着能使目标函数下降的方向，逐步向目标函数的最优点进行探索，逐步逼近到目标函数的最优点或直至达到最优点，又称为数值迭代法(简称迭代法)。最优化方法与近代电子计算机的发展紧密相连，迭代法比解析法更能适应计算机的工作特点。迭代法具有与计算机的工作特点相一致的特点：迭代法是数值计算而不是数学分析方法；具有简单的逻辑结构并能进行反复同样的算术计算；最后得出的是逼近精确解的近似解。

迭代法的基本思路是"步步逼近""步步下降"或"步步登高"，最后达到目标函数的最优点。这种方法的求优过程大致可归纳为以下步骤：

(1)初选一个尽可能最靠近最小点的初始点 $X^{(0)}$，从 $X^{(0)}$ 出发按照一定原则寻找可行方向和初始步长，向前跨出一步达到 $X^{(1)}$ 点；

(2)得到新点 $X^{(1)}$ 后再选择一个新的使函数值迅速下降的方向及适当的步长，

从 $X^{(1)}$ 点出发再跨出一步，达到 $X^{(2)}$ 点，并依此类推，一步一步向前探索并重复数值计算，最终达到目标函数的最优点。在中间过程的每一步迭代形式为

$$\begin{cases} X^{(k+1)} = X^{(k)} + \alpha^{(k)} S^{(k)} \\ 使\ f\left(X^{(k+1)}\right) < f\left(X^{(k)}\right), \quad k=0,1,2,\cdots \end{cases} \quad (5.16)$$

即使目标函数值一次比一次减小。式中，$X^{(k)}$ 为第 k 步迭代计算所得到的点，称为第 k 步迭代点，又称为第 k 步设计方案；$\alpha^{(k)}$ 为第 k 步迭代计算的步长；$S^{(k)}$ 为第 k 步迭代计算的探索方向。

(3) 每向前跨完一步，都应检查所得到的新点能否满足预定的计算精度 ε，即

$$\left\| f\left(X^{(k+1)}\right) - f\left(X^{(k)}\right) \right\| < \varepsilon \quad (5.17)$$

如果满足，即函数值的下降量已达到精度要求，则认为 $X^{(k+1)}$ 为局部最小点，否则应以 $X^{(k+1)}$ 为新的初始点，按上述方法继续跨步探索。

迭代过程中探索方向 S 的选择，首先应保证沿此方向进行探索时，目标函数值是不断下降的(这就是数值方法迭代程序的下降性)，同时应尽可能地使其指向最优点，以尽量缩短探索的路程和时间，提高求优过程的效率。显然，使探索方向 S 沿着目标函数值的最速下降方向即 $-\nabla f(X)$ 的方向最为有利(对于求最大值来说，则为最速上升方向，即 $\nabla f(X)$)，或应使 S 的方向相对 $-\nabla f(X)$ 的方向偏离不大，至少要使它们成锐角，即

$$[-\nabla f(X)]^{\mathrm{T}} S = C \quad (5.18)$$

式中，C 为大于零的常数。

由线性代数知识已知，根据任意一个迭代式进行计算，不一定都能得到逼近精确解的近似解。如果根据一个迭代公式能够计算出逼近精确解的近似解，也就是说近似解序列 $x_i^{(k)}$ $(i=1,2,\cdots,n)$ 有极限 $\lim_{k\to\infty} x_i^{(k)} = x_i^*$ $(i=1,2,\cdots,n)$，这里 x_i^* 为精确解，那么这种迭代公式称为收敛的，否则称为发散的。因此，数值方法的收敛性是指某种迭代过程产生的一系列设计点 $X^{(k)}$ $(k=0,1,2,\cdots,n)$ 最终将收敛于最优点 X^*，即点列

$$\begin{cases} X^{(k)}, \quad k=0,1,2,\cdots,n \\ \lim_{k\to\infty} X^{(k)} = X^* \end{cases} \quad (5.19)$$

2. 终止迭代的判据

从理论上说，任何一种迭代算法都能产生无穷点列的设计方案 $X^{(k)}(k=0,1,2,\cdots,n)$，而实际上只能进行有限次的修改设计，到适当时候迭代应当停止。当然应将设计方案一直修改到目标函数有最小值时才可终止计算，但对于实际工程问题有时很难判断其目标函数的极小值。因此，想要找一个完美而适用的计算机终止准则很困难，只能根据计算中的具体情况进行判断。

通常，判断是否应当终止迭代的依据有以下三种准则：

(1)当设计变量在相邻两点之间的移动距离已充分小时，可用相邻两点的向量差的模作为终止迭代的判据，即

$$\left\| X^{(k+1)} - X^{(k)} \right\| \le \varepsilon_1 \tag{5.20}$$

或用向量 $X^{(k+1)}$、$X^{(k)}$ 的所有坐标分量之差表示，即

$$\left\| x_i^{(k+1)} - x_i^{(k)} \right\| \le \varepsilon_i, \quad i = 1,2,\cdots,n \tag{5.21}$$

(2)当相邻两点目标函数值之差已达充分小时，即移动该步后目标函数值的下降量已充分小时，可用两次迭代的目标函数值之差作为终止判据，即

$$\left\| f\left(X^{(k+1)}\right) - f\left(X^{(k)}\right) \right\| \le \varepsilon_2 \text{ 或 } \frac{\left\| f\left(X^{(k+1)}\right) - f\left(X^{(k)}\right) \right\|}{\left\| f\left(X^{(k)}\right) \right\|} \le \varepsilon_3 \tag{5.22}$$

(3)当迭代点逼近极值点时，目标函数在该点的梯度将变得充分小，故目标函数在迭代点处的梯度达到充分小时也可作为终止迭代的判据，即

$$\left\| \nabla f\left(X^{(k+1)}\right) \right\| \le \varepsilon_4 \tag{5.23}$$

若以上三种的终止判据中的任何一种得到满足，则认为目标函数值收敛于该函数的最小值，这样就求得近似的最优解 $X^* = X^{(k+1)}$，$f\left(X^*\right) = f\left(X^{(k+1)}\right)$，迭代计算可以结束。在上面的公式中，$\varepsilon_1$、$\varepsilon_2$、$\varepsilon_3$、$\varepsilon_4$ 分别表示该项的迭代精度或近似解的该项的误差，可以根据设计要求预先给定。上述准则也是在计算机上经常采用的误差估计方法的依据。根据这种估计方法，当相邻两项迭代的结果在小数点后四位都相同时，便可认为后一个近似解已精确到四位数。

上述三项准则都在一定程度上反映了设计点收敛于极值点的特点，但对非凸性函数来说，如前所述，并非局部极值点都是全局最优点。因此，要对具体工程设计问题进行具体分析，有时采取其他一些措施也是完全必要的。

最后，为了防止当函数变化剧烈时，迭代终止的判据(1)虽已得到满足，但所

求得的最优值 $f\left(\boldsymbol{X}^{(k+1)}\right)$ 与真正最优值 $f\left(\boldsymbol{X}^{*}\right)$ 仍相差较大；或当函数变化缓慢时，迭代终止的判据(2)虽已得到满足，但所求得的最优点 $\boldsymbol{X}^{(k+1)}$ 与真正最优点 $\boldsymbol{X}^{*}$ 仍相距较远，往往将前两种判据结合起来使用，即要求前两种判据同时成立。至于第三种判据，则仅用于那些需要计算目标函数梯度的最优化方法中。

5.2 传统优化方法

在工程实际中，优化问题大都属于有约束的最优化问题，即其设计变量的取值要受到一定的限制，有约束最优化问题的求解方法称为约束优化方法。对于 AUV 耐压结构，应力、应变等均为设计变量的非线性函数，因此其应力、应变的约束方程也是非线性方程。约束优化方法按求解原理的不同可以分为直接法和间接法两类。

直接法只能求解不等式约束优化问题的最优解，其基本思路是每次迭代点都必须限制在可行域内，且逐步降低目标函数的值，直到最后获得一个在可行域内的约束最优解。在直接法的迭代过程中，对每一个迭代点都要进行可行性条件和适用性条件的检验。直接法的基本要点包括选取初始点、确定搜索方向及适当步长。常用的直接法有梯度法、可行方向法、复合形法、序列线性规划法等。

间接法的基本思路是将约束优化问题通过一定的形式转化为无约束最优化问题，再用无约束最优化方法进行求解。该方法可以选择较为有效的无约束优化技术，且易于处理，同时含等式约束和不等式约束的优化问题，在实际应用中较为广泛。常用的间接法有惩罚函数法、拉格朗日乘子法等。

本章主要讨论工程优化中应用较为广泛的梯度法、复合形法及惩罚函数法[2,3]。

5.2.1 梯度法

梯度法的基本思路是沿着目标函数的负梯度方向调整设计变量，即采用如下迭代公式：

$$\boldsymbol{X}^{(k+1)} = \boldsymbol{X}^{(k)} - \alpha^{(k)} \nabla f\left(\boldsymbol{X}^{(k)}\right) \tag{5.24}$$

从 $\boldsymbol{X}^{(k)}$ 开始，只要沿着 $\boldsymbol{S} = -\nabla f\left(\boldsymbol{X}^{(k)}\right)$ 走下去，目标函数总是下降的，一直走到约束界面为止。对于每一个确定的 $\boldsymbol{X}^{(k)}$，进行结构分析和约束检查，若没有违反约束条件，则继续按照式(5.24)进行迭代。若违反某一约束，则表明该点已处于非可行域，这时应按照正梯度方向返回可行域内，即采用迭代公式：

$$X^{(k+1)} = X^{(k)} + \alpha^{(k)} \nabla f\left(X^{(k)}\right) \tag{5.25}$$

若发现迭代点又进入了可行域，则再按负梯度方向调整设计变量。如此迭代下去，直到找到最优点。

梯度法的计算步骤可以描述如下：

(1) 给定 $X^{(0)}$，检查是否违反约束条件，若没有违反约束条件，则按式 (5.24) 进行迭代，步长 $\alpha^{(0)}$ 给定，得

$$X^{(1)} = X^{(0)} - \alpha^{(0)} \nabla f\left(X^{(0)}\right) \tag{5.26}$$

(2) 对新点 $X^{(1)}$ 进行结构分析和约束检查，若仍不违反约束条件，则可将步长加倍，即按式 (5.27) 进行计算：

$$\alpha^{(k)} = 2^{(k)} \alpha^{(0)}, \quad k = 0,1,2,\cdots \tag{5.27}$$

(3) 到 $X^{(S)}$ 时，发现违反某一约束，则表明 $X^{(S)}$ 处于非可行域，这时改为正梯度方向，即式 (5.25) 进行迭代，步长减半，即取

$$\alpha^{(k)} = \left(\frac{1}{2}\right)^{(k+1)} \alpha_S^*, \quad k = 0,1,2,\cdots \tag{5.28}$$

式中，α_S^* 为前一阶段最后一次步长。

(4) 若设计又越过界面进入可行域，则再按负梯度方向调整设计变量，且步长仍继续减半，即仍按式 (5.24)、式 (5.27) 进行。

(5) 如此迭代下去，直到把设计变量调整到约束界面上并满足收敛条件。

实践证明，按式 (5.26)、式 (5.27) 确定步长是一种粗略的方法，人们有时采取其他方法来计算步长 $\alpha^{(k)}$。例如，可以仿照无约束优化方法的一维搜索法确定出最优步长 $\alpha^{(k)}$，然后计算新点 $X^{(k+1)}$，这样可以减少迭代次数，改善问题的收敛性。当按照梯度方向调整设计变量到约束界面上之后，是否收敛到最优设计点可以按照 5.1 节给出的终止迭代的判据进行判别。

5.2.2　复合形法

复合形法是求解约束优化问题的一种重要的直接解法，其基本思路是在可行域内构造一个具有 k 个顶点的初始复合形。对该复合形各顶点的目标函数值进行比较，去掉目标函数值最大的顶点(称最坏点)，然后按一定法则求出目标函数值下降的可行的新点，并用此点代替最坏点，构成新的复合形，复合形就向最优点移动一步，重复上述过程，直至逼近最优点。

复合形法在迭代过程中既不需要求目标函数的一阶和二阶导数，也不用进行一维搜索求步长，对目标函数和约束条件的性态无特殊要求，应用范围广，程序编制也比较简单，容易掌握。因此，它是求解工程设计中约束优化问题较为有效的常用方法之一。只是随着设计变量的维数和约束条件个数的增加，收敛速度显著变慢。

1. 构成复合形的随机方法

要构成初始复合形，实际上就是确定 k 个可行点作为复合形的顶点，顶点数目一般在 $n+1 \leqslant k \leqslant 2n$ 范围内。对于维数较低的优化问题，因顶点数目较少，可以由设计者自行凑出可行点作为复合形顶点。但对于维数较高的优化问题，这种方法常常很困难。为此，提出构成复合形的随机方法。该方法是先产生 k 个随机点，再把那些非可行随机点(简称非可行点)调入可行域内，最终使 k 个随机点都成为可行点而构成初始复合形。

1)产生 k 个随机点

利用标准随机函数产生在 $(0,1)$ 区间内均匀分布的随机数 ξ_i ，产生区间 (a_i,b_i) 内的随机变量 x_i ：

$$x_i = a_i + \xi_i(b_i - a_i), \quad i = 1,2,\cdots,n \tag{5.29}$$

以这 n 个随机变量为坐标构成随机点 $\boldsymbol{X}$ ，第一个点记作 $\boldsymbol{X}^{(1)}$ 。同理，再次产生在 $(0,1)$ 区间内均匀分布的随机数 ξ_i ，然后获得区间 (a_i,b_i) 内的随机点 $\boldsymbol{X}^{(2)}$ ，依此类推，可以获得 k 个随机点 $\boldsymbol{X}^{(1)}$ 、 $\boldsymbol{X}^{(2)}$ 、 $\cdots$ 、 $\boldsymbol{X}^{(k)}$ 。

可以看出，产生 k 个随机点总共需要产生 $k \times n$ 个随机数。

2)将非可行随机点移入可行域

用上述方法的随机点不一定是可行点，但是只要它们中至少有一个点在可行域内，就可以用一定的方法将非可行点移入可行域。如果 k 个随机点没有一个是可行点，则应重新产生随机点，直至其中有至少一个是可行点。将非可行点移入可行域的方法如下。

依次检查随机点 $\boldsymbol{X}^{(1)}$ 、 $\boldsymbol{X}^{(2)}$ 、 $\cdots$ 、 $\boldsymbol{X}^{(k)}$ 的可行性，将查出的第一个可行点 $\boldsymbol{X}^{(j)}$ 与 $\boldsymbol{X}^{(1)}$ 对调，则新的 $\boldsymbol{X}^{(1)}$ 点为可行点，然后检查随后的各点是否是可行点，若某点属于可行域，则继续检查，直至出现不属于可行域的随机点，然后把此点移入可行域内。

若已知 k 个随机顶点中前面 q 个点都是可行点，而 $\boldsymbol{X}^{(q+1)}$ 为非可行点，则将 $\boldsymbol{X}^{(q+1)}$ 移入可行域的步骤如下：

(1)计算 q 个点的点集中心 $X^{(s)}$，$X^{(s)} = \dfrac{1}{q}\sum\limits_{j=1}^{q} X^{(j)}$。

(2)将第 $q+1$ 个点朝 $X^{(s)}$ 点方向移动，并按式(5.30)产生新的点：

$$X^{(q+1)} = X^{(s)} + 0.5\left(X^{(q+1)} - X^{(s)}\right) \tag{5.30}$$

实际上此点是 $X^{(s)}$ 与 $X^{(q+1)}$ 两点连线的中点。若新点仍为非可行点，则按式(5.30)再产生一个新点，使它更向 $X^{(s)}$ 靠拢，直至 $X^{(q+1)}$ 成为可行点。

按照这个方法，使其余 $X^{(q+2)}$、$X^{(q+3)}$、$\cdots$、$X^{(k)}$ 全部顶点变为可行点后，就构成了可行域内的初始复合形。

2. 复合形法的迭代步骤

复合形法的迭代步骤如下。

(1)构成初始复合形。

(2)计算 k 个顶点函数值 $f\left(X^{(j)}\right)$ $(j=1,2,\cdots,k)$，并选出好点 $X^{(L)}$ 与坏点 $X^{(H)}$。

$$\begin{cases} X^{(L)}: f\left(X^{(L)}\right) = \min f\left(X^{(j)}\right), & j=1,2,\cdots,k \\ X^{(H)}: f\left(X^{(H)}\right) = \max f\left(X^{(j)}\right), & j=1,2,\cdots,k \end{cases} \tag{5.31}$$

(3)计算除坏点外其余各点的中心点 $X^{(0)}$，即

$$X^{(0)} = \frac{1}{k-1}\sum_{j=1}^{K} X^{(j)}, \quad j \neq H \tag{5.32}$$

(4)计算映射点 $X^{(R)}$，即

$$X^{(R)} = X^{(0)} + \alpha\left(X^{(0)} - X^{(H)}\right) \tag{5.33}$$

通常取 $\alpha = 1.3$，检查 $X^{(R)}$ 是否在可行域，若为非可行点，则将映射系数减半并重新计算映射点，直到进入可行域。

(5)构成新复合形计算映射点与坏点的目标函数值并进行比较：

① 若映射点优于坏点，即 $f\left(X^{(R)}\right) < f\left(X^{(H)}\right)$，则用映射点替换坏点，构成新的复合形；

② 若映射点次于坏点，即 $f\left(X^{(R)}\right) > f\left(X^{(H)}\right)$，则可用映射系数缩半的方法把映射点拉近。

但也有可能经过多次 α 的减半，直到小于给定的很小正数时仍不能使映射点优于坏点，则说明该映射方向不利。改变映射方向，取对次坏点 $\boldsymbol{X}^{(\mathrm{SH})}$ 的映射

$$\boldsymbol{X}^{(\mathrm{SH})}:f\left(\boldsymbol{X}^{(\mathrm{SH})}\right)=\max f\left(\boldsymbol{X}^{(j)}\right),\quad j\neq H$$

形心点

$$\boldsymbol{X}^{(0)}=\frac{1}{k-1}\sum_{j=1}^{K}\boldsymbol{X}^{(j)},\quad j\neq\mathrm{SH}$$

确定不包括 $\boldsymbol{X}^{(\mathrm{SH})}$ 在内的复合形顶点中心，并以此为映射轴心，计算 $\boldsymbol{X}^{(\mathrm{SH})}$ 的映射点 $\boldsymbol{X}^{(R)}$

$$\boldsymbol{X}^{(R)}=\boldsymbol{X}^{(0)}+\alpha\left(\boldsymbol{X}^{(0)}-\boldsymbol{X}^{(\mathrm{SH})}\right)$$

再转回到本步骤的开始处，直到构成新的复合形。

(6) 判定终止条件。复合形在逼近最优点的过程中，当复合形缩得很小时，各顶点的目标函数值必然非常接近。故常用以下条件进行终止判断：

① 各顶点与好点的函数值之差的均方根小于误差限，即

$$\left\{\frac{1}{k}\sum_{j=1}^{k}\left[f\left(\boldsymbol{X}^{(j)}\right)-f\left(\boldsymbol{X}^{(L)}\right)\right]^{2}\right\}^{1/2}\leqslant\varepsilon \tag{5.34}$$

② 各顶点与好点的函数值之差的平方和小于误差限，即

$$\sum_{j=1}^{k}\left[f\left(\boldsymbol{X}^{(j)}\right)-f\left(\boldsymbol{X}^{(L)}\right)\right]^{2}\leqslant\varepsilon \tag{5.35}$$

③ 各顶点与好点的函数值之差的绝对值之和小于误差限，即

$$\sum_{j=1}^{k}\left|f\left(\boldsymbol{X}^{(j)}\right)-f\left(\boldsymbol{X}^{(L)}\right)\right|\leqslant\varepsilon \tag{5.36}$$

若不满足终止条件，则返回步骤(2)，否则可将复合形的好点及其函数值作为最优解输出。

5.2.3 惩罚函数法

惩罚函数法的基本思想是通过构造罚函数把约束优化问题转化为一系列无约束优化问题，进而用无约束最优化方法去求解。这类方法称为序列无约束最小化技术 (sequential unconstrained minimization technique，SUMT)，是目前使用最广泛的间接方法。

对于约束优化问题，一般的数学模型形式为

$$\text{minimize}: f(\boldsymbol{X}), \qquad \boldsymbol{X} \in \mathbf{R}^n$$
$$\text{s.t.}: g_i(\boldsymbol{X}) \leqslant 0, \quad i=1,2,\cdots,p \qquad (5.37)$$
$$h_j(\boldsymbol{X}) = 0, \quad j=1,2,\cdots,q$$

按照惩罚函数法，将其构成一个新的目标函数，转化为如下一个无约束优化问题：

$$\min \phi\left(\boldsymbol{X}, r_1^{(k)}, r_2^{(k)}\right), \quad \boldsymbol{X} \in \mathbf{R}^n \qquad (5.38)$$

式中，$\phi\left(\boldsymbol{X}, r_1^{(k)}, r_2^{(k)}\right)$ 为构造出的一个参数型新目标函数，称为惩罚函数，其一般形式为

$$\phi\left(\boldsymbol{X}, r_1^{(k)}, r_2^{(k)}\right) = f(\boldsymbol{X}) + r_1^{(k)}\sum_{i=1}^{p}G\left[g_i(\boldsymbol{X})\right] + r_2^{(k)}\sum_{j=1}^{q}H\left[h_j(\boldsymbol{X})\right] \qquad (5.39)$$

式中，$G\left[g_i(\boldsymbol{X})\right]$、$H\left[h_j(\boldsymbol{X})\right]$ 称为中间函数，分别是针对原问题中一组不等式约束和一组等式约束条件，以某种方式构成的 $g_i(\boldsymbol{X})$、$h_j(\boldsymbol{X})$ 的泛函，在可行域内定义为非负；$r_1^{(k)}$、$r_2^{(k)}$ 为优化过程中随着 k 的增大而不断调整的变值参数，称为惩罚因子。惩罚因子按一定的法则在迭代过程中不断改变，使求得的惩罚函数的无约束最优解不断地逼近原约束问题的最优解。中间函数与惩罚因子的乘积称为惩罚项，在设计变量取值接近边界的过程中，惩罚因子与中间函数向相反的方向变化，但在无限逼近过程中，应使惩罚项趋于零，保证新的优化问题归结到原约束问题的同一最优解上，即使得

$$\lim_{k\to\infty}\left|\phi\left(\boldsymbol{X}, r_1^{(k)}, r_2^{(k)}\right) - f(\boldsymbol{X})\right| = 0$$

按照惩罚函数的构成方式，惩罚函数法分为内点惩罚函数法、外点惩罚函数法、混合惩罚函数法。

1. 内点惩罚函数法

对于只具有不等式约束条件的优化问题，内点惩罚函数法的形式为

$$\phi(\boldsymbol{X}, r) = f(\boldsymbol{X}) - r^{(k)}\sum_{i=1}^{p}\frac{1}{g_i(\boldsymbol{X})} \quad \text{或} \quad \phi(\boldsymbol{X}, r) = f(\boldsymbol{X}) - r^{(k)}\sum_{j=1}^{q}\ln[-g_j(\boldsymbol{X})] \quad (5.40)$$

惩罚因子 $r^{(k)}$ 满足下面关系：

$$r^{(0)} > r^{(1)} > r^{(2)} > \cdots > r^{(k)} > \cdots, \qquad \lim_{k \to \infty} r^{(k)} = 0$$

内点惩罚函数法将惩罚函数定义在可行域内，迭代过程在可行域内进行，当点列在可行域内部并且向约束函数边界靠近时，中间函数的取值趋近于无穷大，显然，只有当惩罚因子趋近于零时，才能使惩罚项的极限趋于零，从而求得在约束边界上的最优解。迭代点越靠近约束边界，中间函数值就趋近于无穷大，中间函数就像筑起一道高墙限定设计变量只能在可行域内取值。因此，惩罚项也称为碰壁项或障碍项，内点惩罚函数法也称为碰壁函数法。

由于内点惩罚函数法的迭代过程只在可行域内进行，而最优解很可能在可行域内靠近边界处或就在边界上，此时尽管中间函数的值很大，但是惩罚因子是不断递减的正值，经过多次迭代，接近最优解时，惩罚项已是很小的正值。

内点惩罚函数法的迭代过程如下：

(1)在可行域内选一个初始点 $X^{(0)}$ 和适当大的初始惩罚因子 $r^{(0)}$。

(2)为确保惩罚因子为递减数列，考虑惩罚因子递减速率，取常数 C 为惩罚因子降低系数，即 $r^{(k)} = Cr^{(k-1)}$ $(0 < C < 1)$。

(3)根据惩罚因子，求解惩罚函数 $\phi(X)$ 的极小点 $X^*\left(r^{(k)}\right)$。

(4)重复第(2)、(3)步，直到满足收敛条件时终止迭代。

应用内点惩罚函数法时，还应注意如下事项：

(1)初始点必须是域内可行点。任选一个设计点 $r^{(k)}$ 为初始点，通过对初始点约束函数值的检验，按其对每个约束的不满足程度加以调整，将 $r^{(k)}$ 点逐步引入可行域内，成为可行初始点，这就是搜索法。

(2)若 $r^{(0)}$ 值选得太大，则在一开始惩罚函数的惩罚项的值将远远超出原目标函数的值，因此它的第一次无约束极小点将远离原问题的约束最优点。在以后的迭代中，需要很长时间的搜索才能使序列无约束极小点逐渐向约束最优点逼近。若 $r^{(0)}$ 选得太小，则在一开始惩罚项的作用甚小，而在可行域内部惩罚函数 $\phi\left(X, r^{(k)}\right)$ 与原目标函数 $f(X)$ 很相近，只在约束边界附近惩罚函数值才突然增大。这样，惩罚函数的性态变得恶劣，甚至难以收敛到极值点。

(3)惩罚因子递减系数 C 的选择，一般认为对算法的成败影响不大，规定 $0 < C < 1$。若 C 值选得较小，则惩罚因子下降快，可以减少无约束优化的次数，但因前后两次无约束最优点之间的距离较远，有可能使后一次无约束优化本身的迭代次数增多，而且使序列最优点的间隔加大，这就对约束最优点的逼近不利。相反，若 C 值取得较大，则无约束优化次数就要增多，通常建议取 $C=0.1\sim0.5$。

(4)终止准则可用下述两者之一。

①相邻两次惩罚函数无约束最优点之间的距离已足够小，设 ε_1 为收敛精度，一般取 $\varepsilon_1 = 10^{-5} \sim 10^{-4}$，则需要满足

$$\left\| X_k^* - X_{k-1}^* \right\| \leqslant \varepsilon_1$$

②相邻两次惩罚函数值的相对变化量已足够小，设 ε_2 为收敛精度，一般取 $\varepsilon_2 = 10^{-4} \sim 10^{-3}$，则需要满足

$$\left| \frac{\phi_k^* - \phi_{k-1}^*}{\phi_k^*} \right| \leqslant \varepsilon_2$$

2. 外点惩罚函数法

与内点惩罚函数法不同，外点惩罚函数法的惩罚项需反过来设计，即在迭代过程中，随着设计变量移向约束函数的边界，中间函数逐步减小，而惩罚因子逐渐增大。这种形式构造出的惩罚函数称为外点惩罚函数。

惩罚函数法中，对于不等式约束，中间函数的形式为

$$G\left[g_i(X)\right] = \begin{cases} \sum_{i=1}^{p}[g_i(X)]^2, & g_i(X) < 0 \\ 0, & g_i(X) \geqslant 0 \end{cases} \tag{5.41}$$

对于等式约束，中间函数的形式为

$$H\left[h_j(X)\right] = \begin{cases} \sum_{j=1}^{q}[h_j(X)]^2, & h_j(X) \neq 0 \\ 0, & h_j(X) = 0 \end{cases} \tag{5.42}$$

外点惩罚函数的形式为

$$\phi\left(X, r^{(k)}\right) = f(X) + r^{(k)} \sum_{i=1}^{p}\left\{\max\left[0, g_i(X)\right]\right\}^2 + r^{(k)} \sum_{j=1}^{q}\left[h_j(X)\right]^2 \tag{5.43}$$

式中，$r^{(k)}$ 为惩罚因子，$r^{(0)} < r^{(1)} < r^{(2)} < \cdots \to \infty$，递增序列也可写为 $r^{(k)} = Cr^{(k-1)}$，递增速率 $C > 1$。

外点惩罚函数法的迭代过程如下：

(1) 任选一个初始点 $X^{(0)}$ 和适当大的初始惩罚因子 $r^{(0)}$。

(2) 为确保惩罚因子为递增数列，给定惩罚因子递增速率 C，即 $r^{(k)} = Cr^{(k-1)}$ $(C > 1)$。

（3）根据惩罚因子，求解惩罚函数 $\phi(\boldsymbol{X})$ 的极小点 $\boldsymbol{X}^{*}\left(r^{(k)}\right)$。

（4）重复第（2）、（3）步，直到满足收敛条件时终止迭代。

外点惩罚函数的终止准则与内点惩罚函数法相似，外点惩罚函数法初始迭代点的取值可以在可行域内，也可以在可行域外。当取在可行域内时，惩罚项不起作用，只有当解落在可行域外时，惩罚项才起作用。由惩罚项的形式可知，当迭代点 $\boldsymbol{X}$ 不可行时，惩罚项的值大于零。外点惩罚函数法的迭代过程在可行域之外进行，惩罚项的作用是迫使迭代点逼近约束边界或等式约束曲面。

3. 混合惩罚函数法

内点惩罚函数法容易处理具有不等式约束条件的优化问题，而外点惩罚函数法容易处理具有等式或不等式约束条件的优化问题。内点惩罚函数法和外点惩罚函数法有各自的优缺点，如将两者结合起来，则可以更好地处理同时具有等式约束条件和不等式约束条件的优化问题，这就是混合惩罚函数法。

混合惩罚函数法中惩罚函数的形式如下。

（1）当约束条件为 $g_i(\boldsymbol{X}) \leqslant 0$ 时，有

$$
\begin{aligned}
\phi\left(\boldsymbol{X}, r^{(k)}\right) = {} & f(\boldsymbol{X}) - r^{(k)} \sum_{i \in I_1} \frac{1}{g_i(\boldsymbol{X})} \\
& + \frac{1}{r^{(k)}} \sum_{i \in I_2} \left\{ \max\left[0, g_i(\boldsymbol{X}) \right] \right\}^2 + r^{(k)} \sum_{j=1}^q \left[h_j(\boldsymbol{X}) \right]^2
\end{aligned}
\tag{5.44}
$$

式中，$\begin{cases} I_1 = \left\{ i \mid g_i\left(\boldsymbol{X}^{(0)}\right) < 0, \ i = 1, 2, \cdots, p \right\} \\ I_2 = \left\{ i \mid g_i\left(\boldsymbol{X}^{(0)}\right) \geqslant 0, \ i = 1, 2, \cdots, p \right\} \end{cases}$；$r^{(k)}$ 为惩罚因子，是递减的正实数列；I_1 和 I_2 是两个约束集。

（2）当约束条件为 $g_i(\boldsymbol{X}) \geqslant 0$ 时，有

$$
\begin{aligned}
\phi\left(\boldsymbol{X}, r^{(k)}\right) = {} & f(\boldsymbol{X}) + r^{(k)} \sum_{i \in I_1} \frac{1}{g_i(\boldsymbol{X})} \\
& + \frac{1}{r^{(k)}} \sum_{i \in I_2} \left\{ \min\left[0, g_i(\boldsymbol{X}) \right] \right\}^2 + r^{(k)} \sum_{j=1}^q \left[h_j(\boldsymbol{X}) \right]^2
\end{aligned}
\tag{5.45}
$$

混合惩罚函数的含义是对于初始点 $\boldsymbol{X}^{(0)}$ 已满足不等式约束的约束函数项，用内点惩罚函数法的泛函形式；反之，采用外点惩罚函数法的泛函形式。混合惩罚函数法兼具内点惩罚函数法和外点惩罚函数法两种功能，可以根据初始点的具体情况，进行自动排项。也就是说，凡是得到满足的不等式约束条件，均自动排在

障碍项内，即式(5.44)、式(5.45)的第二项内。得不到满足的不等式约束条件和等式约束，排在惩罚项内，即式(5.44)、式(5.45)的第三、四项内。由于混合惩罚函数法程序具备这种自动排项的功能，所以初始点可以在全域内任意选取。

惩罚函数法原理简单、算法易行，且分内点惩罚函数法、外点惩罚函数法和混合惩罚函数法三种，各有特点，适用范围广，因此该方法也是在工程优化设计中应用较多的有约束优化方法。

5.3 现代优化方法

自 20 世纪 80 年代以来，一些新颖的优化算法，如人工神经网络、混沌算法、遗传算法、模拟退火及禁忌搜索等方法，通过模拟或揭示自然界某些现象或过程而发展出来，其思想和内容涉及数学、物理学、生物进化、人工智能、神经科学和统计力学等诸多方面，为解决复杂的优化问题提供了新的思路和手段。由于这些算法构造的直观性及其所体现的自然原理，它们通常被称为智能优化算法，或现代启发式算法。

5.3.1 遗传算法

1975 年，Holland 在其专著 *Adaptation in Natural and Artificial Systems* 中提出基于编码的遗传操作技术，随后正式将此命名为遗传算法。遗传算法将代表问题的解用染色体编码，通过借用自然界"适者生存、优胜劣汰"的规律，始终维持一个潜在解的群体，并通过选择、交叉、变异三个算子模仿自然界的进化过程，具有很强的适应性。通过三个遗传算子特别是交叉算子的作用，遗传算法能高效地搜索空间中尚未检测的部分，以较大的概率找到全局最优解。为进一步提高遗传算法的计算效率，人们在经典遗传算法的基础上提出了演化计算的思想。演化计算程序的基本结构和遗传算法相同，但是染色体不必一定用二进制位串表达，可以采用适合于问题的某种自然的表达式。遗传算子也不再局限于二进制杂交和二进制变异，而采用包含与问题相关知识的扩展算子集。遗传算法的一次迭代称为一代，每一代都拥有一组解。新的一组解不但可以有选择地保留一些适应度值高的旧解，而且可以包括一些由其他解组合得到的新解。最初的一组解是随机生成的，之后的每组新解由遗传操作生成。每个解都是通过一个与目标函数相关的适应度函数给予评价的，通过遗传过程不断重复，达到收敛，进而获得问题的最优解。遗传算法流程如图 5.1 所示。

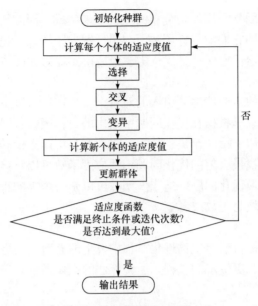

图 5.1　遗传算法流程图

下面对遗传算法流程中具体的操作原理进行介绍。

1) 编码、染色体、基因

在二进制遗传算法中，自变量是以二进制字符串的形式表示的，因此需要将空间坐标转换成相应的数字串，就是编码。在遗传算法中，为了与生物遗传规律相对应，每一个解被称为一个个体，它对应的编码称为染色体。

在二进制编码中，一个主要的问题是存在 Hamming 悬崖(Hamming cliff)，是指表现型空间中距离很小的个体对可能有很大的 Hamming 距离。为了翻越 Hamming 悬崖，个体的所有位上的基因需要同时改变。二进制编码的遗传操作实现翻越悬崖的可能性非常小，这会使计算时出现停滞不前的现象。为此，对于工程领域中多维、高精度要求的连续函数优化问题，可采用十进制的实数编码遗传算法改进这一缺陷。

2) 初始群体

与其他优化方法类似，遗传算法也需要有初始解。遗传算法的初始解是随机生成的一组解，称为初始群体。在初始群体中，个体数目 M 越大，搜索范围就越广，效果也就越好，但是每代遗传操作的时间会越长，运行效率也越低；反之，M 越小，搜索的范围越窄，每代遗传操作的时间越短，遗传算法的运算速度就可以提高，但降低了群体的多样性，有可能引起遗传算法的早熟现象。通常 M 的取值范围为 20～100。

初始群体构成了最原始的遗传搜索空间。由于初始群体中的个体是随机产生的，每个个体的基因常采用均匀分布的随机数来生成，因此初始群体中的个体素质一般不会太好，即它们的目标函数值与最优解差距较远。遗传算法就是要从初始群体出发，通过遗传操作，择优汰劣，最后得到优秀的群体和个体。

3）适应度函数和适应度值

为体现染色体的适应能力而引入的对每个染色体进行度量的函数，称为适应度函数。适应度函数是根据在优化问题中给出的目标函数，通过一定的转换规则得到的。对一个群体中第 i 个染色体，通过对其目标函数值转换所得到的数值称为适应度值。对寻找最大值的优化问题，适应度函数可以直接选用目标函数；而对于寻找最小值的最优化问题，适应度函数可以是一个大的正数减去目标函数。总之，适应度值必须为正数或者零。

4）遗传操作

遗传操作是模拟自然界生物进化过程中发生的繁殖、染色体之间的交叉和突变现象而生成新的、更优解的过程。遗传算法的操作通常有选择、交叉和变异三种基本形式。

选择是按一定规律从原始群体中随机选取若干对个体作为繁殖后代的群体。选择要根据新个体的适应度值或存活率进行，个体的适应度值或存活率越大，被选中的概率就越大。选择操作是从旧的群体中选出优秀者，但并不生成新的个体。因此，产生新的解还需要进行交叉和变异等操作。

交叉操作利用来自不同染色体的基因通过交换和重组来产生新一代染色体，从而产生下一代新的个体。通过交叉操作，遗传算法的搜索功能得以大大提高。交叉操作的过程是：在当前群体中任意选取两个个体，按给定的交叉概率 $P_c > \text{rand}(0,1)$ 在染色体的基因链上选取交叉位置，将这两个个体从该位置起的末尾部分基因互换得到两个新的染色体。除了简单交叉，交叉操作还有两点交叉、均匀交叉和算术交叉等。交叉操作是产生新个体的主要方法之一，因此交叉概率 P_c 应取较大值。但 P_c 取过大值可能会破坏群体中的优良模式，对进化计算产生不利影响。若 P_c 取值较小，则产生新个体的速度较慢，算法效率低。遗传算法交叉概率 P_c 的取值范围一般为 0.59～0.99。

选择操作和交叉操作基本上完成了遗传算法的大部分搜索功能，而变异则增加了遗传算法找到接近最优解的能力，是遗传算法中的一个重要环节。变异操作可以维持群体的多样性，防止出现早熟。变异操作为新个体的产生提供了机会。变异概率不宜选取过大，过大可能会导致群体中较好的个体变异使其不再属于该群体。变异概率一般选取 0.0001～0.1。

5）终止

遗传算法是一个反复迭代的随机搜索过程。因此，需要给出终止条件，使搜索过程终止，并从最终稳定的群体中取最好的个体作为遗传算法所得的最优解。

遗传操作的终止条件可以有如下几种方式：

(1)根据最终进化代数 N，一般取值范围为 $100\sim500$。

(2)根据适应度值的最小偏差满足要求的偏差范围。

(3)根据适应度值的变化趋势，当适应度值逐渐趋于缓和或者停止遗传操作，即群体中的最优个体在连续若干代中没有改进或平均适应度值在连续若干代基本没有改进后即可停止。

在满足终止条件后，输出群体中最优适应度值的染色体作为问题的最优解。

5.3.2 粒子群优化算法

粒子群优化(particle swarm optimization，PSO)算法是 Knenedy 和 Eberhart 发展的源于群体智能和人类认知学习过程的一种智能优化算法[4-6]。PSO 算法源于鸟类捕食行为的模拟。与遗传算法类似，PSO 算法首先初始化一群随机粒子，每个粒子都代表着优化问题的一个可能解。粒子有自己的位置和速度(决定飞行的方向和距离)，位置对应的目标函数值作为粒子的适应度值。在每次迭代中，各个粒子记忆、追随当前最优粒子，在解空间中搜索，通过跟踪两个"极值"来更新自己，一个是粒子本身找到的最优解，即个体极值；另一个是整体种群的最优解，称为全局极值。找到这两个最优值后，粒子按照某种算法结合这两个最优值迭代更新自己的速度和位置。

PSO 算法主要有如下五个基本实现步骤[7]：

(1)初始化每个粒子的起始位置和速度。设在 D 维搜索空间中，种群粒子数为 m，定义粒子 j 的位置信息和速度信息分别为 $\boldsymbol{x}_j = \left(x_{j,1}, x_{j,2}, \cdots, x_{j,D}\right)$ 和 $\boldsymbol{v}_j = \left(v_{j,1}, v_{j,2}, \cdots, v_{j,D}\right)$，粒子向量的每一维取值代表了优化问题的可能解。

(2)计算每一个粒子的适应度值。按照优化问题的目标函数，计算每个粒子的适应度值。

(3)选取当前每个粒子的个体最优值和粒子群的全局最优值。将每个粒子的适应度值和其个体最优值相比较，如其适应度值优于其本身经历过的最佳位置，则用当前的适应度值作为其新的最佳位置。对于当前代的整个粒子群，如果存在适应度值优于整个粒子群的历史最佳位置的个体，则用此个体的位置即整个粒子群中适应度值最好的个体作为新的整体最佳位置。

(4)更新粒子群。对于每一个粒子，根据式(5.46)和式(5.47)依次重新计算粒子的速度和位置。

$$v_{j,d}^{(t+1)} = v_{j,d}^{(t)} + c_1 \times \text{rand}() \times \left(\text{pbest}_{j,d}^{(t)} - x_{j,d}^{(t)}\right) + c_2 \times \text{rand}() \times \left(\text{gbest}_d^{(t)} - x_{j,d}^{(t)}\right) \quad (5.46)$$

$$x_{j,d}^{(t+1)} = x_{j,d}^{(t)} + v_{j,d}^{'(t+1)} \tag{5.47}$$

式中，上标(t)和$(t+1)$表示迭代的当前代和下一代；$\mathrm{pbest}_{j,d}$为粒子j达到最佳位置时第d维对应的位置坐标；gbest_d为种群目前达到的最佳位置时在第d维对应位置坐标；c_1、c_2为加速因子（acceleration constant）；$\mathrm{rand}()$为$[0,1]$区间的随机数。

为减少粒子飞离搜索空间的可能性，将速度$v_{j,d}^{(t)}$限制在$[-v_d^{\max}, v_d^{\max}]$，$v_d^{\max}$决定了粒子飞行的最大距离，其中

$$v_d^{\max} = k \times x_d^{\max}, \quad 0.1 < k < 0.5 \tag{5.48}$$

式中，$x_d^{\max}$为搜索空间第d维位置的上界。

（5）检查结束条件，若满足，则结束寻优；否则，令$t=t+1$，跳转到步骤（2）。结束条件为寻优达到最大进化代数$\mathrm{iter}_{\max}$，或适应度值误差小于给定精度ε。

在标准PSO算法中，经典的改进策略是在计算粒子飞行速度的公式中引入惯性权重（inertia weight）w和收缩因子（constriction factor）χ。

为了更好地控制算法的探测（exploration）和开发（exploitation）能力，Shi等[8,9]在式（5.46）中引入了惯性权重w，则式（5.46）改为

$$\begin{aligned} v_{j,d}^{(t+1)} &= w \times v_{j,d}^{(t)} + c_1 \times \mathrm{rand}() \times \left(\mathrm{pbest}_{j,d}^{(t)} - x_{j,d}^{(t)}\right) \\ &\quad + c_2 \times \mathrm{rand}() \times \left(\mathrm{gbest}_d^{(t)} - x_{j,d}^{(t)}\right) \end{aligned} \tag{5.49}$$

惯性权重的引入使得PSO算法的性能得到了很大提高，也使PSO算法应用到了很多实际问题。惯性权重将影响PSO的全局与局部寻优能力，惯性权重较大，全局寻优能力强，局部寻优能力弱；反之，则局部寻优能力增强，而全局寻优能力减弱。在最初的研究中，惯性权重被设定为常数，而后来的试验发现，动态惯性权重能够获得比固定值更好的寻优结果。动态惯性权重既可以在PSO搜索过程中线性变化，也可根据PSO性能的某个测度而动态改变。目前，采用较多的惯性权重是Shi等建议的线性递减权重（linearly decreasing weight）策略，即

$$w = w_{\mathrm{end}} + \frac{w_{\mathrm{ini}} - w_{\mathrm{end}}}{\mathrm{iter}_{\max}} \times \left(\mathrm{iter}_{\max} - \mathrm{iter}\right) \tag{5.50}$$

式中，$\mathrm{iter}_{\max}$为最大进化代数；iter为当前进化代数；w_{ini}为初始权重；w_{end}为进化至最大代数时的权重。

典型取值为$w_{\mathrm{ini}}=0.9$，$w_{\mathrm{end}}=0.4$。若$w=0$，则粒子速度只取决于它的当前位置pbest和全局位置gbest，速度信息不能传递到下次进化中；假设一个粒子位于全局最佳位置，则它将保持静止；而其他粒子则飞向它本身最佳位置pbest和全局位

置 gbest 的加权中心。此时粒子群将收缩到当前全局最佳位置，算法更像一个局部寻优手段。若 $w \neq 0$，则粒子有扩展搜索空间的趋势，从而针对不同搜索问题，可调整算法全局搜索能力和局部搜索能力。

Clerc[10]提出使用合适的收缩因子能够确保 PSO 算法的加速收敛，并可取消对速度的边界限制。将式(5.49)变换为

$$
\begin{aligned}
v_{j,d}^{(t+1)} = \chi \Big[& w \times v_{j,d}^{(t)} + c_1 \times \text{rand}() \times \left(\text{pbest}_{j,d}^{(t)} - x_{j,d}^{(t)} \right) \\
& + c_2 \times \text{rand}() \times \left(\text{gbest}_d^{(t)} - x_{j,d}^{(t)} \right) \Big]
\end{aligned}
\tag{5.51}
$$

式中

$$
\chi = \frac{2}{\left| 2 - \varphi - \sqrt{\varphi^2 - 4\varphi} \right|}, \quad \varphi = c_1 + c_2 \text{ 且 } \varphi > 4
\tag{5.52}
$$

取典型的设置 $\varphi = 4.1$、$c_1 = c_2 = 2.05$，则 χ 为 0.729。从数学上分析，惯性权重 w 和收缩因子 χ 的作用是等价的。

对惯性权重和收缩因子的引入完善了标准 PSO 算法，并已经被人们接受，成为新的标准 PSO 算法，目前已经广泛应用于工程实践中的优化问题。

5.3.3　模拟退火算法

模拟退火算法是一种模拟固体退火过程的智能优化方法。固体退火是先将固体加热至融化再慢慢冷却使之凝固成规整晶体的热力学过程。可以用 Monte Carlo 方法模拟，但必须大量采样，计算量很大。1983 年，Kirkpatrick 等[11]首先意识到退火过程与组合优化问题的类似性，提出了模拟退火算法。

设 $S = [x_1, x_2, \cdots, x_n]$ 为所有可能的组合构成的集合，$E : S \rightarrow \mathbf{R}$ 是目标函数，反映状态 x_i 时的代价，则组合优化问题可形式地描述为

$$
\min_{x_i \in S} E(x_i)
\tag{5.53}
$$

模拟退火算法把每种组合状态 x_i 看成固体退火过程中物质系统的微观状态，把 $E(x_i)$ 看成系统在状态 x_i 下的内能，用 T 表示该时刻系统的温度，并使 T 从一个足够高的值缓慢下降以模拟退火的过程。在每一个 T 值处，使用 Metropolis 采样法模拟系统在 T 处的热平衡状态，即对当前状态 x 的某个例子做一个随机扰动以产生一个新的状态 x'，若 $E(x') \leqslant E(x)$，则认为 x' 是重要状态并接受它，否则计算增量 $\Delta E = E(x') - E(x)$，并以概率 $\exp[-\Delta E / (kT)]$ 认为 x' 是重要状态并接受其作为当前状态。当重复随机扰动的次数足够多后，系统将达到温度为 T 时的热平衡

状态，此时能量最小，且状态 x' 出现当前状态的概率将服从 Gibbs 正则分布：

$$P(x=x_i)=\frac{1}{Z(T)}\exp\left[-E(x_i)/(kT)\right] \tag{5.54}$$

式中

$$Z(T)=\sum_i \exp\left[-E(x_i)/(kT)\right] \tag{5.55}$$

模拟退火算法的一般步骤可描述如下：

(1)确定变量结构和目标函数。给出初值 x_0 和一个很大的起始温度 T_0，记 x_c 为当前状态，E_c 为当前状态处的目标函数值。

(2)对状态变量进行一随机扰动以产生一个新的状态 x。

(3)计算新状态 x 处目标函数 $E(x)$ 和增量 $\Delta E=E(x)-E_c$。

(4)若 $\Delta E \leqslant 0$，则接受新状态作为当前状态，令 $x_c \leftarrow x, E_c \leftarrow E(x)$；若 $\Delta E > 0$，则以概率 $P(\Delta E)=\exp(-\Delta E/T)$ 接受新状态，即在 $(0,1)$ 区间产生一个均匀分布的随机数 N_r；若 $P(\Delta E) \geqslant N_r$，则接受新状态作为当前状态，令 $x_c \leftarrow x, E_c \leftarrow E(x)$，否则当前状态不变。

(5)重复步骤 $(2) \sim (4)$，直至达到平衡状态位置，此时在连续多次的迭代中，在上一步接受新状态的次数已变得非常少，且状态的分布应为 Gibbs 正则分布。

(6)调整温度 T，若 T 已足够小且解的质量在相邻若干次温度调整中未能得到明显改善，则算法终止；否则，重复步骤 $(2) \sim (5)$。

在上述算法中，步骤(2)中的随机扰动和步骤(6)中的冷却进度一般是按某种概率分布来产生的，它实际上决定着整个退火算法。这个概率密度一般称为生成函数。经典的模拟退火算法采用高斯型生成函数，即

$$G(x)\approx\exp\left[-x^2/T(t)\right] \tag{5.56}$$

这时它要求退火方式为

$$\frac{T(t)}{T_0}\propto\frac{1}{\ln(t)} \tag{5.57}$$

即 $T(t)$ 的减小正比于 $\dfrac{1}{\ln(t)}$，这样收敛将很慢，但能保证以概率 1 收敛到全局最优解。为改进收敛速度，用 Cauchy 分布作为生成函数的快速模拟退火算法，其一维生成函数为

$$G(x)\approx\frac{T(t)}{T^2(t)+x^2} \tag{5.58}$$

为保证以概率 1 收敛到全局最优解，相应的退火方式为

$$\frac{T(t)}{T_0} \propto \frac{1}{1+t} \tag{5.59}$$

因此其收敛速度显著提高。步骤(6)中的另一种温度调整方法是简单地令 $T \leftarrow T\lambda, \ \lambda \in [0.85, 0.96]$。

5.4 多目标优化方法

许多工程问题都是由相互冲突或相互影响的多个目标组成的。人们会经常遇到使多个目标在给定区域同时尽可能最佳的优化问题，也就是多目标优化问题。优化问题存在的优化目标超过一个并需要同时处理，就成为多目标优化(multiobjective optimization，MO)问题。多目标优化是指要找出一个能同时满足所有优化目标的解，而这个解通常是以一个不确定的点集形式出现的。因此，多目标优化的任务就是要找出这个解集的分布情况，并根据具体情况找出适合问题的解。在现实工程中，很多问题都是多目标优化问题，需要同时满足两个或者更多的目标要求，而且要同时满足的多个目标之间往往相互冲突、此消彼长。因此，在多目标优化问题中，寻求单一最优解是不现实的，而是产生一组可选的折中解集，由决策过程在可选解集中做出最终的选择。

5.4.1 统一目标函数法

多目标优化方法的常用求解方法是重新构造一个函数，即评价函数，从而将多目标优化问题转变为求评价函数的单目标优化问题。具体的目标函数统一化过程中用到的方法有线性加权和法、平方和加权法、分目标乘除法、功效系数法等。线性加权和法是最基本的一种统一目标函数法，如下所述。

线性加权和法又称线性组合法，它是处理多目标优化问题常用的较简便的一种方法。线性加权和法即将多目标函数组成综合目标函数，把一个要最小化的函数规定为有关性质的联合。优化目标仅为各目标的加权和，优化过程中各目标的优度进展不可操作；各目标之间通过决策变量相互制约，往往存在相互矛盾的目标，致使加权目标函数的拓扑结构十分复杂。

使用这个方法的难处在于如何找到合理的权系数，以反映各个单目标对整个多目标问题中的重要程度。使原多目标优化问题较合理地转化为单目标优化问题，且此单目标优化问题的解又是原多目标优化问题的非劣解。权系数的选取反映了

对各分目标的不同估价、折中，因此应根据具体情况进行具体处理，有时要凭经验、估计或统计计算并经试算得出。

线性加权和法的基本思想是在多目标最优化问题中，将其各个分目标函数 $f_1(\boldsymbol{X})$、$f_2(\boldsymbol{X})$、$\cdots$、$f_t(\boldsymbol{X})$ 依据其数量级和在整体设计中的重要程度相应地给出一组加权因子 w_1、w_2、$\cdots$、w_t，取 $f_i(\boldsymbol{X})$ 与 w_i $(i=1,2,\cdots,t)$ 的线性组合，人为地构成一个新的统一的目标函数，即

$$f(\boldsymbol{X}) = \sum_{i=1}^{t} w_i f_i(\boldsymbol{X}) \tag{5.60}$$

以 $f(\boldsymbol{X})$ 作为单目标优化问题求解。

式 (5.60) 中的加权因子 w_i 是一组大于零的数，其值取决于各项分目标的数量级及其重要程度。选择加权因子对计算结果的正确性影响较大，确定加权因子的方法主要有下列两种处理方法。

1) 将各分目标转化后加权

在采用线性加权组合法时，为了消除各个分目标函数值在量级上较大的差别，可以先将各分目标函数 $f_i(\boldsymbol{X})$ 转化为无量纲且等级量的目标函数 $\overline{f_i}(\boldsymbol{X})$ $(i=1,2,\cdots,t)$，分目标函数 $f_i(\boldsymbol{X})$ 可选择合适的函数使其转化为无量纲等量级目标函数 $\overline{f_i}(\boldsymbol{X})$。然后用转换后的分目标函数 $\overline{f_i}(\boldsymbol{X})$ 组成一个统一目标函数：

$$f(\boldsymbol{X}) = \sum_{i=1}^{t} w_i \overline{f_i}(\boldsymbol{X}) \tag{5.61}$$

式中，加权因子 w_i $(i=1,2,\cdots,t)$ 是根据各项分目标在最优化设计中所占的重要程度来确定的。当各项分目标有相同的重要性时，取 $w_i=1$ $(i=1,2,\cdots,t)$，并称为均匀加权；否则各项分目标的加权因子不等，可取 $\sum_{i=1}^{t} w_i = 1$ 或其他值。

2) 直接加权

把加权因子分为两部分，即第 i 项分目标函数的加权因子 w_i 为

$$w_i = w_{1i} \cdot w_{2i}, \quad i=1,2,\cdots,t \tag{5.62}$$

式中，w_{1i} 为第 j 项分目标相对重要性的加权因子，称为本征权，其取值与前述相同；w_{2i} 为第 j 项分目标的校正权因子，用于调整各分目标间在量级差别方面的影响，并在迭代过程中逐步加以校正。

考虑到设计变量对各分目标函数值随设计变量变化而不同，若用目标函数的梯度 $\nabla f_i(\boldsymbol{X})$ 来刻画这种差别，其校正权因子值相应可取

$$w_{2i} = 1 / \nabla f_i(\boldsymbol{X})^2, \quad i = 1, 2, \cdots, t \tag{5.63}$$

这意味着一个分目标函数 $f_i(\boldsymbol{X})$ 的变化越快，即 $\nabla f_i(\boldsymbol{X})^2$ 值越大，则加权因子 w_{2i} 越小；反之，其加权因子应取大些。这样可使变化快慢不同的目标函数一起调整好。

5.4.2 多目标进化算法

多目标进化算法是一类模拟生物进化机制而形成的全局性概率优化搜索方法，其基本原理是从一组随机生成的种群出发，通过对种群执行选择、交叉和变异等进化操作，经过多代进化，种群中个体的适应度不断提高，从而逐步逼近多目标优化问题的 Pareto 最优解。Pareto 最优解也可称为非劣解、非支配解和有效解。在多目标优化问题中，解的支配关系十分重要，它的定义如下[12]。

对于设计向量 $\boldsymbol{X}_1 \in \boldsymbol{X}$ 、 $\boldsymbol{X}_2 \in \boldsymbol{X}$ ，若

$$f_i(\boldsymbol{X}_1) \leqslant f_i(\boldsymbol{X}_2), \quad \forall i = 1, 2, \cdots, k \tag{5.64}$$

则

$$f_i(\boldsymbol{X}_1) < f_i(\boldsymbol{X}_2), \quad \forall i = 1, 2, \cdots, k \tag{5.65}$$

则称解 $\boldsymbol{X}_1$ 支配解 $\boldsymbol{X}_2$ （或解 $\boldsymbol{X}_1$ 比解 $\boldsymbol{X}_2$ 优越）。

由解的支配关系可以进一步得出 Pareto 最优解的定义如下。

若有解 $\boldsymbol{X}_1 \in \boldsymbol{X}$ ，并且不存在比 $\boldsymbol{X}_1$ 更优越的解，则称解 $\boldsymbol{X}_1$ 是多目标优化问题的 Pareto 最优解。Pareto 最优解集即所有 Pareto 最优解的集合，Pareto 最优解对应的目标向量的图形称为 Pareto 最优前沿（front）或曲面（surface）。

加权法对多个目标进行加权求和，使用不同的权值组合形成单目标优化问题，这种处理方式对权重值的设计带有主观性，得不到 Pareto 最优解集，无法提供最优设计方案的全部信息。由于进化算法是对一个群体进行运算操作的，它运行一次能找到多目标优化问题的多个 Pareto 最优解，因此它是求解多目标优化问题的 Pareto 最优解的一个有效手段。其中，使用遗传算法作为进化方法的研究占据着最主要的地位[13]。

在基本结构上，求解多目标优化问题的遗传算法与求解单目标优化问题的遗传算法大致相似。但是，单目标优化中的适应度函数值常取目标函数值，而多目标优化问题的适应度函数值必须考虑多个目标函数。对多目标优化问题的一个个体而言，不存在单目标优化问题中由目标函数转化而来的适应度值，而是需要间接构造出来。由此，多目标遗传算法较单目标遗传算法，在评价 Pareto 最优解和遗传操作方面复杂、困难得多。

设计基于 Pareto 最优概念的多目标遗传算法具有两个最基本的目标：

(1)使算法找到的最优解集尽可能靠近 Pareto 前沿。

(2)使算法找到的非劣解集保持多样性。

因此，算法设计的第一个目标主要考虑存在多个优化目标的情况下，如何适当地赋予和标定个体的适应度值；第二个目标主要考虑进化算法的选择机制，避免在目标空间和可行域中的群体出现太多相似的个体。为实现上述两个目标，经过几十年的发展，多目标遗传算法的研究方向从最初的如何实现，发展到如何高效地处理多维复杂问题。多目标遗传算法已成为进化计算的重要研究领域之一，并且在该领域出现了众多经典的优秀算法。

1989 年，Goldberg[14]提出遗传算法结合经济学中的 Pareto 理论，用于求解多目标优化问题，并提出非劣排序法和小生境技术。Goldberg[14]的主要计算思想为：对当前群体中的非劣个体分配等级 1，并从群体中将其移去；然后从余下的群体中选出非劣个体，并对其分配等级 2，并从群体中将其移去；直到群体中所有个体都分配到等级后，该过程结束。非劣排序法中的选择运算通过排列次序来实施，保证等级靠前的非劣解才有更多的机会遗传到下一代。之后的多目标遗传算法（multi-objective genetic algorithm，MOGA）、非支配排序遗传算法（non-dominated sorted genetic algorithm，NSGA）和改进非支配排序遗传算法（简称 NSGA-Ⅱ）都是在其基础上进行改进的。

NSGA-Ⅱ是 2002 年 Deb 等[15]对 NSGA 的改进，也是迄今为止最具代表性的多目标优化算法之一。NSGA-Ⅱ的关键理论有精英保留策略、快速非劣排序方法和排挤机制等，在算法运行效率和非劣解的分布上较其他算法有良好的表现。随着遗传算法的发展，NSGA-Ⅱ在提高种群收敛性、防止早熟、加强全局搜索能力和提高算法运行效率这几个方面进行了改进[16]。以下是 NSGA-Ⅱ的关键技术理论。

1)快速非劣排序方法

非劣排序方法的主要缺点是效率较低，计算复杂度为 $O(mN^3)$，其中 m 为目标函数的数量，N 为种群大小。进行第一次非劣排序时，每个个体都需要和它之外的其他个体进行比较，才能判断该个体是否属于 Pareto 最优解，每次比较时，分别需要对 m 个目标函数值进行比较，对于每个个体，计算复杂度为 $O(mN)$。当找到第一批非劣前端时，需要对所有个体进行非劣级别的判断，所以计算复杂度为 $O(mN^2)$。当整个种群被分割成各种前端时，考虑最不理想的情况，即当前种群中所有个体处于不同的非劣级别，此时计算复杂度达到 $O(mN^3)$。

改进后的快速非劣排序过程分为以下几个步骤：

(1)对于每个个体i，考虑两个参数n_i和S_i，来记录该个体的属性。n_i为种群中支配个体i的解的数量，S_i为被个体i所支配的解的集合。得到以上两个参数的计算复杂度为$O\left(mN^2\right)$。

(2)找出种群中所有$n_i=0$的个体，将它们存储于集合F_1，F_1即为当前的Pareto前沿。

(3)考察处于Pareto前沿F_1中的每个个体j对应的参数S_j（即被个体j所支配的个体集合），将S_j中的每个个体k对应的参数n_k值减去1，即支配个体k的解的数量减去1，因为支配个体k的个体j已经存入当前的Pareto前沿F_1。如果$n_k-1=0$，则将个体存入另一个集合H。

(4)将当前Pareto前沿F_1作为第一批非支配解的集合，并赋予集合F_1中的每个个体相同的级别值rank。

(5)将集合H作为新的当前Pareto前沿。

(6)对集合当前Pareto前沿H重复(3)、(4)、(5)的操作，直到所有个体都被分级。

每次迭代需要的计算复杂度为$O(N)$，考虑最不理想的情况，即当前种群中所有个体处于不同的非劣级别，此时计算复杂度达到$O\left(N^2\right)$。所以，改进后的算法计算复杂度降低为$O\left(mN^2\right)+O\left(N^2\right)$或$O\left(mN^2\right)$。快速非支配排序的伪代码如下：

```
for(i ∈ N)
    initialize   n_i = 0, S_i = φ;
for(j ∈ N)
    if(i dominiated j)    S_i = S_i ∪ {j};
    if(j dominiated i)    n_i = n_i + 1;
if(n_i = 0)    i_rank = 1, F_1 = F_1 ∪ {i};
num_front = 1;
for(j ∈ F_1)
    for(k ∈ S_j)
        {n_k = n_k - 1;
        if(n_k = 0)    num_front++, H = H ∪ {k}, i_rank = num_front;}
set    (current Pareto front) F_i = H;
while    every individual has its rank
```

2)基于排挤机制的小生境技术

非劣排序方法度量了各个个体之间的优越次序，而未度量各个个体的分散程度，因而容易产生很多个相似的Pareto最优解，难以生成分布较广的Pareto前沿。

为了使非劣解维持多样性，可以利用遗传算法中的小生境技术。小生境数(niche count)代表某种度量值，即用于计算某个个体的附近还存在多少种、多大程度相似的个体。计算出各个个体的小生境数之后，小生境数较小的个体可以有更多的复制机会被遗传到下一代，即相似个体较少的个体有更多机会被遗传到下一代群体，从而增加了群体的多样性。目前，已经发展了多种小生境技术的实现机制，如基于排挤机制的小生境技术、基于预选机制的小生境技术、基于共享机制的小生境技术等。

NSGA-Ⅱ采用基于排挤机制的小生境技术，通过采用拥挤距离比较算子代替NSGA中计算复杂的共享参数。拥挤距离(crowding distance)表示与个体i最相邻的两个个体对应的目标向量形成的立方体的平均边长值。当拥挤距离值i_d较小时，表示该个体周围比较拥挤，而具有较大的拥挤距离会带来种群的多样性。

经过了排序和拥挤距离的计算，群体中的每个个体i都有两个属性，即级别值i_{rank}和拥挤距离i_d。NSGA-Ⅱ根据排序结果分配个体虚拟适应度值，使得非劣解级别高的个体具有较高的适应度值，在轮盘赌选择中较高级别的非劣解复制到下一代的概率也较大；若两个个体在同一级别，则取周围较不拥挤的个体。

从基于 Pareto 最优概念的多目标优化两个最基本目标出发，要求算法找到的最优解集尽可能靠近 Pareto 前沿，且算法找到的非劣解集保持多样性。在性能测试过程中，由于设置种群数不变，即选择非劣解的个数相等，因此性能指标主要反映算法得到的最优解逼近真实问题 Pareto 前沿的能力以及非劣解分布的均匀性。常用以下两个指标作为算法的评价指标[13]。

当代距离指标(generational distance，GD)定义为一种表示已知 Pareto 前沿 F_{know} 与真实 Pareto 前沿 F_{true} 远近程度的数值：

$$GD = \sqrt{\sum_{i=1}^{n} d_i^2} \bigg/ n \qquad (5.66)$$

式中，n 为 F_{know} 中的向量数目，d_i 为目标空间 F_{true} 的每个向量与 F_{know} 之间最近相邻向量的欧氏距离。若 $GD=0$，则表示 $F_{know}=F_{true}$。

间隔指标 Spacing 为

$$Spacing = \sqrt{\frac{1}{n}\sum_{i=1}^{n}(\bar{d}-d_i)^2} \qquad (5.67)$$

式中，$d_i = \min_j (\sum_{k=1}^{M}|f_k^i - f_k^j|)$ $(i,j=1,2,\cdots,n)$；$\bar{d}$ 为所有 d_i 的平均值；M 为目标函数的个数。若 Spacing $=0$，则表示 F_{know} 中所有解点呈均等分布。

5.5　试验设计与近似模型

当今，各学科的设计都采用了先进设计分析手段，但是工程优化设计往往难以实现决策变量空间搜索策略与各学科高精度数值分析的直接耦合。这不但是因为难以承受的庞大计算量，还包括计算分析过程中的数值噪声及锯齿效应导致最终结果无法收敛等。采用近似模型的优化策略是以可替代原有的复杂数值计算构成的分析模块，实现近似模型与优化算法的集成，可以有效地控制计算成本，使优化过程中的信息交换十分方便，同时可以过滤掉数值噪声。在 AUV 优化设计时，越来越多地借助于近似模型技术来达到优化目的，因此本书针对采用近似模型的优化作为工程优化设计的一种策略进行阐述。

本节主要包含两方面的内容：一部分是试验设计，研究构造模型的样本点如何选取；另一部分是建模方法，研究如何进行数据拟合与构造预测模型。

5.5.1　试验设计

试验设计（design of experimental，DOE）是有关如何合理安排试验的数学方法，它决定了构造近似模型所需样本点的个数和空间分布情况。常用的试验设计方法包括全因子法、部分因子法。从统计学角度，将衡量试验结果的指标称为响应变量，影响响应变量的因素称为因子，因子所处的各个状态称为水平[17]。

1. 全因子法

全因子（full factorial）法是指系统中所有因子的所有水平的组合都要被研究到的一种试验设计方法。如果试验中包含 L 个因子，每个因子有 k 个水平，则需要安排的试验数为 L^k。全因子法中，当设计变量数目增加时，所需试验数目呈指数增加，计算量将会变得非常大。

2. 部分因子法

为了简化全因子法，部分因子试验设计在所有的试验点中按照一定规则选择一部分有代表性的样本点来安排试验。部分因子试验设计法中具有代表性的有正交设计和均匀设计。日本学者田口玄一[18]提出的正交设计，通过使用正交表来对因子水平进行安排，并根据正交性准则来挑选样本点，以确定最佳的设计点组合。正交表的特点是任意一列中不同数字的重复数相等，并且任意两列中同行数字构成若干数对，每个数对的重复数也相等。这种特点使得样本点在设计范围内"均匀分散，整齐可比"，即因子的每个水平值出现的机会完全相等，不同因子的水平值组合出现的机会完全相等，这不但使每个样本点都具有代表性，也使试验结果的分析十分方便，易于估计各因素的主效应和部分交互效应对系统响应的影响大小和变化规律。

均匀设计是由方开泰教授和数学家王元共同提出的一种试验设计方法[19]，它使用专用的均匀设计表进行试验安排，并附带一个使用表，用来指导具体试验中使用均匀设计表的哪几列来安排试验。均匀表的特点是每列中每个数字只出现一次，并且任意两列同行数字构成的数对各不相同。均匀设计中仅按照样本点均匀分散的原则挑选出试验点。这种特点使得每个因子的水平做相同数目的试验，并且所选的样本点是在试验范围内均匀分布的。均匀设计表的一般形式为 $U_A(p^q)$，其中，U 表示均匀设计，下标 A 表示需要进行的试验数，p 表示因子的水平数，q 表示因子的个数。

拉丁超立方法(Latin hypercube solution，LHS)也是一种优秀的强调样本点均匀分布的试验设计方法。假设试验设计中有 n 个因子，拉丁超立方试验将每个因子的设计空间平均划分为 m 个水平，这些水平自由组合形成 m 个设计方案，每个因子的每个水平仅研究一次，这样就形成了 $n\times m$ 的设计矩阵。

具体地，每个因子 x^i 的取值范围为

$$x^i \in \left[x_l^i, x_u^i\right], \quad i=1,2,\cdots,n$$

LHS 的整个抽样过程可以分为以下几个步骤：

(1)确定样本点的规模 H。

(2)将每个因子 x^i 的取值范围划分成 H 个相等的小区间，即

$$x_l^i = x_0^i < x_1^i < x_2^i < \cdots < x_j^i < x_{j+1}^i < \cdots < x_H^i = x_u^i$$

(3)这样就将原来的设计变量空间划分为 H^n 个小超立方体。

(4)生成一个 $H\times n$ 的矩阵 A，A 的每个元素对应一个被选中的小超立方体。

(5)在每个被选中的小超立方体内随机生成一个样本，得到 H 个样本点。

LHS 中小超立方体的每行和每列有且仅有一个被选中，这样，在 LHS 的超立方体空间内样本点能较均匀地分布。LHS 也可以认为是全因子试验的部分实施，它不考虑因子间的交互作用，减少了大量试验次数。

5.5.2　近似模型

近似模型是计算结果接近数值分析或物理试验结果，但计算量小且计算周期短的数学模型。近似模型技术按近似区域一般分为局部近似技术和全局近似技术[20]。

局部近似是指在当前设计点的邻域内对设计对象进行近似，通常采用泰勒级数、正项式级数等线性近似方法[20]。全局近似则是指在整个设计空间对设计对象进行近似，常用的全局近似模型包括多项式响应面近似模型、径向基神经网络模型、Kriging 模型等。全局近似技术通过拟合出光滑而简单的近似函数，适合在设计空间中求全局最优解，更好地适应复杂工程优化问题。下面介绍常用的全局近似模型，并利用测试函数对几种具有代表性的全局近似模型的性能进行比较。

1. 多项式响应面近似模型

响应面模型 (response surface model，RSM) 是应用最为广泛的近似模型，它是一种用来获取一组独立变量和系统响应之间某种近似关系的统计技术。响应面模型中，变量与响应之间的关系为

$$f(\bm{x}) = \hat{y}(\bm{x}) + \varepsilon \tag{5.68}$$

式中，$f(\bm{x})$ 为目标函数的响应值与设计变量之间真实的未知函数关系；$\hat{y}(\bm{x})$ 通常为使用多项式来表达的响应近似值；ε 为近似值与实际值之间的随机误差，通常服从 $(0, \sigma^2)$ 的标准正态分布。

$\hat{y}(\bm{x})$ 最常用的形式为二阶多项式，数学表达式为

$$\hat{y}(\bm{x}) = a_0 + \sum_{i=1}^{n} b_i x_i + \sum_{i=1}^{n} c_{ii} x_i^2 + \sum_{1 \leqslant i < j \leqslant n} d_{ij} x_i x_j \tag{5.69}$$

式中，x_i 为设计变量；n 为设计变量的个数；a_0、b_i、c_{ii}、d_{ij} 分别为常数项、一次项、二次项和交叉项的待定系数。从式 (5.69) 中可以看出，二阶响应面模型共有 $(n+1)(n+2)/2$ 个待定系数，即至少需要 $(n+1)(n+2)/2$ 个样本点，需要 $(n+1)(n+2)/2$ 次精确分析来初始化二阶多项式响应面模型。根据问题的规模和复杂程度，样本点的个数也应当适当增多，Giunta 等[21]和 Kaufman 等[22]提出，对于 5~10 个变量的问题，样本点的数量建议取 $1.5 \times (n+1)(n+2)/2$，对于 20~30 个变量的问题，样本点的数量建议取 $4.5 \times (n+1)(n+2)/2$。通过采用多项式回归技术对试验设计得到的样本点和响应进行最小二乘拟合，可以求出以上待定系数。

首先，将式 (5.69) 写成多元线性回归模型的形式：

$$\hat{y}(\bm{x}) = \beta_0 + \beta_1 x_1 + \cdots + \beta_p x_p \tag{5.70}$$

式中，$p = (n+1)(n+2)/2 - 1$；向量 $\bm{x}$ 与式 (5.69) 中设计向量的一次项、二次项和交叉项相对应；向量 $\bm{\beta} = [\beta_0, \beta_1, \cdots, \beta_p]^{\mathrm{T}}$ 与式 (5.69) 中待定系数对应相等。

然后，用 $p+1$ 个样本点求出待定系数 β_i。

将式(5.70)写成矩阵形式:

$$Y = \beta X \tag{5.71}$$

式中, $Y = [y_1, y_2, \cdots, y_m]^T$ 为与样本点对应的响应值。

$$X = \begin{bmatrix} 1 & x_{11} & x_{12} & \cdots & x_{1n} & x_{11}x_{12} & x_{11}x_{13} & \cdots & x_{1(n-1)}x_{1n} & x_{11}^2 & x_{12}^2 & \cdots & x_{1n}^2 \\ 1 & x_{21} & x_{22} & \cdots & x_{2n} & x_{21}x_{22} & x_{21}x_{23} & \cdots & x_{2(n-1)}x_{2n} & x_{21}^2 & x_{22}^2 & \cdots & x_{2n}^2 \\ \vdots & \vdots & \vdots & & \vdots & \vdots & \vdots & & \vdots & \vdots & \vdots & & \vdots \\ 1 & x_{m1} & x_{m2} & \cdots & x_{mn} & x_{m1}x_{m2} & x_{m1}x_{m3} & \cdots & x_{m(n-1)}x_{mn} & x_{m1}^2 & x_{m2}^2 & \cdots & x_{mn}^2 \end{bmatrix}$$

结构矩阵 X 为 m 行 $p+1$ 列矩阵。当 X 的秩大于等于 $p+1$ 时, $X^T X$ 为非奇异矩阵, $\hat{\beta}$ 的最小二乘估计为

$$\hat{\beta} = (X^T X)^{-1} X^T Y \tag{5.72}$$

2. 径向基函数模型

基于径向基函数(radical basis function, RBF)的神经网络模型(简称RBF模型)具有良好的泛函数逼近能力, 同时具有较快的收敛速度, 这一特点使得其在工程领域中的应用研究引起越来越多的关注[23]。Jin 等[24]使用多项式回归、径向基函数、多变量自适应回归样条及 Kriging 方法, 对代表不同类型的 14 个数学算例进行系统对比后发现, RBF 模型具有最好的模型精度和最为可靠的鲁棒性。

径向函数是自变量为待测点与样本点之间的欧氏距离的函数[25]。径向基函数模型是以径向函数为基函数, 通过线性叠加构造出来的模型。径向基函数实质上是一种人工神经网络模型, 其传递函数采用径向基函数, 是一种包括输入层、隐层和输出层的三层前馈网络。输入层由信号源节点构成, 其作用是传递信号到隐层; 隐层节点由径向基函数构成; 输出层节点通常是简单的线性函数。在径向基函数中, 从输入层到隐层的变换是非线性的, 将输入矢量直接映射到一个新的空间, 中心点确定以后, 这种映射关系也就确定了。隐层的作用是对输入向量进行非线性变换, 而从隐层到输出层的映射是线性的, 也就是网络的输出是隐层节点输出的线性加权和, 此处的权即网络的可调参数。由此可见, 从总体上看, 网络由输入到输出的映射是非线性的, 而网络输出对可调参数却又是线性的。这样网络的权就可由线性方程组直接解出, 从而大大加快学习速度并避免了局部极小问题。

RBF 模型的数学表达形式为

$$y(\boldsymbol{x}) = \sum_{p=1}^{P} w_p \varphi_p \left(\| \boldsymbol{x} - \boldsymbol{c}_p \| \right) + \theta \tag{5.73}$$

式中, 设计向量 $\boldsymbol{x} \in \mathbf{R}^n$; P 为隐单元的个数(基函数的个数); θ 为未知阈值; φ_p

和 w_p 分别为神经网络的第 p 个基函数及其权系数；c_p 为第 p 个基函数 φ_p 的中心。

径向基函数有以下几种类型。

(1) 多二次函数：

$$\varphi(r) = (r^2 + c^2)^{1/2}, \quad c > 0, r \in \mathbf{R} \tag{5.74}$$

(2) 逆二次函数：

$$\varphi(r) = (r^2 + c^2)^{-1/2}, \quad c > 0, r \in \mathbf{R} \tag{5.75}$$

(3) 薄板样条函数：

$$\varphi(r) = r^2 \lg(r), \quad r \in \mathbf{R} \tag{5.76}$$

(4) 高斯基函数：

$$\varphi_p\left(\|\boldsymbol{x} - \boldsymbol{c}_p\|\right) = \exp\left(-\frac{\|\boldsymbol{x} - \boldsymbol{c}_p\|^2}{2\sigma_p^2}\right) \tag{5.77}$$

式中，σ_p 是第 p 个高斯基函数 $\varphi_p(r)$ 的 "宽度" 或 "平坦度"。σ_p 越大，以 $\boldsymbol{c}_p$ 为中心的等高线越稀疏。样本点与中心 $\boldsymbol{c}_p$ 的平均距离越大，$\varphi_p(r)$ 应该越平坦。

(5) 高斯条函数：

$$\varphi_p\left(\|\boldsymbol{x} - \boldsymbol{c}_p\|\right) = \sum_{i=1}^{n} \exp\left[-\frac{(x_i - c_{pi})^2}{\sigma_p^2}\right] \tag{5.78}$$

式中，n 为设计变量的个数；$\boldsymbol{c}_p = (c_{p1}, c_{p2}, \cdots, c_{pn})$ 为第 p 个基函数的中心。

径向基函数采用高斯基函数时，只有在 $\boldsymbol{x}$ 与 $\boldsymbol{c}_p$ 所有坐标相接近时才能做出有效的响应，因此仅对函数局部性质的刻画较为有效，而不适于对函数作大范围的逼近。从高斯条函数表达式可以看出，只要输入向量 $\boldsymbol{x}$ 与基函数中心 $\boldsymbol{c}_p$ 任一坐标相接近，网络就可以做出有效的响应。因此，RBF 模型采用的基函数常选取上述函数中的高斯条函数。

RBF 模型中的隐单元个数 P 假设已经确定，P 个基函数中心 $\boldsymbol{c}_p$ 的选取决定了网络性能的关键。$\boldsymbol{c}_p$ 的选取常采用 K 均值聚类算法，它是循环的选取聚类中心 $\boldsymbol{c}_p$ 与聚类集合 $\boldsymbol{\theta}_p$ 的一个迭代过程。主要的计算步骤如下[20]：

(1) 给出 m 个样本点 $\{\boldsymbol{X}_i\}_{i=1}^{m}$，要求样本点的个数 m 大于隐单元个数 P。

(2) 初始化聚类中心 $\{c_p\}_1^P$，可以选取前 P 个样本点 $\{\boldsymbol{X}_i\}_{i=1}^{P}$ 作为聚类中心。

(3)根据样本点 $\{X_i\}_{i=1}^m$ 与中心 c_p 之间的欧氏距离将样本点划分到输入样本的 P 个聚类集合 $\{\theta_p\}_1^P$ 中。即若 $\|X_i - c_{p*}\| = \min\limits_{1 \leq p \leq P}\|X_i - c_p\|$,则将第 i 个样本点 X_i 向中心 c_{p*} 聚类,$X_i \in \theta_{p*}$。

(4)计算 P 组样本点 $\{\theta_p\}_{p=1}^P$ 的样本均值,并作为新的聚类中心:

$$c_p = \frac{1}{N_p}\sum_{X_i \in \theta_p} X_i, \quad p = 1, 2, \cdots, P \tag{5.79}$$

式中,N_p 是聚类集合 θ_p 中的样本数。

(5)当新的聚类中心不再发生改变时,RBF 神经网络最终的基函数中心即所得到的 c_p,否则转至(3)。

RBF 模型的基函数为高斯条函数时,方差求解公式为

$$\sigma_i = \frac{c_{\max}}{\sqrt{2P}}$$

式中,P 为基函数中心的个数;$c_{\max}$ 为所选 P 个中心之间的最大距离。当 c_p 和 σ 确定以后,根据 m 组样本点的数据,使用多元线性回归法可以求出待定系数 w 的最小二乘估计:

$$H = \begin{bmatrix} \varphi_1\|X_1 - c_1\| & \varphi_2\|X_1 - c_2\| & \cdots & \varphi_p\|X_1 - c_P\| & 1 \\ \varphi_1\|X_2 - c_1\| & \varphi_2\|X_2 - c_2\| & \cdots & \varphi_p\|X_2 - c_P\| & 1 \\ \vdots & \vdots & & \vdots & \vdots \\ \varphi_1\|X_m - c_1\| & \varphi_2\|X_m - c_2\| & \cdots & \varphi_p\|X_m - c_P\| & 1 \end{bmatrix} \tag{5.80}$$

则

$$\hat{\omega} = (H^{\mathrm{T}}H)^{-1}H^{\mathrm{T}}Y = \begin{bmatrix} w_1, w_2, \cdots, w_P, \theta_p \end{bmatrix} \tag{5.81}$$

式中,$Y = [y_1, y_2, \cdots, y_m]^{\mathrm{T}}$,为与样本点对应的响应值。则使用径向基神经网络进行拟合的预测点近似值数学公式为

$$y = w_1\varphi_1(x) + w_2\varphi_2(x) + \cdots + w_P\varphi_P(x) + \theta_p \tag{5.82}$$

3. Kriging 模型

Kriging 方法最初用在地理统计学领域,近年来作为一种新型的响应面技术得到了工程优化领域的广泛关注。Kriging 模型可以进行曲线插值和响应面近似,该模型可看成全局模型和局部偏差的组合。

工程计算中，Kriging 模型的一般数学表述为

$$y = F(\boldsymbol{x}) + Z(\boldsymbol{x}) \tag{5.83}$$

式中，$F(\boldsymbol{x})$ 为已知的多项式函数(类似于多项式响应面模型)，代表设计空间的一个全局模型；$Z(\boldsymbol{x})$ 为一个随机统计过程，其均值为零，方差为 σ^2，协方差矩阵形式为

$$\text{Cov}\left[Z(\boldsymbol{x}^i), Z(\boldsymbol{x}^j)\right] = \sigma^2 R(\boldsymbol{x}^i, \boldsymbol{x}^j) \tag{5.84}$$

式中，$R(\boldsymbol{x}^i, \boldsymbol{x}^j)$ 为 n_s 个样本点中任意两个样本点 $\boldsymbol{x}^i$、$\boldsymbol{x}^j$ 之间的相关函数。使用较多的高斯相关函数的形式为

$$R(\boldsymbol{x}^i, \boldsymbol{x}^j) = \prod_{k=1}^{n_{\text{dv}}} \exp\left[-\theta_k \left(x_k^i - x_k^j\right)^2\right] \tag{5.85}$$

式中，n_{dv} 为设计变量的维数；θ_k 为待定参数；x_k^i 和 x_k^j 分别为第 i 个和第 j 个样本点的第 k 维坐标。

易知，$\boldsymbol{R}$ 为 $n_s \times n_s$ 的对称矩阵：

$$\boldsymbol{R} = \begin{bmatrix} R(\boldsymbol{x}^1, \boldsymbol{x}^1) & \cdots & R(\boldsymbol{x}^1, \boldsymbol{x}^{n_s}) \\ \vdots & & \vdots \\ R(\boldsymbol{x}^{n_s}, \boldsymbol{x}^1) & \cdots & R(\boldsymbol{x}^{n_s}, \boldsymbol{x}^{n_s}) \end{bmatrix} \tag{5.86}$$

确定了相关函数的形式后，对于任意给定的观测点 $\boldsymbol{x}$，预测值 $\hat{y}(\boldsymbol{x})$ 可以表示为

$$\hat{\boldsymbol{y}} = \hat{\boldsymbol{\beta}} + \boldsymbol{r}^{\text{T}}(\boldsymbol{x}) \boldsymbol{R}^{-1} \left(\boldsymbol{y} - \boldsymbol{F}\hat{\boldsymbol{\beta}}\right) \tag{5.87}$$

式中，$\boldsymbol{y}$ 为 n_s 维列向量，对应每个样本点的响应值；$\boldsymbol{F}$ 为 n_s 维列向量，当式(5.83)中的 $F(\boldsymbol{x})$ 取一常数时，$\boldsymbol{F}$ 为 n_s 维单位列向量；$\boldsymbol{r}^{\text{T}}(\boldsymbol{x})$ 为预测点 $\boldsymbol{x}$ 与样本点 $\{\boldsymbol{x}^1, \boldsymbol{x}^2, \cdots, \boldsymbol{x}^{n_s}\}$ 之间的相关向量，形式为

$$\boldsymbol{r}^{\text{T}}(\boldsymbol{x}) = \left[R(\boldsymbol{x}, \boldsymbol{x}^1), R(\boldsymbol{x}, \boldsymbol{x}^2), \cdots, R(\boldsymbol{x}, \boldsymbol{x}^{n_s})\right]^{\text{T}} \tag{5.88}$$

式中，$\hat{\boldsymbol{\beta}}$ 可由广义最小二乘法得到：

$$\hat{\boldsymbol{\beta}} = (\boldsymbol{F}^{\text{T}} \boldsymbol{R}^{-1} \boldsymbol{F})^{-1} \boldsymbol{F}^{\text{T}} \boldsymbol{R}^{-1} \boldsymbol{y} \tag{5.89}$$

方差的估计值 $\hat{\sigma}^2$ 可以由全局模型 $\hat{\boldsymbol{\beta}}$ 和 $\boldsymbol{y}$ 估算得到：

$$\hat{\sigma}^2 = \frac{(\boldsymbol{y} - \boldsymbol{F}\hat{\boldsymbol{\beta}})^{\text{T}} \boldsymbol{R}^{-1} \left(\boldsymbol{y} - \boldsymbol{F}\hat{\boldsymbol{\beta}}\right)}{n_s} \tag{5.90}$$

同样，当式 (5.83) 中 $F(\boldsymbol{x})$ 取一常数 $\hat{\boldsymbol{\beta}}$ 时，式 (5.90) 中的 $\boldsymbol{F}$ 为 n_s 维单位列向量。待定参数 θ_k 可以由极大似然估计计算得出，即如下函数取最大值时的 θ_k：

$$L(\theta_k) = -\frac{n_s \ln \hat{\sigma}^2 + \ln|\boldsymbol{R}|}{2}, \quad \theta_k > 0 \qquad (5.91)$$

式中，$\hat{\sigma}^2$ 和 $|\boldsymbol{R}|$ 均为 θ_k 的函数。通过求解式 (5.91) 的 k 维无约束非线性最优问题，利用得到的 $\hat{\boldsymbol{\beta}}$ 和 θ_k，就能够建立最优拟合的 Kriging 模型，继而可以得到未知点 $\boldsymbol{x}$ 处的预测值 $\hat{\boldsymbol{y}}(\boldsymbol{x})$。

4. 精确度评估方法

可以使用复相关系数 R^2 来检验多项式响应面模型的近似精度。复相关系数 R^2 定义为

$$R^2 = 1 - \sum_{i=1}^{n}(y_i - \hat{y}_i)^2 \Big/ \sum_{i=1}^{n}(y_i - \bar{y})^2 \qquad (5.92)$$

式中，n 为模型验证的样本数量；y_i 为真实响应值；$\hat{y}_i$ 为由响应面得到的估计值；$\bar{y}$ 为真实响应值的均值。响应面的拟合精度越高，R^2 越接近于 1。

RBF 模型和 Kriging 模型均为插值函数，评估其近似精度时，必须给出新的测试点。可使用相对误差均值 $\bar{e}$ 和相对误差标准差 σ_e 对该类经过样本点的近似模型进行精度评估。

相对误差均值 $\bar{e}$ 定义为

$$\bar{e} = \frac{1}{N}\sum_{i=1}^{N}\left|\frac{y_i - \hat{y}_i}{y_i}\right| \qquad (5.93)$$

式中，y_i 和 $\hat{y}_i$ 分别为第 i 个测试样本点对应的真实响应值和估计值；N 为测试样本点的个数。显然，近似模型的精度越高，$\bar{e}$ 值越接近于零。

相对误差标准差 σ_e 的定义为

$$\sigma_e = \sqrt{\sum_{i=1}^{N}(e_i - \bar{e})^2 / N} \qquad (5.94)$$

式中，$e_i = \left|\dfrac{y_i - \hat{y}_i}{y_i}\right|$；$\sigma_e$ 为所有样本点相对误差在 $\bar{e}$ 周围的集中程度，σ_e 越小，表明样本相对误差值越集中于 $\bar{e}$。

5. 近似模型的适用性

为了对不同近似模型的拟合精度和拟合效率进行分析，充分研究近似模型的适用性，文献[24]中提供了多个测试函数，分别代表了不同类型的工程问题。选择两个测试函数，分别对 RSM、RBF 和 Kriging 模型这三种近似技术的适用程度进行了研究。

算例 5.1

$$f(x) = (30 + x_1 \sin x_1)\left[4 + \exp(-x_2^2)\right], \quad x_1, x_2 \in [0,10]$$

该函数代表变量较少的高阶非线性问题。采用拉丁超立方试验设计，在设计空间内分别取 20、50 个样本点，建立了 RSM、RBF 和 Kriging 模型，测试函数的真实曲面与近似模型的函数曲面对比如图 5.2 所示。随机选取了 20 个测试点，用于模型精度的评估，对比结果如图 5.3 所示。

通过计算可以发现：

(1)对于少变量高阶非线性问题，在使用较少数目样本点的情况下，四阶 RSM 模型、Kriging 模型可以达到较高的近似精度，其次为 RBF 模型、三阶 RSM 模型和二阶 RSM 模型。

(2)适当增加样本点的数量，可以提高近似模型的近似精度。在保证足够多样本点的情况下，RBF 模型与 Kriging 模型的近似精度最好；增加样本点的数量，RSM 模型对高阶非线性问题的近似精度提高的空间不大，可以说，二阶 RSM 模型和三阶 RSM 模型不适合作为高阶非线性问题的近似模型。

(3)随着 RSM 阶数的提高，模型对于高阶非线性问题的拟合精度也大幅提高，四阶 RSM 模型与 RBF 模型、Kriging 模型近似效果相当。

(4)对于精度要求较高的近似计算，可以准备足够多样本点并采用 RBF 模型或 Kriging 模型，从效率和精度折中出发，四阶 RSM 模型为最佳选择。

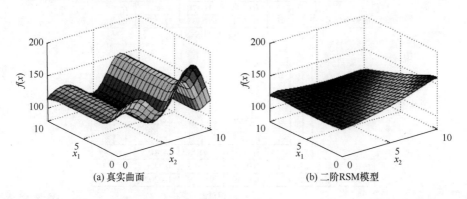

(a) 真实曲面　　　　　　　　(b) 二阶RSM模型

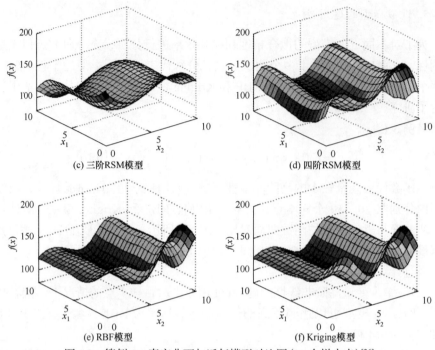

(c) 三阶RSM模型　　　　　　　　(d) 四阶RSM模型

(e) RBF模型　　　　　　　　(f) Kriging模型

图 5.2　算例 5.1 真实曲面与近似模型对比图（20 个样本点）[26]

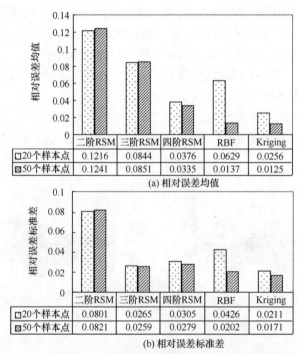

	二阶RSM	三阶RSM	四阶RSM	RBF	Kriging
□20个样本点	0.1216	0.0844	0.0376	0.0629	0.0256
▨50个样本点	0.1241	0.0851	0.0335	0.0137	0.0125

(a) 相对误差均值

	二阶RSM	三阶RSM	四阶RSM	RBF	Kriging
□20个样本点	0.0801	0.0265	0.0305	0.0426	0.0211
▨50个样本点	0.0821	0.0259	0.0279	0.0202	0.0171

(b) 相对误差标准差

图 5.3　不同近似模型精度的对比[26]

算例 5.2

$$y = \sum_{i=1}^{n_{dv}} \left[\frac{3}{10} + \sin\left(\frac{16}{15} x_i - \varepsilon \right) + \sin^2\left(\frac{16}{15} x_i - \varepsilon \right) \right], \quad x_i \in [-1,1]$$

该算例是 Giunta 等[21]为了比较二阶 RSM 模型和 Kriging 模型提出的测试函数，并通过改变参数 ε 以获得高阶非线性与低阶非线性的效果，如图 5.4 所示。

为了考察近似模型对多变量函数的拟合能力，设计变量个数 n_{dv} 取为 5，并考虑低阶非线性（ε 取 0.2）和高阶非线性（ε 取 1）两种情况。采用拉丁超立方试验设计，在设计空间内分别取

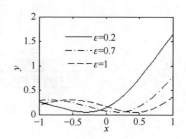

图 5.4　$n_{dv}=1$ 时的测试函数曲线[26]

50 个样本点和 100 个样本点，建立了二阶 RSM 模型、RBF 模型和 Kriging 模型。并随机选取了 80 个测试点，用于模型精度的评估，结果如图 5.5 和图 5.6 所示。

通过计算可以发现：

(1)对于多变量低阶非线性问题，使用一定数目的样本点，三种近似模型可以具有非常好的近似能力，以所有样本点相对误差在 $\bar{e}$ 周围的集中程度来看，二阶 RSM 模型对多变量低阶非线性问题的拟合能力最好。

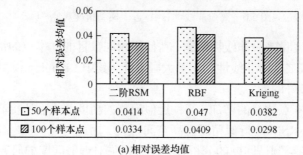

	二阶RSM	RBF	Kriging
□ 50个样本点	0.0414	0.047	0.0382
▨ 100个样本点	0.0334	0.0409	0.0298

(a) 相对误差均值

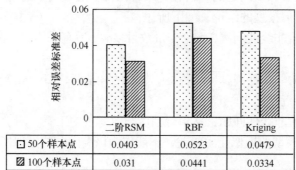

	二阶RSM	RBF	Kriging
□ 50个样本点	0.0403	0.0523	0.0479
▨ 100个样本点	0.031	0.0441	0.0334

(b) 相对误差标准差

图 5.5　低阶非线性(ε=0.2)近似模型精度对比[26]

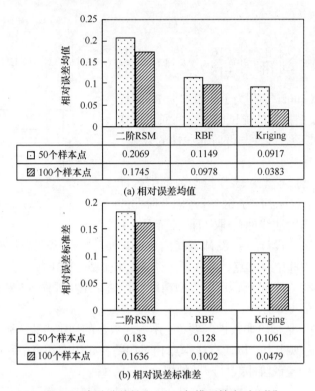

图 5.6　高阶非线性($\varepsilon=1$)近似模型精度对比[26]

(2) 对于多变量高阶非线性问题，在使用相同数目的样本点的情况下，三种模型的近似精度较之低阶非线性问题都大幅下降，其中，Kriging 模型在该类问题的近似上表现了最好的能力。

(3) 随着样本点数目的增加，三种近似模型的精度都能有所提高，但是对于高阶非线性问题，RSM 的近似精度提高空间不大，因此对此类问题不适用。

通过以上两类测试问题的分析，并结合以往对近似问题的研究，可以给出实际问题中选择近似模型的结论，如下所述：

(1) 对于低阶非线性问题，无论变量数目多少，适宜采用效率高且精度较高的二阶 RSM 模型。

(2) 对于高阶非线性问题，准备足够数量的样本点，Kriging 模型与 RBF 模型都具有相当好的近似能力。

(3) 对于高阶非线性问题，从拟合精度与效率折中来看，四阶 RSM 模型为首选，二阶 RSM 模型的近似能力较差，不能作为该类问题的近似模型。

参 考 文 献

[1]　陈继平, 李元科. 现代设计方法[M]. 武汉: 华中科技大学出版社, 1997.

[2] 谢祚水. 结构优化设计概论[M]. 北京: 科学出版社, 1997.

[3] 程耿东. 工程结构优化设计基础[M]. 大连: 大连理工大学出版社, 2012.

[4] Eberhart R, Kennedy J. A new optimizer using particle swarm theory[C]. Proceedings of the 6th International Symposium on Micro Machine and Human Science, Nagoya, 1995.

[5] Kennedy J, Eberhart R. Particle swarm optimization[C]. Proceedings of IEEE International Conference on Neural Networks, Perth, 1995.

[6] Kennedy J, Spears W M. Matching algorithms to problems: An experimental test of the particle swarm and some genetic algorithms on the multimodal problem generator[C]. IEEE International Conference on Evolutionary Computation Proceedings, IEEE World Congress on Computational Intelligence, Anchorage, 1998.

[7] 蔡昊鹏. 基于面元法理论的船用螺旋桨设计方法研究[D]. 哈尔滨: 哈尔滨工程大学, 2011.

[8] Shi Y, Eberhart R C. Parameter selection in particle swarm optimization[C]. International Conference on Evolutionary Programming VII, San Diego, 1998.

[9] Shi Y, Eberhart R C. Empirical study of particle swarm optimization[C]. Proceedings of the Congress on Evolutionary Computation, Washington, 1999.

[10] Clerc M. The swarm and the queen: Towards a deterministic and adaptive particle swarm optimization[C]. Proceedings of the Congress on Evolutionary Computation, Washington, 1999.

[11] Kirkpatrick S, Gelatt C D, Vecchi M P. Optimization by simulated annealing[J]. Science, 1983, 220(4598): 671-680.

[12] 余雄庆, 薛飞, 穆雪峰, 等. 用遗传算法提高协同优化方法的可靠性[J]. 中国机械工程, 2003, 14(21): 1808-1881.

[13] 崔逊学. 多目标进化算法及其应用[M]. 北京: 国防工业出版社, 2008.

[14] Goldberg D E. Genetic Algorithms in Search, Optimization and Machine Learning[M]. Boston: Addison-Wesley, 1989.

[15] Deb K, Agrawal S, Pratap A, et al. A fast elitist non-dominated sorting genetic algorithm for multi-objective optimization: NSGA-II [J]. Lecture Notes in Computer Science, 2000, 1917: 849-858.

[16] 陈婕, 熊盛武, 林宛如. NSGA-II算法的改进策略研究[J]. 计算机工程与应用, 2007, 47(19): 42-45.

[17] 陈魁. 试验设计与分析[M]. 北京: 清华大学出版社, 2005.

[18] 田口玄一. 开发、设计阶段的质量工程学[M]. 中国兵器工业质量管理协会, 译. 北京: 兵器工业出版社, 1990.

[19] 方开泰, 马长兴. 正交与均匀试验设计[M]. 北京: 科学出版社, 2001.

[20] 张科施. 飞机设计的多学科优化方法研究[D]. 武汉: 西北工业大学, 2006.

[21] Giunta A A, Dudley J, Narducci R, et al. Noisy aerodynamic response and smooth approximations in HSCT design[C]. Proceedings of the 5th AIAA/USAF/NASA/ISSMO Symposium on Multidisciplinary Analysis and Optimization, Panama City Beach, 1994.

[22] Kaufman M, Balabanov V, Giunta A A, et al. Variable-complexity response surface approximations for wing structural weight in HSCT design[J]. Computational Mechanics, 1996, 18(2): 112-126.

[23] Xu Y, Li S, Rong X. Composite structural optimization by genetic algorithm and neural network response surface modeling[J]. Chinese Journal of Aeronautics, 2005, 18(4): 310-316.

[24] Jin R, Chen W, Simpson T W. Comparative studies of metamodeling techniques under multiple modelling criteria[J]. Structural and Multidisciplinary Optimization, 2001, 23(1): 1-13.

[25] 任远, 白广忱. 径向基神经网络在近似建模中的应用研究[J]. 计算机应用, 2009, 29(1): 115-118.

[26] 杨卓懿. 无人潜器总体方案设计的多学科优化方法研究[D]. 哈尔滨: 哈尔滨工程大学, 2012.

6

AUV 结构性能优化方法

AUV 结构性能优化，以 AUV 耐压结构和非耐压的载体结构为研究对象，在本书中主要指数值结构优化或计算机结构优化，其研究内容是把数学规划理论与力学分析方法结合起来，以计算机为工具，建立一套科学、系统、可靠而又高效的方法和软件，自动地改进和优化受各种条件限制的 AUV 设计结构。

6.1　结构性能优化概述

6.1.1　结构优化的发展

传统的结构设计方法是设计人员根据经验和判断提出设计方案，随后用力学理论对给定的方案进行分析、校核。若方案不满足约束限制，则人工调整设计变量，重新进行分析、校核，直到找到一个可行方案，即满足各种条件限制的方案。这个设计过程周期长、费用高、效率低，并且得到的结果仅是可行方案，多数不是最优设计。传统的方法无论是分析还是设计都存在大量的简化和经验，准确性差。科学技术的发展、工程结构复杂性的增加及其要求的提高，传统的设计方法已不能满足需要，人们希望出现一种准确性好又有良好的设计效率的新方法。计算机的出现，使这种要求成为可能，各种计算机辅助分析、计算机辅助设计技术相继出现。其中有限元分析、优化设计是主要的基础方法[1]。

1960 年，Schmit[2]首先引入数学规划理论与有限元方法结合求解多种载荷情况下弹性结构的最小重量设计问题，形成了全新的结构优化的基本思想，意味着现代结构优化技术的开始。该概念一经出现，很快受到了许多学者尤其是结构设计工程师的关注并开展了广泛深入的研究。随着计算机的发展，结构分析能力和手段的不断完善，数学寻优技术的提高，结构优化已成为计算力学中最活跃的分支之一。结构优化研究的范围十分广泛，从研究层次上看可有尺寸优化问题、形状优化问题[3,4]以及材料选择[5]、拓扑优化问题；从问题的复杂程度看已经从简单的桁架设计发展到梁、板、壳等多种复杂元素的结构设计；设计变量有连续性、离散性；约束从最初的应力、位移发展到稳定、动力特性等。随着对工程设计概念，如可靠性、模糊等不确定性因素的认识，相应的优化模型也已提出，如基于可靠性概念的优化设计、结构模糊优化、单目标优化设计、多目标优化设计等。

20 世纪 70 年代，人们把数学中最优解应满足的 Kuhn-Tucker 条件作为最优结构满足的准则，使通用性得到提高，理论性得到加强。优化准则法最突出的特点是迭代次数少，且迭代次数对设计变量的增加不敏感，因此具有很高的计算效率，优化准则也易于编程。所以在此期间，用于大型结构优化的实用软件多数采用准则法。在准则法发展的同时，以数学规划为基础的结构优化方法一直没有间断，到 70 年代中期，结构优化的近似概念开始提出，主要包括设计变量链化、约束暂时删除、利用导数信息对主动约束进行泰勒级数展开等，从而使规划方法有了新的生命力。近似概念的引入，实际上将原问题转化成为一系列近似优化问题，通过求解近似问题来逼近原问题的解。近似问题中的目标函数和约束函数均为显函数，故近似问题易于求解。在整个近似问题的求解过程中无须再做结构分析，即每形成一个近似问题，只需一次结构分析和灵敏度分析，故与结构优化概念引入初期直接用数学规划理论求解方法相比，结构分析次数大大减少，其计算效率与准则法相当。

结构优化软件系统的开发与基础方法研究具有同样的重要性，软件是结构优化用于实际结构的工具。航空工业首先推动了结构优化的发展，也是目前开发和应用结构优化软件的主要行业。一些大的商用有限元分析系统如 MSC/Nastran、ANSYS 也已把灵敏度分析及优化方法包含进去。结构优化有三个基础，一是计算机技术，二是结构分析方法，三是数学规划理论。计算机技术经过几十年的发展，无论是硬件还是软件水平都有很大提高，而且迅速发展，为结构分析与优化提供了越来越好的实现环境；结构分析主要采用有限元分析方法，有限元分析方法比结构优化略早，但它们几乎是同时发展的，但有限元分析方法相当完美的变分原理理论基础及其良好的数值性质使它很快被工程界接受，并早已广泛应用，现已成为结构力学等领域主要的分析工具。有限元技术为结构优化提供了可靠、强大的分析手段；数学规划为结构优化奠定了良好的数学基础，目前严格数学规划方法能处理的变量和约束还不多，主要是不能解决变量多、约束多这样的工程设计问题。如何把数学规划理论应用于结构优化设计，根据结构设计的特点提出通用性、效率及可靠性等均良好的方法正是几十年来人们追求的目标。

6.1.2　结构优化的方法

结构优化设计的基本步骤为：①建立数学模型，将优化设计问题转化为数学规划问题，即选取设计变量、建立目标函数、确定约束条件；②选择最优化计算方法；③按算法编写迭代程序；④利用计算机选出最优设计方案；⑤对优选出的设计方案进行分析判断，看其是否符合工程实际。

结构优化方法的好坏，尤其按大型、复杂工程结构应用的观点，应按下列的几个方面衡量：

(1)可靠性。无论初始点在哪里，均应收敛到某一局部最优点，这就是可靠性或称全局收敛性、鲁棒性或稳定性。

(2)通用性。通用性是指算法能处理等式和不等式各种约束，并且对目标、约束函数的形式没有限制。

(3)有效性。算法应在较少的迭代次数内收敛，并且在每次迭代内应有较少的计算量，结构优化问题主要以有限元分析次数衡量计算效率，灵敏度分析计算量也是重要的指标。

(4)准确性。准确性是指算法收敛到精确的数学意义上最优点的能力。在实际应用中，对准确性不一定要求很高，但准确性良好的算法往往数学背景严密，有更好的可靠性。

(5)易使用性。软件要面向有经验和无经验两类设计人员，尤其是使对结构优化理论不熟悉的人员也能较快地掌握，这就要求算法不能有太多的人工调整的参数。

上述几项要求之间有的是相互抵触的，有的是相互联系的。易于使用、精确度高的算法通常可靠性也高，效率高的方法往往损失了一定的可靠性，反之亦然。可靠性、计算效率和通用性是结构优化方法用于实际最重要的要求。

6.1.3　AUV 结构性能优化

AUV 的结构主要分为水密的耐压结构和直接浸于水中的非耐压框架结构。对于 AUV 等潜水器的耐压结构，国内规范沿用了潜艇设计计算规范中的相关部分，对耐压结构的强度和稳定性所提出的计算及其校核标准，是针对常规潜艇和核潜艇的艇体结构设计，规范中所提供的各种应力和屈曲压力计算公式是针对潜深在 300m 左右、半径厚度比超过 20、采用 600MPa 级的 921 材料的耐压结构[6]。一般潜艇的半径厚度比在 100 左右，所以规范的理论基础为薄壳理论。对于大深度潜水器，其耐压壳的结构形式、制造材料及几何参数特点与一般潜艇有显著的差别，以日本"深海 6500"耐压球壳为例，其半径厚度比为 14，达到中厚壳范围，结构在达到其极限承载力时材料已进入非线性屈服阶段，这时，横向剪切变形的影响必须予以考虑。AUV 的工作深度通常比潜艇大得多，耐压壳材料多选用高比重的铝合金材料、钛合金材料等，耐压壳的结构设计不能完全采用由潜艇结构设计计算归纳的图表公式。

随着有限元及计算机技术的迅猛发展，有限元计算软件越来越多地用来预测和模拟计算结构的力学性能、破坏强度和破坏过程，已成为设计阶段不可或缺的工具。对 AUV 载体框架结构更是如此。载体框架是复杂的三维空间桁架结构，目前尚无成熟的简化计算方法和校核规则，因而采用结构有限元分析技术进行结构强度分析是载体框架结构优化和强度校核的基本手段。在有限元分析的基础上，结合优化算法、优化工具也成为当前结构工程领域最为主流的优化方式。文献[7]～[9]总结了 7000m 深海载人潜水器载体框架的结构设计要点和强度分析方法，采用 ANSYS 对载体框架的固化方案建立了三维结构有限元模型，并进行了单点吊放和甲板系固工况下的强度和刚度校核。洪林等[10]基于参数化设计的思想，利用 MSC Patran/Nastran 的优化工具实现了大深度潜水器的主框架结构强度计算及重量优化。

另外一种结构优化方式是先采用有限元分析方法对潜水器结构进行强度和稳定性分析，再将构件尺寸做系列化处理，将计算结果形成统计资料，应用近似模型技术，根据统计资料建立近似计算模型。将近似模型与优化算法相结合，这种方法既可以节约计算成本，又能保证足够的精度。

6.2 基于参数化有限元的结构优化方法

6.2.1 参数化设计的基本方法

早期的 CAD 系统是先绘制出图形，然后通过人机交互进行尺寸标注，由于系统是用固定的尺寸值定义几何元素的，因此设计者只有对产品的形状、大小、各种属性有了完整的构思后，才能用计算机生成和输出图形，但在其几何模型数据库中只有图素的几何信息，各图素之间没有约束关系，系统缺乏对非图形信息，如设计知识、设计约束、功能条件等的表达和处理能力，修改设计变得相当困难。这种设计方法只存储了设计的最后结果，而丢失了设计的过程信息。参数化设计正是针对这些不足应运而生的。设计者可以根据自己的意图很方便地勾勒出设计草图，系统同时自动建立设计对象内部各种元素之间的约束关系，以便设计者更新草图尺寸时，系统通过推理机能自动更新校正草图的几何形状并获得几何特征点的正确位置分布。

在参数化设计系统中，设计者根据工程关系和几何关系来指定设计要求。要满足这些设计要求，不仅需要考虑尺寸或工程参数的初值，而且要在每次改变这些设计参数时来维护这些基本关系，即将参数分为两类：其一为各种尺寸值，称为可变参数；其二为几何元素间的各种连续几何信息，称为不变参数。参数化设计的本质是在可变参数的作用下，系统能够自动维护所有的不变参数。因此，参数化模型中建立的各种约束关系，正是体现了设计者的设计意图。设计过程可视为约束满足的过程，设计活动本质上是通过提取产品的有效约束来建立其约束模型并进行约束求解。设计活动中的约束主要来自功能、结构和制造三个方面。

功能约束是对产品所能完成的功能的描述，结构约束是对产品结构强度、刚度等的表示，制造约束是对制造资源环境和加工方法的表达。在设计过程中，根据实际情况，将这些约束综合成设计目标，或将它们映射成为特定的几何/拓扑结构，从而转化为几何约束。几何约束就是要求几何元素之间必须满足某种特定的关系，如在 AUV 载体结构框架尺寸设计时一定要考虑总布置设计，为相应位置处的任务载荷、通信、导航等设备预留尺寸。将几何约束作为构成几何/拓扑结构的几何基准要素和表面轮廓要素，可以导出各种形状结构的位置和形状参数，从而形成参数化的结构几何模型。

6.2.2　参数化有限元分析方法

即使同样应用计算机辅助设计/计算机辅助制造(computer aided design/computer aided manufacturing，CAD/CAM)技术，不同学科领域的设计目标有着特定的设计要求，因此将参数化设计与每个特定的领域高精度的性能分析计算联系起来具有重要意义，例如，将 AUV 载体结构建立基于参数化的设计模型，与相应的结构性能分析计算、优化算法进行集成，可以帮助设计者高效率地实现结构设计的最优化。

根据结构的设计特点与分析要求，用参数描述其特征尺寸，并在建立有限元模型与分析时，以参数表征其过程，从而实现可变结构参数的有限元分析。这实质上是一种采用语言描述法进行结构的参数化设计，而后进行有限元分析的方法。当前主流的有限元分析软件都具有采用专用程序语言驱动的参数化建模方式。以大型通用有限元分析软件 ANSYS 为例，采用 APDL(ANSYS parametric design language)作为 ANSYS 参数化设计语言，即可以作为在 ANSYS 平台上解释执行的高级计算机语言。APDL 用建立智能分析的手段为用户提供了自动完成有限元分析过程的功能，也就是说，程序的输入可设定为根据指定的函数、变量及选出的分析标准作决定。它允许复杂的数据输入，使用户对任何设计或分析属性有控制权，如几何尺寸、材料、边界条件和网格密度等，扩展了传统有限元分析范围以外的能力，并扩充了更高级运算包括灵敏度研究、零件参数化建模、设计修改及设计优化，为用户控制任何复杂计算的过程提供了极大的方便。它实质上由类似于 Fortran77 的程序设计语言部分和 1000 多条 ANSYS 命令组成。其中，程序设计语言部分与其他编程语言一样，具有参数、数组表达式、函数、流程控制(循环与分支)、重复执行命令、缩写、宏及用户程序等。标准的 ANSYS 程序运行是由 1000 多条命令驱动的，这些命令可以写进程序设计语言编写的程序，命令的参数可以赋确定值，也可以通过表达式的结果或参数的方式进行赋值。从 ANSYS 命令的功能上讲，它们分别对应 ANSYS 分析过程中的定义几何模型、划分单元网格、材料定义、添加载荷和边界条件、控制和执行求解和后处理计算结果等指令。

采用 APDL 进行参数化有限元分析的具体实施步骤如下[11]：

(1)利用参数化设计思想，根据模型的几何结构抽象出描述模型的特征参数，并对分析模型在不影响精度的情况下适当简化。

(2)用 ANSYS 的命令流文件建立包含实体建模、分析过程、结果处理过程的有限元分析流程。

(3)用 APDL 将抽象出的特征参数代替建模中的参数，构成可变参数的有限元分析流程。

(4)根据设计分析要求，将参数赋予具体的特征值，并进行有限元计算分析，获取结果。前三步工作完成后，在进行结构分析时只需重复第(4)步就可不断获得新的分析结果，使用人员甚至无须了解有限元的具体分析过程与方法，就可得到有限元分析结果。

参数化有限元分析的核心内容是编制可变参数的有限元分析流程文件，一个完善的有限元分析流程文件应包含四项内容：以变量形式定义特征参数并赋值、用特征参数表征的实体建模过程描述、分析类型与分析过程的定义、分析结果的抽取与处理定义。

参数化有限元分析流程文件编写完毕后，使用时只需根据设计分析模型的参数值，对特征参数的数值进行修改即可获得新的分析流程文件。在给定新的模型参数后，新的实体模型和新一轮的有限元分析直至后处理操作都是自动实现的。对于在初步设计阶段或详细设计阶段具有较大反复性的设计分析过程，引入上述参数化有限元分析的思想以后，可使结构分析的繁杂工作简化为仅仅是输入设计参数。

6.2.3 结构优化过程

参数化有限元分析方法如果与优化算法相结合，即可应用到结构的优化设计，由于这种基于参数化有限元的结构优化方法具备可集成、可嵌入的特点，也是当前结构优化设计的研究热点之一。

从优化的角度出发，每次根据分析结果修改设计，即修改有限元模型，反复计算，反复分析，不但造成计算时间难以承受，而且在某些算法上还容易使寻优结果陷入局部最优解。如 6.1 节中所述，众多研究围绕着参数化结构有限元模型与响应面近似模型技术的结合实现，用以解决以上问题。响应面模型同时考虑了拟合精度和拟合效率，能够替代原来的有限元数值计算模型，大幅提高优化计算的效率。图 6.1 为采用参数化有限元分析模型、结合试验设计和响应面近似模型技术的一种通用的结构优化设计策略。

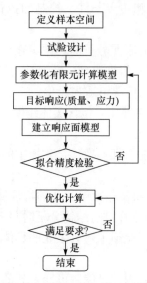

图 6.1　采用参数化有限元分析模型的结构优化流程

6.3　耐压结构的优化方法

保证 AUV 耐压壳具有足够的强度和稳定性是设计 AUV 成败的关键因素。如何比较全面地考虑耐压壳材料及建造、施工和使用过程中的各个因素，从而在工程上具有较高精度地预测耐压壳破坏载荷，是设计者关心的主要问题。

大深度 AUV 耐压壳，其所用材料、结构形式特点较之潜艇一般结构形式有着显著的差别，因此对超出规范适用范围的潜水器耐压结构，不能完全照搬规范中的设计公式与图表数据来完成强度与稳定性的计算。用有限元分析方法来模拟计算潜水器耐压结构的破坏强度和破坏过程是耐压结构设计过程中不可缺少的环节。由于内部的设备布置要求、材料及结构的加工工艺和制造条件、经济性等众多因素，潜水器目前普遍采用球壳和矩形环肋圆柱壳形式的耐压结构。

下面给出一个 AUV 圆柱壳结构性能优化的完整例子，其中采用参数化程序设计语言 APDL 编写系列钛合金耐压壳的有限元计算程序，利用近似模型技术构造耐压壳结构参数与应力、屈曲压力的多种近似模型，并对多种近似模型的精度与计算效率进行对比。

6.3.1　圆柱壳结构性能近似模型的建立

根据矩形环肋圆柱壳的结构特点，在建立结构性能近似模型时，选取 6 个设计变量，分别为耐压壳半径 x_1、长度 x_2、厚度 x_3、肋骨间距 x_4、肋骨高度 x_5、肋骨宽度 x_6。本例中主要是针对工作潜深 2000m 的 AUV 开展研究[12]，考虑 1.5 倍的安全系数，模型的计算压力取 P_j=30MPa。根据同类型潜水器的设计经验，6 个设计变量取值范围如下：

$$0.150\text{m} \leqslant x_1 \leqslant 0.400\text{m}, \quad 1.000\text{m} \leqslant x_2 \leqslant 3.000\text{m}, \quad 0.005\text{m} \leqslant x_3 \leqslant 0.020\text{m}$$

$$0.060\text{m} \leqslant x_4 \leqslant 0.200\text{m}, \quad 0.005\text{m} \leqslant x_5 \leqslant 0.040\text{m}, \quad 0.005\text{m} \leqslant x_6 \leqslant 0.040\text{m}$$

对于 AUV，其下潜深度大、所承受压力大，导致所需耐压壳的厚度半径比较大，已不符合薄壳理论的相关内容，因此在有限元分析时采用实体建模，选实体单元 Solid186 对模型进行网格划分。在实际使用时，耐压壳两端与封头连接形成水密舱，在对有限元模型设置约束条件时，对圆柱壳端部进行六自由度的完全约束。参照规范[13]，在计算结果中分别提取相邻肋骨中点处壳板的周向应力 σ_1、肋骨处壳板的轴向应力（支座边界处壳板横剖面上的内表面应力）σ_2、肋骨应力 σ_3。图 6.2 为求解后的位移应变云图，周向、轴向及肋骨的应力云图。从图 6.2 中可以看到，外压压力舱的计算与《潜艇强度》[14]中的理论分析是一致的，即在相邻肋骨跨度的中点处出现了壳板周向的最大应力，在肋骨与圆柱壳连接处出现了轴向最大应力。

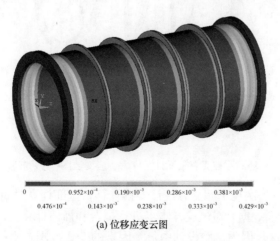

| 0 | | 0.952×10⁻⁴ | | 0.190×10⁻³ | | 0.286×10⁻³ | | 0.381×10⁻³ |

$$0\quad\quad 0.952\times10^{-4}\quad\quad 0.190\times10^{-3}\quad\quad 0.286\times10^{-3}\quad\quad 0.381\times10^{-3}$$
$$0.476\times10^{-4}\quad\quad 0.143\times10^{-3}\quad\quad 0.238\times10^{-3}\quad\quad 0.333\times10^{-3}\quad\quad 0.429\times10^{-3}$$

(a) 位移应变云图

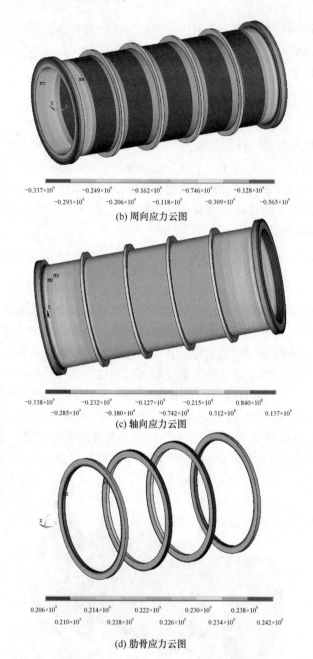

(b) 周向应力云图

(c) 轴向应力云图

(d) 肋骨应力云图

图 6.2 环肋圆柱壳有限元计算应力、应变云图[12](见书后彩图)

按照 6 因子 64 次拉丁超立方设计安排计算，全部计算时间约为 120h，得到 64 个样本点的全部数据。对试验样本点进行拟合和插值计算之前，首先对变量进行归一化处理，这是因为试验设计中每个因素的变化范围各不相同，甚至有的差别极其悬殊，还有一些因素因为量纲不同给计算带来麻烦。因此，为了保证收敛速度，需要对各因素进行编码变换。归一化处理后，各变量位于[-1,1]区间，设计空间转化为以原点为中心的立方体。归一化公式为

$$x_i' = 2\left(\frac{x_i - x_c}{x_{max} - x_{min}}\right) \tag{6.1}$$

式中，$x_c = \frac{x_{max} + x_{min}}{2}$，$x_{max}$、$x_{min}$ 分别为该变量的最大值和最小值。

为了计算方便，归一化处理后，仍使用变量 x_1、x_2、$\cdots$、x_6 表示。对试验样本点进行拟合和插值计算，得到钛合金环肋圆柱壳的应力及屈曲压力的四阶 RSM 模型、RBF 模型和 Kriging 模型。随机取 6 个测试点，见表 6.1，进行模型精度检验。

表 6.1　测试点数据　　　　　　　　（单位：m）

测试点	半径 x_1	长度 x_2	厚度 x_3	肋骨间距 x_4	肋骨高度 x_5	肋骨宽度 x_6
1	0.300	1.900	0.012	0.120	0.026	0.008
2	0.280	1.400	0.014	0.080	0.019	0.028
3	0.360	1.200	0.010	0.100	0.036	0.014
4	0.200	2.600	0.016	0.075	0.033	0.017
5	0.240	2.200	0.009	0.160	0.012	0.010
6	0.160	1.600	0.016	0.180	0.040	0.020

表 6.2 为三种近似模型与有限元数值计算结果的对比，通过对 6 个随机测试点的对比，四阶 RSM、RBF、Kriging 三种近似模型对 5 个响应值的相对误差均值的最大值分别为 30.73%、7.81%、12.96%，其中，RBF 模型的精度最高。圆柱壳失稳压力的近似值与有限元计算结果对比时，四阶 RSM 误差达到了 30.73%，严重偏离了有限元分析结果。对应力值、失稳压力值的近似误差，RBF 模型均在 10% 以内，可以在结构优化设计中选择集成 RBF 模型替代直接数值计算以提高优化效率以获得满意的结论。

表 6.2　三种近似模型精度的对比

参数	方法	样本点						误差/%
		1	2	3	4	5	6	
σ_1	ANSYS	771.93	522.50	916.48	346.35	860.70	354.58	—
	四阶 RSM	818.89	456.54	825.96	371.36	862.72	299.39	7.21
	RBF	717.59	524.15	887.47	336.96	956.82	351.68	4.88
	Kriging	744.53	526.28	898.56	362.89	897.62	364.26	3.06

续表

参数	方法	样本点						误差/%
		1	2	3	4	5	6	
σ_2	ANSYS	985.02	441.54	848.33	323.50	932.88	276.37	——
	四阶 RSM	883.17	409.25	749.30	203.82	801.80	327.16	16.07
	RBF	888.85	432.18	815.26	314.33	864.09	301.68	5.20
	Kriging	880.02	454.74	826.84	404.90	714.00	411.93	12.96
σ_3	ANSYS	612.08	397.01	706.48	254.77	655.03	207.48	——
	四阶 RSM	665.93	363.37	606.53	295.49	639.22	156.40	9.96
	RBF	549.85	389.38	669.50	259.32	725.72	191.94	5.98
	Kriging	607.28	392.10	714.10	284.18	622.74	263.38	3.91
P_{cr1}	ANSYS	19.91	31.38	16.48	48.78	9.68	61.10	——
	四阶 RSM	21.47	26.49	12.76	54.00	0.29	59.27	30.73
	RBF	20.13	30.81	15.43	51.06	8.03	60.99	6.19
	Kriging	16.77	29.80	18.52	49.57	8.00	60.73	10.43
P_{cr2}	ANSYS	22.70	50.50	29.96	83.61	10.78	91.80	——
	四阶 RSM	23.06	42.02	29.78	80.67	3.73	90.77	17.58
	RBF	24.72	48.52	26.48	81.30	9.51	87.42	7.81
	Kriging	18.47	49.05	30.14	79.37	7.23	88.46	12.01

注：样本点 1～6 数据的单位为 MPa。

6.3.2 壳体参数对结构性能的影响分析

学科模型的函数关系确定之后，可以运用一定的方法确定设计变量对目标函数的影响程度，将影响分析结果用来指导设计的搜索方向同时辅助决策，称为灵敏度分析。直接利用试验数据计算各因子的水平值对试验结果的影响大小，也称为极差分析。

在试验设计数据的基础上，使用曲线拟合的最小二乘法得出关于响应的二阶多项式表达式，在此基础上，通过求导计算各因子的水平值对试验结果的影响大小，例如，两因子的二阶多项式为

$$y(x) = a_0 + b_1 x_1 + b_2 x_2 + c_1 x_1^2 + c_2 x_2^2 + d_1 x_1 x_2 \tag{6.2}$$

求导后有

$$dy = b_1 dx_1 + b_2 dx_2 + 2c_1 dx_1 + 2c_2 dx_2 + d_1 d(x_1 x_2) \tag{6.3}$$

则因子 x_1 对试验指标 y 的影响程度为 $M_{x_1} = b_1 dx_1$。其中，dx_1 为因子 x_1 水平值的最大值与最小值之差。因子对试验指标的影响程度可以理解为函数对设计变量的灵

敏度。

通过灵敏度分析，可以得到耐压壳半径 x_1、长度 x_2、厚度 x_3、肋骨间距 x_4、肋骨高度 x_5、肋骨宽度 x_6 对各响应值的影响程度，如图 6.3～图 6.7 所示。图 6.8 给出了结构参数对总体失稳压力的影响趋势图，将各因子在其取值范围内变换到 [0,1] 区间，考虑某个因子对响应的影响时，其他因子取其水平值的均值。通过图 6.3～图 6.7 的灵敏度分析，可以发现圆柱壳结构参数对应力影响最大的两个因素为耐压壳半径 x_1 和厚度 x_3，其次为肋骨间距 x_4 与肋骨截面参数 x_5、x_6。特别是在总体失稳压力影响分析图 6.7 中，除耐压舱的半径及厚度因素外，可以看到肋骨截面参数 x_5、x_6 尤其是肋骨高度对结构稳定性的影响颇为关键，在设计时要严格控制这几个因素的变化。从图 6.8 中可以更加清晰地看到各个因子与响应的关系。其中单增的曲线为耐压壳厚度 x_3、肋骨高度 x_5 和肋骨宽度 x_6，基本单减的曲线分别为耐压壳半径 x_1、长度 x_2 及肋骨间距 x_4，也验证了以上分析的有效性。通过了解结构参数对环肋圆柱壳强度和稳定性的影响，为耐压壳的结构性能研究和优化设计指明了方向。

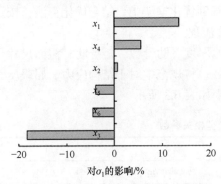

图 6.3　结构参数对周向应力的影响

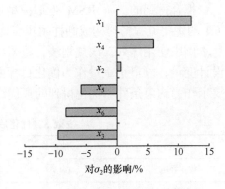

图 6.4　结构参数对轴向应力的影响

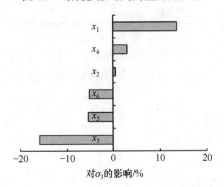

图 6.5　结构参数对肋骨应力的影响

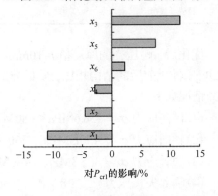

图 6.6　结构参数对局部失稳压力的影响

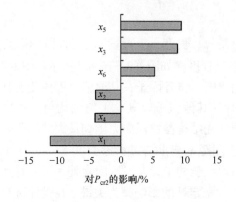 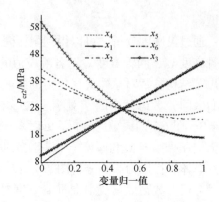

图 6.7　结果参数对总体失稳压力的影响　　图 6.8　结果参数对总体失稳压力的影响趋势

（对 P_{cr2} 的影响/%）

6.3.3　圆柱壳结构的优化结果

将拟合得到的二阶 RSM 近似模型加载到优化框架中，结合优化算法，按照图 6.1 的优化流程搭建构成圆柱耐压壳优化流程。

本例中使用序列二次规划法，将耐压舱厚度、肋骨数、矩形肋骨截面尺寸作为设计变量；以最小重量作为优化目标函数；将规范中对于结构应力、屈服压力的要求作为约束条件。优化得到的最优结果如表 6.3 所示。

表 6.3　优化后模型相关参数

参数	取值	参数	取值
内半径/m	0.155	肋骨高度/m	0.02
柱壳厚度/m	0.010	肋骨宽度/m	0.01
柱壳长度/m	0.546	肋骨数	5

优化后，耐压壳的厚度值 t=10mm，n=5，肋骨尺寸为 20mm × 10mm，质量为 32.9kg。优化前后的结构相比，质量减少了 4.91%。优化后耐压壳结构满足约束条件的情况如下：

(1)周向应力 $\sigma_1 = 458.6\text{MPa} \leqslant 680\text{MPa}(0.85\sigma_s)$。

(2)轴向应力 $\sigma_2 = 450.5\text{MPa} \leqslant 960\text{MPa}(1.2\sigma_s)$。

(3)肋骨应力 $\sigma_3 = 353.8\text{MPa} \leqslant 480\text{MPa}(0.6\sigma_s)$。

(4)临界失稳压力 $P_{cr} = 38.7\text{MPa} \geqslant 36\text{MPa}(1.2P_j)$。

参 考 文 献

[1] 许素强, 夏人伟. 结构优化方法研究综述[J]. 航空学报, 1995, 16(4): 2-13.

[2] Schmit L A. Structural design by systematic synthesis[C]. Proceedings of the 2nd Conference on Electronic Computation ASCE, New York, 1960.

[3] Schmit L A. Structural Optimization-Some Ideas and Insights[M]//Atrek E, et al. New Direction in Optimum Design. New York: Wiley, 1984.

[4] Schmit L A. Symposium Summary & Concluding Remarks[M]//Bennett J A, et al. The Optimum Shape, Automated Structural Design. New York: Plenum, 1986.

[5] Imai K. Structural optimization with material selection[M]//Morris A J. Foundation of Structural Optimization: A Unified Approach. New York: John Wiley & Sons , 1982.

[6] 刘涛. 大深度潜水器耐压壳体弹塑性稳定性简易计算方法[J]. 中国造船, 2001, 42(3): 8-14.

[7] 黄建成, 胡勇, 冷建兴. 深海载人潜水器框架结构设计与强度分析[J]. 中国造船, 2007, 48(2): 51-59.

[8] 叶彬, 刘涛, 胡勇. 深海载人潜水器外部结构设计研究[J]. 船舶力学, 2006, 10(4): 105-114.

[9] 胡勇, 赵俊海, 于涛, 等. 大深度载人潜水器上的复合材料轻外壳结构设计研究[J]. 中国造船, 2007, 48(1): 51-56.

[10] 洪林, 刘涛, 崔维成, 等. 基于参数化有限元的深潜器主框架优化设计[J]. 船舶力学, 2004, 4(8): 71-78.

[11] 陈伟, 何飞, 温卫东. 基于结构参数化的有限元分析方法[J]. 机械科学与技术, 2003, 22(6): 948-950.

[12] 杨卓懿. 无人潜器总体方案设计的多学科优化方法研究[D]. 哈尔滨: 哈尔滨工程大学, 2012.

[13] 中国船级社. 潜水系统和潜水器入级规范 2018[S/OL]. https://www.ccs.org.cn/ccswz/font/fontAction!article.do?articleId=4028e3d666135c3901667564845100fe[2019-09-05].

[14] 石德新, 王晓天. 潜艇强度[M]. 哈尔滨: 哈尔滨工程大学出版社, 1997.

7

AUV 水动力性能优化方法

在 AUV 的初步设计阶段，如果能够正确估算 AUV 的水动力性能并在此基础上对 AUV 的外形进行优化，对于改善 AUV 操纵性能，乃至提高 AUV 的续航力会有很大帮助。续航力是 AUV 顺利完成任务并回收的关键因素。提高 AUV 续航力主要有改善 AUV 的水动力性能和提高推进效率两种方式。从降低艇体阻力和提高续航力的角度出发，AUV 的水动力性能优化的途径有两种：一种是采用流线型艇体并对形状进行必要的优化；另一种是尽量避免附体突出艇体并优化多附体时的布置方案。目前，AUV 的水动力性能优化方法包括在 CFD 方法、试验流体力学方法以及两者相结合的水动力性能研究基础上，结合枚举优化、数值优化或智能优化算法，来实现艇体形状及附体布置的优化。

7.1 AUV 水动力性能优化的研究进展

7.1.1 主艇体形状优化研究现状

要想对主艇体的直航阻力性能进行优化，首先就是要准确计算不同形状主艇体的直航阻力。计算艇体阻力的方法有采用母船资料、模型试验、经验公式和 CFD方法。经验公式适用范围有限，并且计算精度较差，仅能作为参考。由于母船资料欠缺或者模型试验周期长、耗资大、设备要求高，往往难以满足多方案优化选型的进度要求，使得这些方法实施起来存在大量的困难。随着数学方法的进步，出现了基于湍动理论的人工计算方法，该方法比经验公式要好一些，若艇型产生的主要是层态流动，则计算结果比较准确，但若是湍态流动则效果并不理想。随着计算机技术的发展，CFD 计算方法获得艇体阻力得到了广泛应用。例如，Fluent是目前水动力性能 CFD 计算中比较流行的商业软件，其采用了计算流体力学主流使用的有限体积法，同时提供了众多的湍流模型、近壁面处理方式、网格自适应技术、多重网格加速收敛技术，有效保证了计算结果的真实性与可靠性，并极大地提高了计算的准确性与快捷性。

但是，目前还没有一个普遍适用的软件平台用于 AUV 主艇体形状优化，主艇体形状优化普遍采用的方法是枚举优化，即在特定的雷诺数下研究一组特定艇型，在选定的范围内寻找最优形状。Lutz 等[1]在空气动力学领域将非黏性流体力学和边界层理论相结合，发展了一套在体积一定的前提下某一速度时的阻力最小艇型求解方法。Parsons 等[2]基于势流方法发展了一套在有限种组合中寻优的回转体优化方法。Stevenson 等[3]利用 CFD 方法对"HUGIN""AUTOSUB"等七种艇型相同内部空间的前提条件下不同雷诺数时的阻力性能进行了系统的分析，其结论具有很好的参考价值。Sarkar 等[4]利用 CFD 方法对"AFTERBODY1""AFTERBODY2""MODIFIED SPHEROID"和"F-57"四种回转体形状阻力性能进行了对比，结果显示"AFTERBODY1"和"AFTERBODY2"的阻力性能要优于另外两种。

国内，AUV 艇体优化的主要研究包括江苏科技大学魏子凡等[5]，他们对目前"HUGIN""AUTOSUB""Bluefin1""Bluefin2"和"REMUS"所采用的艇型阻力性能进行分析后认为中高速航行应采用"HUGIN"和"AUTOSUB"的艇型，航速较低时宜采用"Bluefin"和"REMUS"的艇型。中国海洋大学王鑫[6]在内部体积固定的前提下利用遗传算法和流体力学软件 CFX 对 AUV 的外形进行局部优化来减小直航阻力。

7.1.2　附体布局优化研究现状

目前设计的 AUV 一般都携带通信设备和探测设备，因为工作的需要，这些设备不得不有一部分结构探出 AUV 主艇体。往往 AUV 的主尺寸越小，其探出设备相对于主艇体的尺寸可能越大。这些探出的部分对 AUV 的水动力性能，特别是直航阻力性能影响是很大的。图 7.1 和图 7.2 就是两个典型例子，图 7.1 中的"REMUS-100"AUV 艏部下方有一个长基线声呐换能器，图 7.2 的"GAVIA"AUV 则在上部靠前位置安装了一个温盐深传感器。Allen 等[7]的试验结果证明 3kn 航速时"REMUS-100"的长基线声呐换能器产生的直航阻力占总阻力的 27.4%，与裸艇体产生的阻力大小已经不相上下。

尽管 Allen 等[7]的结果证明附体对 AUV 直航阻力的影响是不容忽视的，但是目前相关方面还没有深入系统的研究，发表文献大多是针对某一设计好的布置进行简单的评估，或者对于 AUV 附体的不同布置方案进行计算，从中择优。目前来看，AUV 的单一附体甚至多附体的布局优化研究十分有意义，尤其对于 AUV 的艇型开发具备参考价值。

图 7.1　带有长基线声呐换能器的 "REMUS-100" AUV[8]

图 7.2　带有温盐深传感器的 "GAVIA" AUV[9]

7.2　基于计算流体力学的艇型优化方法

回转体具有几何形状简单、使用数学解析式表达线型便于定量分析、流体水动力性能优良、建造工艺简单等优点，在 AUV 主艇体艇型的应用最为广泛。因此，本节以回转体艇型为例，介绍如何以 CFD 方法为基础结合优化算法建立回转体艇型优化平台。

7.2.1　回转体艇型阻力计算

在回转体阻力计算方面，应用较普遍的 CFD 计算方法是直接对回转体及周围流场进行三维建模，划分结构化的流场网格。基于有限体积法在三维空间上求解 Navier-Stokes 方程，通过对回转体表面压力的积分来获得回转体的受力情况。

以 2.2.3 节第 2 部分的 Myring 型回转体为例，利用运动的相对性原理设置一个速度进口和一个速度出口，模拟水流通过回转体的流场情况并计算此时回转体受到的力[9]。为了精确计算回转体阻力，避免边界条件对回转体阻力产生影响，通常选择圆柱体作为外域，圆柱体长度为 15L，回转体艏部距离进口 5L，距离出口 10L，圆柱体直径为 25d，其中 L 为艇体长度，d 为艇体直径。为减少网格数量，提高计算效率，可以仅模拟流场的一半，在计算模型中将中间的切面设置为对称面。图 7.3 是回转体及周围流场结构化网格示意图。

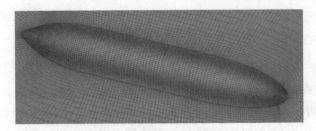

图 7.3　三维结构化网格[9]

因为靠近壁面处的流动变化非常大，湍流发展不充分，一般 RANS 方程都无法合理描述近壁区域流动，所以需要壁面函数对这一区域进行近似处理。壁面函数其实是一组半经验公式，它的无因次化特征量 y^+ 定义为

$$y^+ = \frac{\Delta y \rho \mu_\tau}{\mu} = \frac{\Delta y}{v}\sqrt{\frac{\tau_\omega}{\rho}} \tag{7.1}$$

式中，Δy 为近壁网格高度；μ_τ 为近壁摩擦速度；ρ 为水密度；τ_ω 为壁面切应力。y^+ 的大小表征的是第一层网格节点所处的湍流层。一般认为在壁面边界层范围内 $y^+ < 5$ 处于黏性底层，$5 < y^+ < 60$ 处于过渡层，$60 < y^+ < 300$ 则为对数律层。壁面边界层分布如图 7.4 所示。

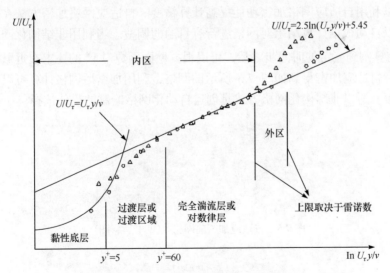

图 7.4　壁面边界层分布示意图[9]

使用壁面函数处理壁面时必须合理设置第一层网格高度以使 y^+ 处于指定的壁面层内。标准壁面函数需要将 y^+ 设置在 30～60。若使用加强壁面函数，则应使 y^+ 尽可能趋近于 1 但不超过 5。显然这一要求将使网格成倍增加。

为比较两种壁面函数对计算结果的影响,利用图 7.3 所示算例进行了计算。假定来流速度为 1.5m/s,绘制不同数量网格使 y^+ 值落于不同的区间并分别计算沿回转体轴向的阻力值,表 7.1 是 y^+ 在不同区间时计算得到的阻力值,并与循环水槽中的该模型试验阻力值 9.79N 进行对比。就工程应用角度来说, y^+ 在 30～60 可以在满足精度需求的同时大大节省计算时间,有利于大量重复计算和优化工作的进行,因此建议 AUV 艇型 CFD 计算都选择使用标准壁面函数。

表 7.1 y^+ 值对模型阻力计算的影响[9]

y^+	阻力/N	y^+	阻力/N
$30 < y^+ < 60$	9.97	$5 < y^+ < 10$	10.07
$20 < y^+ < 30$	9.95	$2 < y^+ < 5$	9.89
$10 < y^+ < 20$	10.03	$0.7 < y^+ < 2$	9.84

结构化网格的特点是排列有序,网格节点之间的关系明确,在此基础上进行 CFD 模拟对计算精度和计算效率都很有利,但是这种网格的生成却非常耗费人力,而且在处理复杂几何体时显得特别吃力。与结构化网格形成鲜明对比的是非结构化网格,这种网格形式在计算精度和计算效率上略有欠缺,但是它可以很好地适应任何的几何形状,绘制过程不需要太多的人工参与。非结构化网格的另一个优势是可以利用自适应网格加密功能提高计算精度。自适应网格加密方法在计算过程中可以自动根据计算结果对网格进行有目的的调整。当利用非结构化网格计算图 7.5 的算例到一定的时间步之后,可以根据壁面函数对 y^+ 的要求在近壁面处对网格进行自适应加密得到如图 7.6 所示的网格,利用加密后网格计算可以得到更精确的解。所以非结构化网格方式是创建自动化网格绘制的最佳选择。

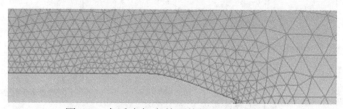

图 7.5 自适应加密前网格[9](见书后彩图)

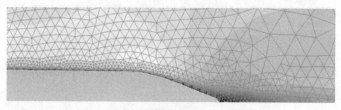

图 7.6 自适应加密后网格[9](见书后彩图)

7.2.2 回转体艏艉形状对阻力性能的影响分析

目前在研和已经投入工程应用的 AUV，绝大多数都是回转体艇型，并且这些基于回转体设计的 AUV 都有一个较长的平行中体。这种设计主要是因为加工简单，方便总体布置，且有利于模块化设计。对于这类回转体艇型，分别研究艏艉形状对阻力的影响对于 AUV 艇型优化设计具有十分重要的参考意义。

1. 艉部形状对阻力性能的影响分析

同样针对 Myring 艇型，采用二维网格的 CFD 方法，研究来流速度分别为 V=0.5m/s, 1m/s, 1.5m/s, 2m/s 时，艇型控制参数 c 和 θ 改变对直航阻力的影响。将式 (2.73) 和式 (2.74) 中的其余艇型控制参数确定为 a=504mm、b=734mm、d=280mm、n=1.8。图 7.7 是不同流速时回转体阻力的变化曲线，表 7.2 为不同艇体艉部长度时艇体阻力随 θ 值增大而增加的量。

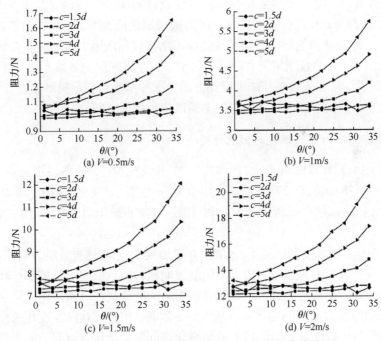

图 7.7 不同来流速度下阻力随 c 和 θ 变化曲线[9]

表 7.2 阻力随 θ 值增大而增加的量[9]

不同艉部长度	阻力变化			
	V=0.5m/s	V=1m/s	V=1.5m/s	V=2m/s
c=1.5d	−1.8%	−1.9%	−1.4%	−0.9%
c=2d	6.2%	6.1%	5.5%	5.2%

续表

不同艉部长度	阻力变化			
	$V=0.5$m/s	$V=1$m/s	$V=1.5$m/s	$V=2$m/s
$c=3d$	19.1%	19.9%	20.3%	19.4%
$c=4d$	35.2%	35.6%	36.7%	35.9%
$c=5d$	53.6%	54.4%	54.5%	54.2%

从计算结果和表 7.2 的总结可以看出，在所分析的流速范围内，不同航速间回转体直航阻力随艉部形状的变化规律基本一致。在同一流速下不同 c 值间的阻力随 θ 的变化规律则略有不同。$c<2d$ 时直航阻力随 θ 值的变化非常小，$c=2d$ 时 θ 从 1°变化到 34°直航阻力仅增加了约 6%，$c=1.5d$ 时甚至降低了约 1.5%。可见在这一艉部长度范围内随着 θ 值的增加艉部形状的导流减阻作用越来越明显，与湿表面积增大导致的摩擦阻力增加量基本可以相互抵消。$c>2d$ 时艇体直航阻力只会随 θ 值的增加而增加，而且艉部越长这一变化越明显，$c=3d$ 时 θ 从 1°变化到 34°直航阻力增加约 20%，$c=5d$ 时的直航阻力则增加超过 50%。可见，如果 c 值超过 2 倍直径，随着 θ 值的增加，艉部导流作用增强使黏压阻力减小，湿表面积增大使摩擦阻力增大，而且摩擦阻力的增加量明显大于黏压阻力的减小量。所以 AUV 设计中，如果仅从导流效果和减阻设计方面考虑艉部艇长应尽量不超过 2 倍直径。保持流线型的前提下艉部形状可尽量丰满以增加内部空间。

2. 艏部形状对阻力性能的影响分析

利用前面计算方法，将式 (2.71) 和式 (2.72) 中的艇型控制参数设定为 $b=784$mm、$d=280$mm、$c=784$mm、$\theta=27°$，a 在 $d\sim4d$ 变化，n 在 $0\sim5$ 变化。分别计算 $V=0.5$m/s，1m/s，1.5m/s，2m/s 四个来流速度下 a 和 n 的改变对直航阻力的影响，图 7.8 为计算结果。

表 7.3 是不同长度和航速下，n 值从 0 增加到 5，回转体直航阻力的变化情况。可以看出在所分析的流速范围内，不同航速间回转体直航阻力随艏部形状的变化规律基本一致，但是与艉部形状影响直航阻力的变化规律有所不同，同一流速下不同 a 值间的阻力随 n 的变化规律基本是一致的。n 值从 0 向 5 变化的前半段直航阻力的增加比较明显，但是到了 n 值变化区间的后半段直航阻力的变化已经不是很大。此外后半段时艇体阻力值随 n 值增加会有一定程度的振荡，说明艏部形状不同对艇体周围流场的影响程度要明显高于艉部形状变化的作用。所以在艏部越饱满艇体阻力越大这一总体规律下，某些特定尺寸仍可在小范围内起到微降艇体阻力的效果。

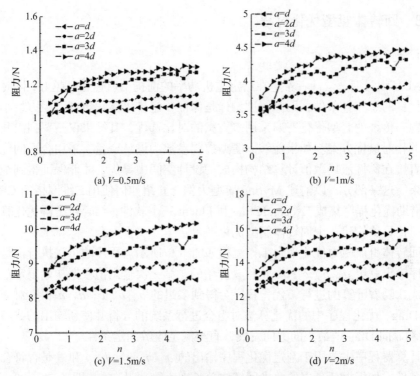

图 7.8　不同来流速度下阻力随 a 和 n 变化曲线[9]

表 7.3　阻力随 n 值增加而增加的量[9]

不同艏部长度	阻力变化			
	V=0.5m/s	V=1m/s	V=1.5m/s	V=2m/s
a=d	4.6%	6.3%	5.9%	6.9%
a=2d	11.7%	11.2%	9.9%	10.9%
a=3d	24.5%	19.8%	10.5%	16.9%
a=4d	19.8%	18.5%	16.9%	18.1%

　　同样是艇体形状由不饱满逐渐向饱满变化，艏部长度是 2d 时阻力增加 10% 左右，艉部长度是 2d 时阻力增加 6%，艏部长度是 4d 时阻力增加不超过 20%，艉部长度是 4d 时阻力增加超过 35%，5d 时则超过 50%。可见回转体直航阻力对艉部的尺寸和饱满程度变化更敏感，对艏部变化的敏感程度相对较弱。AUV 设计中，在艏艉长度和直径都已经确定的前提下，要想增加回转体的内部空间，若艏艉长度都不超过 2d 则改变两者中任意一个都可以，若艏艉长度超过 2d 则应优先考虑改变艏部。改变艏部形状时应注意其对整体流场变化的影响，可在确定尺寸的小范围内进行微调以达到最佳的减阻效果，若改变艉部形状则不需要做这方面的考虑。

7.2.3　回转体艇型优化过程

1. 艇型优化的流程

AUV 设计时，设计者希望在给定主机功率的前提下航速越高越好，同时希望获得优良的总布置条件，因此艇型设计是保证一定排水体积条件下阻力最小的优化问题。传统的艇型优化普遍采用多方案的对比选优，其结果仅是罗列出几个方案中的相对最优方案。如果能够以艇型控制参数为设计变量，采用合适的优化算法，直接在黏性流场数值计算结构构成的设计空间中寻优，才能保证得到绝对最优结果。这一部分，以前述 Myring 艇型为例，介绍如何使用二维网格的 CFD 方法，借助优化程序集成 Excel、ICEM 和 Fluent 三个软件，结合粒子群优化算法和多岛遗传算法构建一个回转体艇型优化平台。

回转体直航阻力优化平台工作流程如图 7.9 所示。程序的每次执行都是从优化程序输出一组 a、b、c、d、n 和 θ 开始的，第一次输出值根据初始限定范围随机生成，随着计算的进行，优化程序会得到多组的 a、b、c、d、n 和 θ 对应的阻力值 Drag，优化程序中的优化算法对组合进行系统的分析并使新输出的 a、b、c、d、n 和 θ 向 Drag 值最小的方向发展，直至满足收敛判定条件。

计算器程序主要用于判定优化程序输出的 a、b、c、d、n 和 θ 是否符合一些间接条件，如根据任务书的要求回转体总长度不能超过 2m，即 $a+b+c<2$，细长比不超过 7，即 $(a+b+c)/d<7$，剖面方形系数、菱形系数等艇型参数满足特定要求。如果输出参数不满足计算器程序中的任意一个判别条件，那么计算器都会要求优化程序重新输出参数值，直至所有条件满足，计算器才将参数传递给 Excel 执行下一步操作。

Excel 不仅是最强大的办公用表格处理软件，其中内置的基于 VB 的宏语言 (visual basic for application，VBA) 可以使 Excel 实现自动化，以及用户对 Excel 的高度定制。本例中在 Excel 内嵌入 VBA 程序以实现读取计算器程序传递过来的 a、b、c、d、n 和 θ 值。结合 2.2.3 节第二部分 Myring 型回转体方程给出艏艉的型值，再利用数值积分方法中的梯形法估算回转体的体积。若体积不满足优化条件的要求，则返回优化程序要求重新输出 a、b、c、d、n 和 θ，若满足则输出带有艏艉型值的文本文件给 ICEM 用于网格绘制。

ICEM 是 ANSYS 家族的一款专业网格划分软件，用户可以根据需要绘制二维与三维、结构与非结构、四面体与六面体等多种形式的网格。用户仅需要在第一次绘制网格时建立一个 RPL 格式的脚本文件就可以完全实现 ICEM 网格绘制过程的自动化。优化过程中，回转体的形状会不断变化，不适宜采用结构网格，故创建了一个基于非结构二维网格的 PRL 脚本文件。这种方法在几何形状的适应性和网格绘制的效率方面都表现得非常好，适合用于大计算量的自动化优化平台。

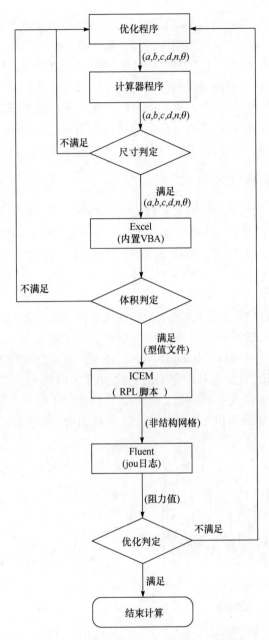

图 7.9　回转体优化平台工作流程示意图[9]

　　Fluent 在非结构化网格下的有限体积法 CFD 模拟方面有很大的优势。利用其 jou 格式的日志文件可以实现程序的自动化运行。另外，Fluent 提供的二次开发接口（UDF）可以帮助用户实现功能定制。本节就是利用 UDF 功能编写阻力计算与输出程序，使 Fluent 在每个迭代后都输出当前计算的阻力值到指定文本文件，优化组件可以从文本文件中读取阻力值并进行分析。Fluent 的另一个对优化平台有利的功能就是 7.2.1 节提到的自适应网格加密功能，设计者研究的流速不同时，Fluent 可以根据初步计算结果对网格进行有目的的加密，使边界层网格厚度满足标准壁面函数的要求以提高计算精度，该功能增加了优化平台的鲁棒性。

以这种方式构建的优化平台，最大的优点是与回转体直航阻力相关的几乎全部参数都可以进行更改，设计者可以根据自己的实际需要进行有目的的定制。

2. 不同优化算法的优化结果

优化算法对优化结果的影响有着至关重要的作用，有的优化算法速度快但是优化结果可能并非最优，有的优化算法速度略慢但是结果更理想。在研究过程中，选取两种类型中的典型代表，即粒子群优化算法和多岛遗传优化算法进行比较从而选择最适合的方法。

1) 粒子群优化算法

为检验粒子群优化算法的准确性，设定优化平台上的可选参数条件为 V=1.5m/s，200mm<a<1600mm，50mm<b<1400mm，100mm<c<1500mm，100mm<d<500mm，0.6<n<3，5°<θ<40°，L<10d，0.09m^3<Vol<0.15m^3，在该范围内进行回转体优化。优化过程持续约 8h，优化过程中阻力值变化如图 7.10 所示。图 7.11 是优化中每个优化参数下体积和阻力的对应值，图 7.12 是利用粒子群优化算法得到的阻力最优艇型，此时回转体的体积 Vol=0.0912m^3，艇体阻力 Drag=6.82N。

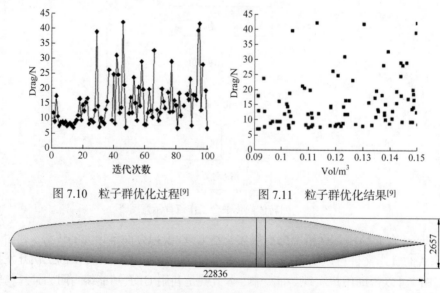

图 7.10　粒子群优化过程[9]　　　　图 7.11　粒子群优化结果[9]

图 7.12　粒子群优化的阻力最优艇型[9]（单位：mm）

2) 多岛遗传算法

传统的遗传算法只有一个种群，而多岛遗传算法将大种群分成多个子种群，即多个岛，在每个岛范围内进行优化，根据优化结果按一定比例选择各岛的个体转移到其他子种群内继续优化。就如同遗传学中通过染色体交换产生变异得到更优物种一样。种群规模决定搜索质量和收敛效率，种群规模越大越容易避免产生局部最优解，但计算量会增加，交叉概率决定新结构引入的速度和优良基因的丢失速度，变异概率能保持群体的多样性，但变异概率过高则将遗传搜索变为随机搜索。多岛遗传算法的进化原理如图 7.13 所示。其中的 i 代表多岛遗传优化进行到第 i 代，m_i 是迁移间隔，即每次迁移的代数，k 是整数。

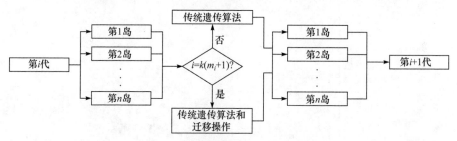

图 7.13　多岛遗传算法进化原理[10]

利用多岛遗传算法对前面的算例重新进行优化。优化过程持续约 3 天，优化中阻力值变化如图 7.14 所示，图 7.15 是优化中每个优化参数下体积和阻力的对应值，图 7.16 是利用粒子群优化算法得到的阻力最优艇型，此时回转体的体积 Vol=0.0918m³ 与粒子群优化算法优化结果基本一致，但是此时艇体阻力 Drag=6.59N，与粒子群优化算法优化结果相比减小 3.4%。

尽管粒子群优化算法和多岛遗传算法都是基于生物技术解决计算问题的人工智能类算法，在全局解空间进行搜索并重点搜索性能高的部位，但是两者的效率和精度有很大差别。前者算法规则简单，编程实现容易，效率很高，但是陷入局部最优解的风险也比较高。多岛遗传算法自身不断变异保证其能够从局部最优解中跳出，但是这种方法的计算效率比粒子群优化算法要低很多。以前文优化结果为例，粒子群优化算法寻找到阻力最优解的时间仅为多岛遗传算法的 1/10 左右。但是多岛遗传算法寻找到的最优解要明显好于粒子群优化算法。所以在实际应用中两者可以综合利用：粒子群优化算法可应用于 AUV 设计初期，用来在区别很大的多种方案之间进行选择以节省时间；多岛遗传算法可以在方案已经基本确定时帮助设计者找到理想的阻力最优艇型。

3. Myring 艇型的优化

由前述可知，改变 Myring 方程中 a、b、c、d、n 和 θ 的值可以得到任意形状

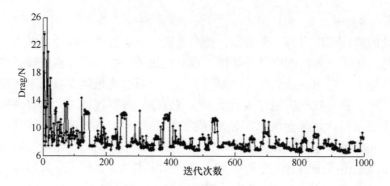

图 7.14　多岛遗传算法优化过程[9]

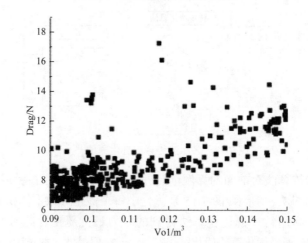

图 7.15　多岛遗传算法优化结果[9]

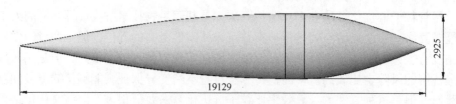

图 7.16　多岛遗传算法优化的阻力最优艇型[9]（单位：mm）

的回转体，但是哪种参数组合下的回转体既能满足设计需要，又能保证巡航速度下的直航阻力最小是 AUV 设计者重点关注的问题。在已经搭建的回转体艇型优化平台中，研究 V=0.5m/s, 1m/s, 1.5m/s, 2m/s 四个来流速度下阻力性能最优的回转体形状。结合 AUV 任务书要求，设定在四个来流速度下的优化程序、计算器程序和 VBA 程序得到的结果必须满足以下所有要求才可以用于 ICEM 网格绘制和 Fluent 计算：

200mm<a<1600mm，50mm<b<1400mm，100mm<c<1500mm，100mm<d<500mm，0.6<n<3，5°<θ<40°，0.09m³<Vol<0.15m³，$a+b+c$<10d。

优化程序的目标设为直航阻力 Drag 最小。图 7.17 是 Myring 方程中各参数对回转体总阻力影响的权重，从图中可以看到，在本例规定的限制条件范围内，所有限制条件中平行中体长度 b 对总阻力性能的影响最小，艏艉形状的影响最大，而且艏部形状参数 n 的影响要大于艉部形状参数 θ 的影响。V=0.5m/s，1m/s，1.5m/s，2m/s 流速下的线性规律如图 7.18 所示。可以看到来流速度越高阻力最小值 Drag$_{min}$ 随 Vol 的变化越快。

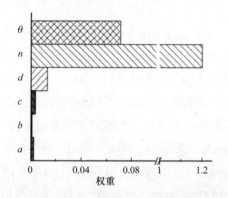
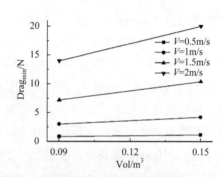

图 7.17　回转体参数对阻力影响权重[9]　　图 7.18　不同来流速度下最小阻力随体积变化[9]

选择不同来流速度、几个体积值下 Drag$_{min}$ 对应的 a、b、c、d、n 和 θ 的值并绘制 Myring 型回转体，发现阻力最优艇型基本如图 7.19 所示。由图可知，此回转体平行中体特别小，艏部长度要明显大于艉部长度，两者的比 a/c 的值为 2～4，总长度与直径比 $(a+b+c)/d$ 的值在 6～9，艏部形状参数 n 的值不超过 2.5，艉部形状参数 θ 的值不超过 30°。

图 7.19　一般条件下阻力最优回转体[9]

7.3　基于近似模型的艇型优化方法

AUV 外形优化过程迭代次数较多，则整个优化过程需要很长的时间。如果在优化中采用试验设计的方法，通过较少的试验次数建立比较准确反映设计变量和目标函数的近似模型，那么能在不降低精度的要求下，构成一个计算量较小、结果与实际仿真计算结果相近的数学近似模型来代替实际的仿真程序，并且在优化迭代过程中不断更新近似模型，提高精度，这将使优化的目标函数更快、更有效地达到收敛。

7.3.1　近似模型的建立过程

1. 优化问题的表述

此处结合 Nystrom 艇型优化的例子，介绍如何利用阻力性能的近似模型完成 AUV 最小阻力艇型的优化。按照总布置设计要求，已知 AUV 最大横剖面直径 d 为 1000mm。根据式 (2.69) 和式 (2.70)，以艏段长度 L_f 与直径 d 的比值 λ_f，平行中体长度 L_p 与直径 d 的比值 λ_p，艉段长度 L_a 与直径 d 的比值 λ_a 三个参数作为优化变量。根据总布置要求，本例中需要设置一定的约束条件：艏部需要安装摄像机、照明灯和前置声呐，所以进流段长度 L_f 必须大于 750mm，即 $\lambda_f > 0.75$，并且在距艏前端 $X_f = 500$mm 艇长处，直径 $Y_f \geq 246$mm；在 AUV 总长不大于 7500mm 的条件下，为保证中部有足够的空间安装电池舱和控制舱，电池舱段与控制舱段长度之和 $L_p \geq 4000$mm；艉部有槽道推进器和舵翼，则艉部的长度 L_a 应大于 950mm，即 $\lambda_a > 0.95$，并且在艉部 $X_a = 330$mm 处，直径 $Y_a \geq 300$mm。

目标函数是用优化变量表示的优化目标的数学表达式，是方案好坏的评价标准。本例以该 AUV 在水下巡航速度 3kn 时的总阻力 F 最小为目标函数。

2. 近似模型的建立

本例采用拉丁超立方方法进行试验设计，该方法把每个因子平均划分为 n 的水平（$n \geq$ 因子数+1），然后随机组合因子的水平，每个因子水平只采用一次，生成有 n 个设计方案的设计矩阵。本例中将变量在设计空间中划分为 16 个水平，即取 16 个样本。

按照 AUV 设计的总布置要求，根据参数 d、λ_f、λ_p、λ_a，在 Fortran 中自编程序生成 Nystrom 回转体艇型和舵翼的型值。并通过能被 CFD 软件外部调用的 jou 日志文件驱动 GAMBIT 进行参数化建模和网格划分。为了精确反映 AUV 的总阻力，采用了三维模型。对流场域进行分块，采用结构和非结构相结合的网格使模型自动划分网格，保证建立近似模型的试验设计的顺利进行。

划分完网格后输出 msh 文件，在优化集成平台 iSIGHT 中调入 Fluent 进行仿真计算。Fluent 计算时采用有限体积法，在控制体内进行积分，然后离散得到线性方程，以保证控制体内的物理量守恒。对流项使用二阶迎风差分，对于扩散项和源项也均采用二阶迎风差分，采用 SIMPLEC 法修正压力。各参数的残差值均为 10^{-4}。优化时将试验设计的运算结果构建近似模型，然后结合连续二次规划法进行优化。采用 Kriging 模型优化的流程如图 7.20 所示。

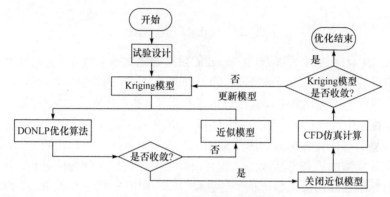

图 7.20 Kriging 模型优化流程图[11]

根据该 AUV 的 16 个初始设计参数与阻力样本响应值，在 iSIGHT 中分别拟合得到 AUV 的二阶多项式 RSM 模型和 Kriging 模型。由于 Kriging 模型通过空间每个采样点插值拟合得到，因此针对此类型的空间插值模型，需要另取样本点来验证模型的精度。另取 6 个检测点采用均方根误差来评估近似模型的精度，二阶多项式 RSM 模型的均方根误差为 0.073，Kriging 模型的均方根误差为 0.052。可知两种近似模型的精度都比较好，在工程优化中可以接受，Kriging 模型的精度优于 RSM 模型。

7.3.2 优化过程及结果分析

AUV 设计变量初始值为 $d = 1000\text{mm}$、$\lambda_f = 0.845$、$\lambda_p = 4.872$、$\lambda_a = 1.275$，对应总阻力初始值为 184.4224N。结合连续二次规划法直接对 AUV 阻力的二阶多项式 RSM 模型和 Kriging 模型进行 AUV 型线优化。最终得到该 AUV 艇型参数如表 7.4 所示，最终艇型和初始艇型如图 7.21 所示。

表 7.4 优化结果

模型	d/mm	λ_f	λ_p	λ_a	L/mm	L_p/mm	Y_f/mm	Y_a/mm	优化阻力/N	CFD 阻力/N	减少比例
Kriging	1000	0.9994	4.0927	1.9212	7013	4092.7	421	485	152.6276	184.4224	17.2%
RSM	1000	1.4176	4.0913	1.6468	7156	4091.3	460	488	158.1872	184.4224	14.2%

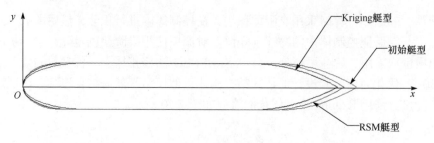

图 7.21 优化前后艇型比较

从表 7.4 及图 7.21 可以看出，Kriging 模型的优化结果较好，这是由于 Kriging 模型具有良好的全局性和局部特性，能很好地反映样本的响应值。经该 AUV 的总布置图中确认上述优化结果均满足总布置的要求，达到预期的优化目的。因此，可以采用在优化中经过一次更新的 Kriging 模型的优化结果作为该 AUV 的最终艇型。

近似模型的优化分析方法由于采用了试验设计方法，可以用较少的试验样本构造出实际模型的近似分析模型，代替实际模型进行优化问题的分析，很大程度地减小目标函数和约束函数评估的计算量。本算例中，二阶多项式 RSM 和 Kriging 两种近似模型构建的 AUV 阻力对比分析表明，Kriging 模型的拟合误差明显小于多项式响应面模型的误差。Kriging 模型具有良好的全局性和局部特性，其构建的响应面覆盖所有的样本点，更能真实地反映出优化目标的特性。借助 iSIGHT 软件采用拉丁超立方方法进行试验设计构建出 Kriging 模型，并利用连续二次规划法进行 AUV 型线优化，可以得到了令人满意的优化设计结果。可以判断，随着优化技术和计算机并行计算能力的发展，基于近似模型优化方法将会在设计优化领域发挥强大的作用。

参 考 文 献

[1] Lutz T, Wagner S. Drag reduction and shape optimization of airship bodies[J]. Journal of Aircraft, 1998, 35(3): 345-351.

[2] Parsons J S, Goodson R E, Goldschmied F R. Shaping of axisymmetric bodies for minimum drag in incompressible flow[J]. Journal of Hydronautics, 1974, 8(3): 100-107.

[3] Stevenson P, Furlong M, Dormer D. AUV shapes—Combining the practical and hydrodynamic considerations[C]. Oceans, Aberdeen, 2007.

[4] Sarkar T, Sayer P G, Fraser S M. A study of autonomous underwater vehicle hull forms using computational fluid dynamics[J]. International Journal for Numerical Methods in Fluids, 1997, 25(11):1301-1313.

[5] 魏子凡, 俞强, 杨松林. 基于 CFD 不同 AUV 艇体的阻力性能分析[J]. 中国舰船研究, 2014, (3): 28-37.

[6] 王鑫. 小型自治水下机器人外形优化设计及水动力特性数值模拟[D]. 青岛: 中国海洋大学, 2012.

[7] Allen B, Vorus W S, Prestero T. Propulsion system performance enhancements on REMUS AUVs[C]. Oceans, Providence, 2000.

[8] Hydroid Inc. REMUS 100 autonomous underwater vehicle[EB/OL]. https://www.hydroid.com/ products[2008-06-14].

[9]   王亚兴. AUV 的水动力优化及近水面运动性能研究[D]. 哈尔滨: 哈尔滨工程大学, 2015.

[10]   石秀华, 孟祥众, 杜向党, 等. 基于多岛遗传算法的振动控制传感器优化配置[J]. 振动、测试与诊断, 2008, 28(1): 62-65.

[11]   宋磊, 王建, 杨卓懿. Kriging 模型在潜器型线优化设计中的应用研究[J]. 船舶力学, 2013, 17(1-2): 8-13.

8

AUV 螺旋桨和舵翼的优化设计

螺旋桨作为 AUV 最主要的推进器形式,其效率的高低直接影响 AUV 的续航力及快速性,进而影响 AUV 的能耗和使用成本,因此设计推进效率高且技术合理的螺旋桨是 AUV 设计者需着重考虑的因素。螺旋桨的设计是一个反复循环的过程,即通过不断更改设计参数和计算桨的性能得到最优方案。而这个烦琐的过程如果用人工操作手动寻优,不仅浪费时间而且可能得到的只是局部的最优解。因此,为了提高设计效率,应采用集成设计优化方法来解决这一瓶颈问题。

舵翼的合理设置是 AUV 安全航行的重要保障。AUV 对操纵性有较高的要求,而其操纵性主要是通过改变艇体的局部形状以及合理设计 AUV 的舵翼来实现的。为了能在设计舵角下达到回转以及潜浮的要求,需要重点考虑 AUV 舵翼参数的优化。

8.1 基于近似模型的螺旋桨优化设计

8.1.1 螺旋桨优化问题描述

螺旋桨的设计一般涉及流体、噪声、振动等多个学科,本章主要考虑其流体性能。设计者最关心的主要是螺旋桨效率的提高[1],最好的设计效果是在满足推力、结构强度要求的前提下螺旋桨的效率最高,因此本章把螺旋桨的效率作为优化目标。

本章针对某 AUV 两种推进器布置方式下所需的螺旋桨进行优化设计。布置方式 1:双推进器左右对称布置,对应螺旋桨 A,需满足在转速 1200r/min、航速 7kn 时产生 270N 推力。布置方式 2:单推进器轴线布置,对应螺旋桨 B,需满足在转速 1200r/min、航速 7kn 时产生 540N 推力。

1) 优化对象主要参数

螺旋桨 A：直径 $D_A = 0.312\text{m}$，螺距比 $P_A / D_A = 0.62$，效率 $\eta_A = 0.67$。

螺旋桨 B：直径 $D_B = 0.376\text{m}$，螺距比 $P_B / D_B = 0.52$，效率 $\eta_B = 0.60$。

2) 优化目标

优化目标是使螺旋桨的效率达到最大。

3) 优化参数

本章主要是对螺旋桨螺距 P 和直径 D 进行优化。参数的变化范围设定如下：$D_A = 0.3 \sim 0.35\text{m}$，$D_B = 0.35 \sim 0.4\text{m}$，$P_A = 0.17 \sim 0.21\text{m}$，$P_B = 0.17 \sim 0.21\text{m}$。其他参数都保持不变。

4) 约束条件

计算的转速为 $n = 1200\text{r/min}$，迭代步数取 500 步，设计的螺旋桨需要满足推力要求，因此将推力作为优化的限制条件[2,3]。

8.1.2　基于近似模型的优化策略

在工程中总是需要分析一些复杂的结构。对于这样的问题，如果直接计算，那么过于复杂的计算模型不仅会增加计算周期，而且对计算机的要求也很高。此外，还有一些需要集成软件进行计算的问题，如果直接应用数学模型进行优化，可能需要消耗几个月的时间，计算代价过大，如基于 CFD 软件的船舶水动力性能的模拟计算以及集成 ANSYS、Nastran 软件的有限元分析等。而构造高精度的近似模型可以有效地解决这个问题。

本节采用优化软件 iSIGHT 集成前处理软件 ICEM 和计算分析软件 Fluent，借助试验设计方法和近似模型技术来建立螺旋桨的优化设计模型。首先利用试验设计方法在变量的变化范围内选取样本点，得到螺旋桨不同螺距 P 和直径 D 组合的设计点，在 ICEM 中建立相应的计算模型并进行合适的网格划分，将输出的 mesh 文件导入 Fluent 中进行水动力性能的分析，如此往复得到各种组合参数下螺旋桨的推力 T 和效率 η。以此作为对应各样本点的响应值，利用这些样本点和响应值建立近似模型，从而避免在寻优过程中大量耗时的螺旋桨建模和 Fluent 仿真分析[4,5]，其具体优化过程如下。

基于 ICEM 的模型建立及网格生成：首先运行 Fortran 程序得到不同设计点下螺旋桨的型值，将所得到的型值点导入 ICEM 中建立螺旋桨模型，并且设置合适的网格参数划分满足质量要求的螺旋桨网格。本节通过不断调用脚本文件来自动完成计算模型的建立和网格的生成。

1) 试验设计

试验设计方法主要分析所设计的参数的变化对近似模型的影响，这是一种取样的策略，这种策略能有效研究设计空间，主要是确定形成近似模型所需要的样本点的个数以及这些样本点的空间分布状况。该方法一个最大的优点是得到多的计算信息只需要较少的试验次数。本节中的设计变量有两个，每个变量对响应函数的影响各不相同，通过分析试验设计结果，可以清楚地看到每一个设计变量对响应函数的影响程度。

2) 近似模型的建立

近似模型技术是一种构造逼近目标函数和约束条件的方法，主要是依据已知的数据来完成。本节选择了 iSIGHT 软件中的径向基神经网络模型建立近似模型，即将每个试验设计点通过建模划分网格得到的 mesh 文件导入 Fluent 中，计算建立样本点和响应值之间的关系。

3) 优化分析

在近似模型完成之后，需要首先检测模型的精确度，然后利用符合误差要求的近似模型进行优化设计。多种优化算法各自的侧重点不同，各有优劣。本节结合各个算法的优缺点选择 iSIGHT 平台中的多岛遗传算法进行螺旋桨的优化设计。

8.1.3　近似模型的建立

建立近似模型首先需要获得一些能反映设计空间特性的样本信息。采用可以反映空间特性的试验设计方法能够在选取少量样本的情况下获得更为充分的数据信息。

1. 神经元网络模型的建立

首先利用试验设计方法在空间中选取样本点，即通过拉丁超立方方法探索设计空间，得到设计变量和响应之间的关系，在设计空间内选取 200 个均匀分布的样本。螺旋桨敞水计算的网格划分数是 100 万，选用定常计算方法，迭代次数为1000 次，这时螺旋桨的推力和转矩都趋于稳定，计算大概需要 2.5h，共约 500h。为了避免因拉丁超立方方法生成样本点的随机性而导致优化结果的不可靠，本节在拉丁超立方方法的基础上运用全因子方法在设计点的周围合适的小区域内选取30 个点进行全面探索，以得到更优的设计解[5]。对各个样本点所对应的结构划分网格进行水动力性能计算，通过有限次数的水动力计算，得到设计参数与目标函数的分析所需的样本，建立径向基神经网络模型，从而避免在优化过程中数值计算耗费时间过长。螺旋桨优化所得到的近似模型如图 8.1 所示。

2. 拟合的精度分析

判断近似模型优化设计结果是否满足要求，首先需要考虑近似模型的精度。这里采用 R^2 衡量近似模型与样本点符合的程度。当构造响应面的样本点的数目多于多项式系数时，对近似模型执行 R^2 分析，R^2 值越接近于 1，说明近似模型越准确[4]。

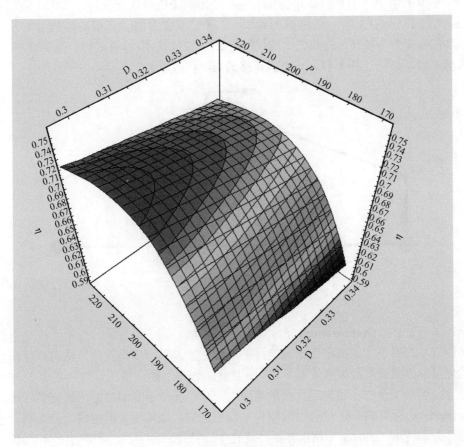

图 8.1 螺旋桨近似模型[6]

这里螺旋桨优化构建的径向基神经网络模型的 R^2 分析如表 8.1 所示，结果表明效率的值趋近于 1，说明近似模型构建得很好。这是因为计算中在较小的变量变化范围内，选取了较多的试验设计点且它们均匀分布，从而提高了建模的精度。

表 8.1 螺旋桨优化近似模型精度分析结果

输出变量	R^2 分析结果	R^2 调整结果
K_T	0.99999	0.99993
K_Q	0.99999	0.99993
效率	0.99946	0.9997

8.1.4 优化结果与分析

本节采用 iSIGHT 软件中提供的多岛遗传算法进行优化分析，其优化流程如图 8.2 所示。该优化算法的参数配置如下：子群规模为 15，子群的个数为 15，总群体的规模数为 225，总共进化的代数为 20，交叉概率 P_c 为 0.85，变异概率 P_m 取为 0.01，岛间迁移率取为 0.01，迁移的间隔代数取 5。

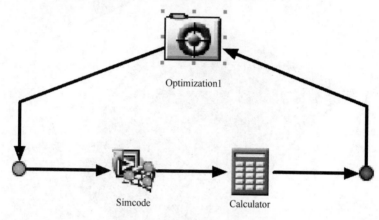

图 8.2 螺旋桨优化流程[6]

图 8.2 中的 Optimization1 表示集成优化模块，用于设置设计变量、优化目标函数以及约束条件，确定优化策略。整个优化过程采用多岛遗传算法进行优化，优化目标为螺旋桨的敞水效率 η 最大，优化过程中不断调整的参数为直径 D 和螺距 P，两个变量都在预先定义好的范围内变化，保持不变的参数为螺旋桨转速。Simcode 是利用 Fluent 计算得到的样本点构建的近似模型，模型输出值为螺旋桨的推力和转矩。Calculator 用于在循环优化中计算每一种方案的螺旋桨敞水效率 η。

通过分析优化目标和限制条件是否满足要求，不断更改优化变量(直径 D 和螺距 P)，从而形成新的设计点，对于新的参数值通过近似模型进行计算，不断循环往复直到获得全局的最优解。通过 40000 次的寻优迭代，最终得到各个模型最优方案如表 8.2 和表 8.3 所示，可以看出其对应的效率均有提高，推力也有所增加。

表 8.2 螺旋桨 A 参数优化设计结果对比

名称	优化前	优化后
叶数	3	3
直径/m	0.312	0.302
螺距比	0.62	0.66
螺旋桨推力/N	271	272.5
螺旋桨敞水推进效率	0.67	0.687

表 8.3　螺旋桨 B 参数优化设计结果对比

名称	优化前	优化后
叶数	3	3
直径/m	0.376	0.371
螺距比	0.52	0.55
螺旋桨推力/N	540.7	583.0
螺旋桨敞水推进效率	0.60	0.62

图 8.3 和图 8.4 显示的是螺旋桨 A 在寻优计算的前 450 次迭代中和后 450 次迭代中螺旋桨敞水推进效率的变化。可以看出，在初始的优化中螺旋桨效率有大幅度的波动，变化范围为 0.64～0.72；而在经过 30000 次迭代寻优计算后，效率的变化范围已经很小，从图中的后 450 次迭代记录可以看出，效率结果几乎趋于

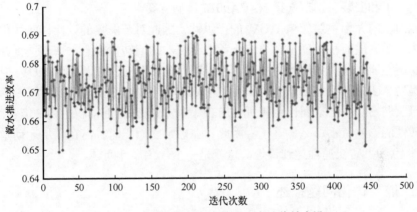

图 8.3　直径优化过程中前 450 次迭代效率[6]

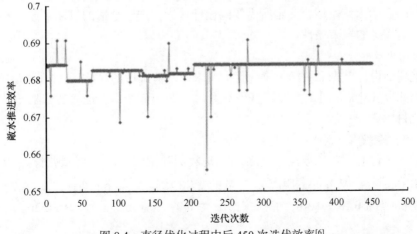

图 8.4　直径优化过程中后 450 次迭代效率[6]

稳定，出现最为频繁的值为 0.687，最后 50 次计算时螺旋桨敞水效率则一直稳定在 0.687 附近。

8.2　基于近似模型的舵翼优化设计

AUV 舵翼布局有多种方式，由于十字形布局应用最多，因此本节选用十字形对称布置的舵翼作为研究对象。

舵翼的设计主要考虑三个方面，分别是翼型选择、舵面积计算以及舵安装位置的确定[7]。

NACA 四位数字翼型具有较高的升力系数和较低的阻力系数，且前缘半径大、头部丰满，有利于避免或缓和前缘分离，适用于低速 AUV 的舵翼设计。综合考虑舵翼加工和安装，本节选择 NACA0015 翼型方案[8]。

舵面积的大小主要影响 AUV 的操纵性，因此对于舵翼的设计，舵面积的确定尤为重要。舵面积的确定必须综合考虑 AUV 的回转性能、水平和垂直方向的运动稳定性能以及附体的阻力性能。适当增大舵翼面积，可以减小 AUV 回转直径，提高 AUV 的直线稳定性，但会增加 AUV 总阻力，此外舵机的功率、尺寸、重量以及舵翼所占的空间也会有所增加。模型试验表明，舵面积达到一定程度后，对回转性的影响就不那么显著了。因此，在确定舵面积时，需在满足运动稳定性的基础上，AUV 快速性达到最佳。这就是一个优化设计问题。

8.2.1　舵翼优化问题描述

优化模型的建立是优化设计的基础，在 iSIGHT 中建立优化模型主要包括建立问题的数学优化模型，确定所需的设计变量，选取合适的目标函数以及确定问题所需满足的约束条件。

1) 优化目标

舵翼的设计首先需要满足操纵性的要求，本节选用的 AUV 模型拥有 4 个舵翼，因此以 15° 舵角时最大回转直径不得大于 5 倍艇长以及舵翼的升阻比最大作为优化目标。

2) 优化参数

舵翼优化的主要参数是展弦比 λ_R、舵翼的叶梢弦长 c_{rp}、叶根弦长 c_{rr} 以及舵翼面积中心与 AUV 浮心的距离 x。参数的变化范围设定如下：展弦比 λ_R 为 2.5~3，舵梢弦长 c_{rp} 为 0.18~0.3m，舵根弦长 c_{rr} 为 0.09~0.15m，x 为 1.9~2.2m。

3) 约束条件

将艇型水平面静不稳定系数、水平面动稳定系数作为水平面操纵性的约束条件。

采用 iSIGHT 集成 ICEM 和 Fluent 优化舵翼的参数，优化界面如图 8.5 所示。

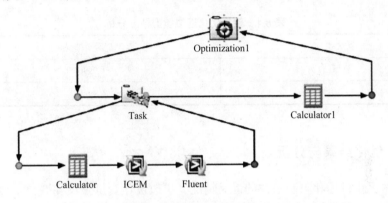

图 8.5　舵翼的优化界面[6]

8.2.2　近似模型的建立

本节对舵翼性能的分析是通过 Fluent 对舵翼的敞水性能进行计算。首先将得到的翼型点导入 ICEM 中建立舵翼模型，且划分计算网格，本次舵翼的设计采用结构网格的划分方式，在 ICEM 中进行块（Block）的分解，建立合适的 Block，然后对舵翼部分进行网格塌陷以提高网格质量。结构网格的数量控制在 100 万左右。选择结构网格的划分方式能够提高计算效率，加快计算的收敛速度，而且在循环的过程中只要重新进行 Block 的关联即可，大大节省了网格的划分时间。

图 8.5 中的 Optimization1 是舵翼集成优化模块，该模块设置如下：优化目标为回转半径最小、舵翼升阻比最大；优化变量为展弦比 λ、叶梢弦长 b_1、叶根弦长 b_2、舵翼面积中心与浮心的距离 x；约束条件为水平面静不稳定系数 $l'_\beta > 0$，水平面动稳定系数 $K_{hd} > 1$；选取优化策略为多岛遗传算法。Task 是集成近似模型，其目的是计算舵翼的水动力性能，输出舵翼的升阻比以及相关的水动力系数。为了实现这一目的，集成了 ICEM 和 Fluent 软件进行自动网格划分和舵翼水动力性能计算。在约束条件中对舵翼的展弦比 λ 有限制，因此在此处增加 Calculator 计算每种方案的展弦比 λ，剔除不符合要求的设计值。Calculator1 用于得到约束条件中 l'_β 和 K_{hd} 的值。

优化过程以 iSIGHT 为平台集成前处理软件 ICEM 和 Fluent，为了减少优化的计算量，首先建立基于神经元网络的近似模型。在设计空间内应用拉丁超立方方法选取 100 个样本点均匀分布。通过有限次数的水动力计算，得到设计参数与目标函数分析所需的样本，建立径向基神经网络模型，而后随机选取 20 个样本点进行误差分析，得到的拟合精度如表 8.4 所示，升力和阻力的值趋近于 1，说明近似模型构建得很好，满足精度要求。

表 8.4　舵翼优化近似模型精度分析

输出变量	R^2 分析结果
升力	0.99966
阻力	0.99866

8.2.3　优化结果与分析

根据优化目标和限制条件的满足情况，更改优化变量弦长和展长，形成新的设计方案，并驱动近似模型进行分析，不断循环直到获得最优解。本节中所用的 AUV 舵翼为十字形舵翼，舵翼的布置受艇宽和艉型的限制。因此，本节舵的展弦比设置为大于 2.5。利用遗传算法通过 10000 次优化迭代，最终得到的最优方案如表 8.5 所示。

表 8.5　舵翼参数优化结果

参数	取值
平均弦长/m	0.164
展弦比	2.6
舵翼面积/m²	0.07
相对回转直径	4.89
舵翼升阻比	2.76

参 考 文 献

[1]　程成, 须文波, 冷文浩, 等. 基于 iSIGHT 平台 DOE 方法的螺旋桨敞水性能优化设计[J]. 计算机工程与设计, 2007, 28(6):1455-1459.

[2]　Jang T S, Kinoshita T, Yamaguchi H. A new functional optimization method applied to the pitch distribution of a marine propeller[J]. Journal of Marine Science and Technology, 2001, 6(1): 23-30.

[3]　程成. 基于 iSIGHT 的螺旋桨优化系统的开发及应用研究[D]. 无锡: 江南大学, 2007.

[4]　程成, 李锋, 冷文浩, 等. 基于 DOE 方法和循环逼近方法的螺旋桨优化设计[J]. 计算机应用与软件, 2008, 25(3): 70-72.

[5] 吕青. 调距桨推进系统的优化设计[J]. 造船技术, 2010, 1: 27-32.

[6] 高婷. 潜水器螺旋桨和舵翼的优化设计[D]. 哈尔滨: 哈尔滨工程大学, 2013.

[7] 宋保维, 李楠. iSIGHT 在鱼雷鳍舵优化设计中的应用研究[J]. 兵工学报, 2010, 31(1): 104-107.

[8] 武建国, 张宏伟. 小型自主水下航行器尾舵设计与研究[J]. 海洋技术, 2009, 28(3): 5-9.

9

AUV 多学科设计优化方法

AUV 是典型的多学科耦合的复杂工程系统。AUV 总体设计涉及艇型、耐压结构、载体结构、能源选择、操纵与控制方式等众多方面，此外，还需要进行重量与容量估算、制造成本的分析。AUV 总体设计涵盖的学科内容包括阻力性能相关学科、结构性能相关学科、操纵性能相关学科、推进性能相关学科等，学科之间呈现相互影响、相互制约的复杂关系。如何在充分利用好学科间耦合效应的基础上尽快实现总体设计方案的优选是 AUV 总体设计工程师面临的关键任务。目前，多学科设计优化(multi-disciplinary design optimization，MDO)为 AUV 总体设计方案的优化和决策提供了一种新方法。

9.1 多学科设计优化的基本内容

9.1.1 多学科设计优化的研究概况

1. 传统的串行设计模式

AUV 设计初期往往是凭借设计者的经验和才智，从熟悉的现有 AUV 类型，即母型，确定目标 AUV 初步的主尺寸和结构形式，在深入的设计中不断改进，直到设计出一艘满足任务书要求的、排水量与主尺寸尽可能小的 AUV。图 9.1 为 AUV 的总体设计流程。由图可以看到，AUV 设计是一项涉及学科面广、技术密集度高、学科间耦合作用复杂的系统工程设计。涉及的学科包括流体力学、结构力学、材料力学、能源学科、人工智能、控制理论等多个学科，并且在不同学科要求达到的技术性能之间存有不同程度的矛盾。

传统的 AUV 设计是一种串行设计模式，以方案设计、初步设计、详细设计分阶段、分学科顺序进行，人为割裂了不同设计内容之间的联系，设计完成后再进行矛盾的协调。这样必然导致在设计过程中存在大量反复性的修改以致计算成本的大量耗费，并且由于缺乏学科间的均衡考虑而失去系统的整体最优解，最终降低了 AUV 总体设计效率与性能。例如，在缺少母型和缺少必要的原始资料的情况下，设计者在设计初始阶段不可能准确地计算出 AUV 的主机功率与能源需求的关系、重量与浮容积的关系等大量未知性能，这样就会导致总布置、主尺寸及结构参数等反复修改。另外，AUV 设计参数与某些性能参数之间缺少可用的精确的数学公式表达的函数关系。例如，计算主机推进功率时，需要采用 AUV 直航运动阻力值，而较为准确的阻力值是通过 AUV 设计完成后进行水动力数值计算，甚至要通过模型试验才能获得的。因此，串行设计一旦需要反复修改设计方案，将导致计算时间与经济上的大量花费。

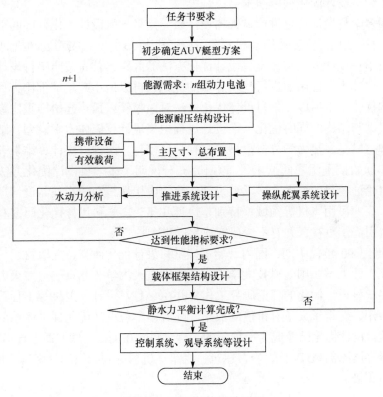

图 9.1 AUV 总体设计流程

2. 多学科设计优化的由来与发展

串行设计模式遇到的这种困难在复杂工程领域普遍存在。20 世纪 80 年代，一些航空领域的科学家和工程师提出飞机采用的各子系统串行设计模式无法考虑系统间的相互影响，据此得出的设计结果很有可能并非最优结果，并以 Sobieski[1,2] 为代表首次提出了多学科设计优化的思想。多学科设计优化的基本目的是充分利用不同学科之间的相互作用所产生的协同效应，获得系统整体最优解，同时实现各学科的并行设计。Sobieski 提出的研究方法引起了学术界的极大关注,越来越多的人意识到开展多学科设计优化研究的必要性和急迫性。

1994 年 8 月,多学科设计优化分部在美国国家航空航天局(NASA)兰利研究中心正式成立,该分部对倡导多学科设计优化基础研究、多学科设计优化工业实用化发挥了极大的作用。很多国家都积极表现出对 MDO 技术的关注。1994 年,设在德国的国际结构优化学会(International Society for Structural Optimization, ISSO)联合美国航空航天学会(American Institute of Aeronautics,AIAA)和 NASA 等组织举行了首次学术交流会,此后每两年举办一次。这已成为世界范围内影响最大的多学科设计优化领域学术会议。

利用多学科设计优化进行航天器设计研究是多学科设计优化分部的重要研究成果,如对第二代可重复使用运载器演示验证机 X-33 的塞式喷管发动机的设计[3]。为了比较串行设计方法与多学科设计优化方法的区别,首先按照串行设计方法,先以最大比冲为目标函数进行气动外形的优化,再以最小起始推重比为目标函数进行结构优化。然后以多学科设计优化方法对该喷管以最小起始推重比为目标函数进行气动与结构的同时优化,在设计过程中集成计算流体力学模型、结构分析模型、弹道模型、热力学分析模型等多种学科模型。两种方法计算结果表明,后者的最小起始推重比降低了 4%,该研究充分说明了多学科设计优化方法的优越性。随着论证项目的增多,多学科设计优化的应用从最初的运载器设计逐步扩展到卫星、高速民用飞机等领域。特别是最近几年,多学科设计优化研究在海洋工程领域也引起了重视,并有不少研究成果问世[4-6]。

20 世纪 90 年代中期,国内开始了多学科设计优化研究,并取得了一定的进展。西北工业大学、国防科技大学、南京航空航天大学、北京航空航天大学等都开展了多学科设计优化的理论研究工作,并在 AUV 设计、卫星等工程系统进行了初步应用,获得了大量有价值的成果。随着多学科设计优化理论体系的不断完善,多学科设计优化已经成为一种新的工程学科,在美国、俄罗斯、日本、韩国、中国等众多国家的 AUV、舰船、建筑、汽车、机械等领域引起越来越多的重视,并获得了积极的应用研究。

3. AUV 多学科设计优化研究概况

2000 年,宾夕法尼亚州立大学、路易斯安那州立大学联合其他相关部门开展了多学科设计优化方法在 AUV 设计中的应用研究[7,8]。McAllister 等[9]为了测试多学科设计优化的优化效果,将其应用于智能 AUV 系统设计中。他们将 AUV 设计分为 1 个系统和 5 个子系统,分别是导航与控制子系统、有效负载子系统、能源动力子系统、机械子系统、阻力与推进子系统,优化目标为最大化有效载荷段长度。研究过程主要侧重学科分析近似模型、不确定性建模、优化算法和求解过程可视化这四个方面，采用单学科可行性方法[10]进行多学科的综合设计优化，并获得了满意解，随后的研究中[11]，在协同优化框架中结合线性规划实现了 AUV 系统的优化，并证明尽管在执行系统级一致性约束条件时增加了计算复杂度，但算法的收敛性非常好。

2002 年，美国海军研究办公室(Office of Naval Research，ONR)发起水下武器设计与优化(undersea weapon design and optimization，UWDO)项目，并指出了 UWDO 项目的未来发展方向[12]。UWDO 项目从提高性价比出发，旨在为鱼雷、导弹等水下航行装置开发基础性的计算工具和协同设计虚拟计算环境。在协同分布式计算环境中，如图 9.2 所示，以航速、潜深和航程作为系统性能指标，可选择的子系统包括能源动力、导航与控制、推进装置、水动力外形、壳体与结构和任务载荷，在优化过程中可以实现价格分析和仿真设计的同时执行。UWDO 项目指出，该计算环境给设计更快、更高效和价格适中的水下航行装置提供了一个平台，并指出未来的研究重点在多学科设计优化组织结构、高效率的优化算法、成本分析等几个方面。

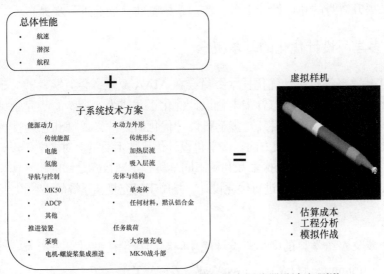

图 9.2　美国海军研究办公室提出的水下武器设计流程[12]

2010 年，密歇根大学的 Vlahopoulos 等[13]研究了多学科设计优化方法在潜艇概念设计阶段中的应用。子系统分别考虑了内部甲板面积、快速性、操纵性和结构强度，系统级优化目标则是最小化潜艇耐压舱的制造费用。他们根据各学科在概念设计阶段的特点建立了可执行的分析计算模型，并提到接下来的工作主要包括：一是开发多学科设计优化计算环境模块化的能力，可以实现集成各种潜艇学科性能计算模型；二是采用高精度的学科计算模型，如计算流体力学、有限元分析等代替工程估算模型；三是开发处理非线性和复杂数学函数的优化算法，能够与高精度模型联系，确定最优设计结果。

国内方面，卜广志[14]在"九五"期间开展了"鱼雷总体综合设计理论与方法研究"，引进了作战效能、寿命周期费用、风险和研制周期的概念，给出了一种新的鱼雷总体综合设计方法。该研究侧重于理论与方法，仅给出了 2 个变量 3 个学科的简化算例，在实际应用中还需要结合研制项目的工程实际进行细化与具体化。"十一五"期间，崔维成课题组开展了多学科设计优化在 7000m 载人潜水器和 AUV 设计中的应用研究，并取得了一系列研究成果[15-17]。建立的子系统分析模型包括阻力性能、耐压球壳结构性能、推进器选型、能源需求、重量与浮容积估算，在 iSIGHT 软件平台进行了集成优化，缩短了设计周期，提高了总体性能，并使整个设计过程可视可控。对多学科设计优化方法的研究中，主要侧重协同优化方法[18]、两级集成系统综合方法[19]在载人潜水器总体设计中的应用，并做了两种方法计算性能的比较。

随着多学科设计优化方法在众多领域的成功应用，AUV、潜艇、水下武器等工程设计领域已经重视多学科设计优化方法并付诸行动，期望采用多学科综合设计模式来提升自身的总体设计水平，实现系统整体性能的进一步提高。

9.1.2　多学科设计优化的基本概念

1991 年，多学科设计优化技术委员会在 AIAA 成立，会上发表了关于多学科设计优化的白皮书[20]，标志着多学科设计优化正式成为一个新的研究领域。书中阐述了多学科设计优化的定义、多学科设计优化研究的必要性和急迫性、多学科设计优化的研究范畴及发展方向。多学科设计优化技术委员会对多学科设计优化定义为：多学科设计优化充分探索和利用不同学科、不同目标之间的相互作用所产生的协同效应，从系统的角度进行优化设计，是用于研究复杂系统的一种设计方法学。

1. 数学模型

一个涉及 N 个学科的多学科设计优化问题的数学模型可以表示为

$$\text{minimize}: f(\boldsymbol{X}) = f\big(f_1(\boldsymbol{X}_1, \boldsymbol{Y}_1), f_2(\boldsymbol{X}_2, \boldsymbol{Y}_2), \cdots, f_N(\boldsymbol{X}_N, \boldsymbol{Y}_N)\big)$$

$$\text{s.t.}: g_j(\boldsymbol{X}, \boldsymbol{Y}) \leqslant 0, \quad j = 1, 2, \cdots, J$$

$$h_k(\boldsymbol{X}, \boldsymbol{Y}) = 0, \quad k = 1, 2, \cdots, K$$

$$a_i \leqslant x_i \leqslant b_i, \quad i = 1, 2, \cdots, I$$

$$\boldsymbol{A}(\boldsymbol{X}, \boldsymbol{Y}) = \begin{bmatrix} A_1(\boldsymbol{X}_1, \boldsymbol{Y}_1) \\ \vdots \\ A_N(\boldsymbol{X}_N, \boldsymbol{Y}_N) \end{bmatrix} = 0$$

$$\text{D.V}: \boldsymbol{X} = [x_1, x_2, \cdots, x_I]$$

(9.1)

式中，f_1、f_2、$\cdots$、f_N 为 N 个学科的目标函数；x_i 为设计变量，用来描述工程系统的特征，是在设计过程中可以改变的一组相互独立的变量；a_i、b_i 为设计变量的上下限；I 为设计变量的个数；$A_1(X_1,Y_1)$、$A_2(X_2,Y_2)$、$\cdots$、$A_N(X_N,Y_N)$ 为状态方程组，代表 N 个学科的学科分析；X_1、X_2、$\cdots$、X_N 为各个子学科的设计变量向量；Y_1、Y_2、$\cdots$、Y_N 为各个子学科的状态变量向量。

2. 学科分析

学科分析也称为子系统分析或子空间分析，以该学科设计变量、其他学科对该学科的耦合状态变量以及系统的参数为输入，根据某一个学科满足的物理规律确定其物理特性。

学科分析可用求解状态方程的方式来表示，设学科 i 的状态方程可用式(9.2)表示，即

$$S_i(y_i;X,X_i,y_{ji})=0 \tag{9.2}$$

式中，y_{ji} 表示其他学科 j 到学科 i 的耦合状态变量，且 $j \neq i$；";"表示只有 y_i 是未知量。则按照上面对学科分析的定义，学科分析就是求解学科状态方程的过程，即

$$y_i=\mathrm{CA}_i(X,X_i,y_{ji})=S_i^{-1}(0;X,X_i,y_{ji}) \tag{9.3}$$

3. 系统分析

对于一个系统，系统分析就是给定一组设计变量 X，通过求解系统的状态方程得到系统状态变量的过程。

对一个由 N 个学科组成的系统，其系统分析过程可以通过式(9.4)来表示，即

$$y=\mathrm{SA}(X,X_1,X_2,\cdots,X_N) \tag{9.4}$$

对于复杂的工程系统，系统分析涉及多门学科分析。对于耦合效应严重的复杂系统，分析过程需要多次迭代才能完成。由于各个学科之间有可能存在冲突，系统分析的过程并不一定总是有解，因此存在以下定义。

1) 一致性设计

一致性设计是指在系统分析过程中，由设计变量及其相应的满足系统状态方程的系统状态变量组成的一个设计方案。

2) 可行设计

可行设计是指满足所有设计要求或设计约束的一致性设计。

3) 最优设计

最优设计是使目标函数最小(或最大)的可行设计。

9.1.3　AUV 总体多学科设计优化

AUV 总体设计是 AUV 研制过程中的重要环节，很大程度上决定着 AUV 最终的性能，并且由于总体设计与 AUV 各个主要系统的设计相关，也是一个复杂的阶段性反复性过程。AUV 设计是按照方案设计、初步设计、技术设计和施工设计这四个阶段，由最初的概念直至全部加工图纸技术文件的完成。随着设计的深入，已知信息将不断增加，设计的自由度会大幅度减小。在进入初步设计阶段之前，艇体型式、推进系统形式、操纵控制方式等都已经确定并经过审批，在这一阶段，设计人员主要绘制 AUV 的基本图纸，进行细节上的协调与分析。也可以说，绝大多数创造性的设计点都在方案设计的过程中完成，之后的设计阶段主要是获得更准确的性能数据分析结果和完善一些局部细节的设计。因此，本书针对AUV 总体多学科设计优化主要是指方案设计这个设计自由度最大的初期阶段。

由图 9.1 可以看到，AUV 设计是一项复杂的系统工程，方案设计阶段涉及艇型设计、载体结构设计、耐压结构设计、能源设计、舵翼设计、推进系统设计和总布置设计。随着设计的深入，还包括浮力调节系统、应急抛载系统、控制系统等功能部分的设计，功能系统的设计在 AUV 设计之前存在研究的基础，可以相对独立地进行，与其他系统的耦合特征不是特别明显。因此，需要针对阻力性能学科、结构性能学科、能源需求分析、操纵性能学科、推进性能学科和总布置设计做学科设计方法及学科分析方法的阐述。

在设计过程中，各学科之间耦合关系表现在三大方面，即次序性、相互性和矛盾性。

1) 次序性

AUV 设计过程中，调整或者改变某一系统的设计要素，随之需要改变与之相关的某个或某几个系统的设计，或者某一系统设计完成之后才能进行另一系统的设计。这种由上而下的关系，本书称其为"次序性"。例如，能源系统设计完成之后，才能进行能源耐压舱的设计；能源耐压舱设计完成之后，结合其他设备的总布置，才能完成载体结构的设计；耐压舱结构、载体结构设计完成之后，结合其他设备的总布置，才能进行重量、浮容积及浮态的计算。多学科设计优化将这些存在次序关系的学科进行集成设计，缩短了设计周期，体现了一体化设计思想，这也是多学科设计优化的出发点及所采用的最直接的优化策略。

2) 相互性

AUV 设计过程中，某个系统设计要素的确定与其他系统设计相关，而其他系统设计又受该系统设计要素的影响。这种系统之间的关系在本书称为"相互性"。例如，AUV 完成单次作业，设计携带的能源需要先获得阻力性能相关参数。若达不到续航时间，需要增加携带的能源，而增加的能源需要更多的布置空间、更多的载体框架和浮力材料，导致艇型增大，AUV 的运动阻力增加。这样就会导致总布置、主尺寸及结构参数的反复修改，才能保证能源的利用率最高、艇型的主尺寸最小或者总重量最小。多学科设计优化将这些存在相互关系的学科进行集成设计，自动完成它们之间的迭代与反复协调，缩短了设计周期，并且能保证整体性能趋向最优。

3）矛盾性

AUV 设计过程中，调整或者改变某一系统的设计要素，能够改善某一方面的性能，但又损害了其他方面的性能。因此，这些系统设计需要均衡考虑才能完成，这些系统之间的关系在本书中称为"矛盾性"。例如，操纵性能指标中水平面运动机动性与运动稳定性之间的冲突关系，在相同的排水量下，短粗艇型有利于改善机动性，减小回转直径。反之，瘦长艇型有利于提高运动稳定性。如果同时考虑 AUV 的快速性能，显然细长艇型的阻力性能较好，但未必能满足操纵性关于机动性的要求，且过于细长的艇型会对总布置设计带来不便。多学科设计优化将这些存在矛盾关系的学科进行并行设计，并通过寻优机制将互相冲突的性能指标都达到最优值，不但能够缩短设计周期，更能提高 AUV 系统的总体性能指标。

根据以上关于 AUV 总体设计中各学科之间关系的分析，图 9.3 中给出了 AUV 总体设计学科间的耦合关系图。在图 9.3 中，按照学科包含的设计内容，将结构性能学科包含的内容分为耐压结构设计和框架结构设计。

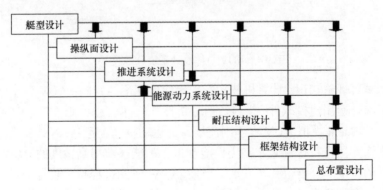

图 9.3　AUV 总体设计学科耦合关系图[21]

从学科联系紧密程度上看，总布置设计与各个学科均有关联，设计变量包括 AUV 主尺寸、总重量和浮态等设计最终需要考核的指标，因此在 AUV 多学科设计优化过程中，将总布置设计作为系统级。但是总布置设计中关于设备布置的要求并不存在数学解析式，因此可以给已确定的设备规划合理的布局，而设计时只需考虑未知的携带能源对总布置的影响，这样在系统层只需要完成计算主尺寸、重量和容积的计算，将浮态作为约束条件。据此，将 AUV 总体设计内容根据学科进行分解，并总结各学科的设计任务及设计方法，得到如图 9.4 所示的 AUV 总体设计系统分解图。

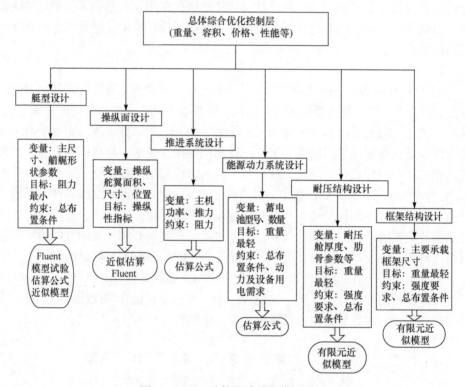

图 9.4　AUV 总体设计系统分解图[21]

随着学科理论知识、计算机技术及现代优化理论的发展，AUV 各个学科的设计呈现了综合运用建模软件、学科数值分析计算软件、优化理论与技术的新特点，例如，运用 Fluent 模拟 AUV 在不同流场下的运动特性，运用 ANSYS 完成结构校核，运用面元法进行螺旋桨水动力性能预报，都能够获得高精度的分析结果。各学科知识的深度与广度进一步发展，致使 AUV 研制过程越来越复杂，研制周期越来越长。多学科设计优化的主要思想即关注多学科复杂系统的解耦与协调，由并行设计替代串行设计，将各个学科本身的分析和优化与整个系统的分析和优化结合起来，能够结合高精度的学科分析工具，实现设计过程自动化与智能化。在科技发展日益更新、不断要求提高总体性能和缩短设计周期的今天，采用 AUV 总体多学科综合设计模式将会是 AUV 设计领域一个崭新的、富有前景的发展方向。

9.2 AUV 多学科设计优化的关键技术

从解决工程设计的角度出发，多学科设计优化的主要研究内容不能只追求算法精确性，更重要的是分析各学科间的相互影响、设计过程中各学科间的权衡折中和数据交流，研究一套计算效率高、结果可靠的设计方法。AUV 多学科设计优化的关键技术主要包括以下几个方面。

9.2.1 复杂系统的分解方式

用系统论和系统工程的观点、方法来认识及对待复杂工程的设计是设计思想的一项重要进步，也是多学科设计优化方法的基本出发点[21]。正确把握系统的整体性与层次性，将系统进行合理分解是分析复杂系统的有效方法。复杂系统的分解方式主要有三种形式：层次型分解、非层次型分解以及混合型分解。层次型分解的典型特点表现在复杂系统可以按照设计流程分为上下级子系统；每个子系统只有一个上级子系统，但可以有多个下级子系统；每个子系统向其下级子系统传递控制信息。非层次型分解则适用于复杂系统不能分解成上下级子系统，而在多个子系统之间存在复杂的交叉耦合效应，必须通过子系统间的协调才能获得相容的设计解的过程。混合型分解同时存在层次型分解和非层次型分解。正是学科间的耦合作用使得非层次型系统的设计和优化具有相当的难度。根据以上不同的分解方式，复杂系统可以分为层次型系统和非层次型系统。

非层次型系统可以用如图 9.5 所示的网状结构描述，即对整个系统分析有作用的分析模块。学科分析与系统行为的某一特定方面有关或者代表了一个物理子系统。换句话说，它可以作为输入转换为输出的"黑盒子"。其输入输出同时包括其他学科分析的输出以及描述系统的设计变量和约束。

AUV 是典型的非层次型系统，例如，将快速性分析作为系统级性能指标，由于快速性与能源动力系统、推进系统、总布置方案之间存在耦合，因此考虑以上四个子系统的 AUV 设计可以按照图 9.6 进行系统分解。

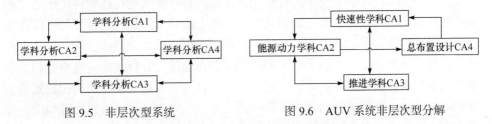

图 9.5　非层次型系统　　　　图 9.6　AUV 系统非层次型分解

9.2.2　学科分析与建模方法

只有建立合适的学科分析模型才可能保证多学科设计优化结果的正确性。多学科设计优化集成了各学科的分析模型，设计变量和约束数量是各学科优化之和，而计算成本则随着设计变量和约束的增加呈超线性增长。随着学科领域知识的深入，每一学科的分析模型的精度越来越高，如基于黏性流场的 AUV 水动力数值计算和结构的有限元分析。如果多学科设计优化中学科分析模型仅追求高精度的计算，那么会使多学科设计优化的计算效率很低，计算成本大大增加。例如，Borland 等[22]对高速民用飞机(HSCT)进行气动结构的组合优化时，采用了结构有限元模型和薄层 Navier-Stokes 启动模型，由于受计算成本的影响，优化过程中只使用了 3 个气动变量和 20 个结构变量。

面向多学科设计优化的学科分析模型需要兼顾准确性与实用性，近似模型技术则成为解决这一问题的有力工具。在大量有关多学科设计优化方法的文献中，很多都讨论了如何构造近似函数，在优化过程中简化复杂的学科分析，使用保证精度且计算高效的近似模型，真正便于总体设计工程师充分利用自身学科领域之外的知识实现多学科的集成优化。

9.2.3　多学科设计优化过程

多学科设计优化过程是多学科设计优化方法的核心内容，很多文献也将其称为多学科设计优化策略或框架。多学科设计优化过程是从设计计算结构、信息组织的角度来研究问题，是在具体寻优算法的基础上提出一套设计计算框架，包括解决如何将复杂系统划分为以学科为基础的若干子系统，如何处理系统级与子系统级相互耦合的目标与变量，如何处理各子系统级间的关系等内容。根据系统优化层次的分解方式，多学科设计优化过程可分为单级优化过程和多级优化过程。单级优化过程将优化过程分为系统级和子系统级的两级结构，但是只在系统级进行优化，各子系统级只进行分析或者计算，不进行优化。单级优化过程使用的方法主要有多学科可行方法、单学科可行方法、同时分析与设计方法。

多级优化过程中的两级计算结构分别是负责协调的系统级和负责优化的子系统级，即各个学科在子系统中进行优化，并通过在系统级进行各学科优化之间不一致的协调。多级优化过程正如同当前的工程专业分工形式，通过分解可以充分利用多处理器及分布式软硬件，达到并行设计以缩短设计周期的目的，这些也是计算机技术的发展方向。各子系统能够相对独立地进行分析优化，也更有利于学科专家发挥自身领域的专业知识，它的缺点是收敛性困难、计算结构相对复杂。协同优化方法、并行子空间优化方法、两层集成优化方法是多级优化过程的主要代表方法。下面对主要的几种方法分别进行描述。

1. 多学科可行方法

多学科可行(multi-disciplinary feasible，MDF)方法具有一个系统分析模块和与之联系的各个学科分析模块。优化器与系统分析模块只有一个输入输出接口，因此优化的每一步迭代都进行一次系统分析，并多次调用各学科分析模块进行迭代求解，直到获得各个学科之间耦合变量的一致解。多学科可行方法计算量大，适用于小规模的优化问题。

多学科可行方法的数学模型表示为

$$\text{minmize}: F\big(X_D, U(X_D)\big)$$
$$\text{s.t.}: g\big(X_D, U(X_D)\big) \leqslant 0$$
$$X_D \in \mathbf{R}^n$$

式中，X_D 为设计变量；$U(X_D)$ 为输出变量；F 为目标函数；$g\big(X_D, U(X_D)\big)$ 为状态约束。

2. 单学科可行方法

单学科可行(individual discipline feasible，IDF)方法提供了一种避免进行完全计算的多学科分析优化方法。它的每一步优化都调用学科分析，各学科分析过程并行执行从而保证了单学科的可行性，同时通过学科之间的耦合变量，驱动单学科向多学科的可行性和最优性逼近。在单学科可行方法中，优化变量为学科间耦合的变量。

单学科可行方法的数学模型表示为

$$\text{minmize}: F\big(X_D, U(X)\big), 此时 X = (X_D, X_\mu)$$
$$\text{s.t.}: g\big(X_D, U(X)\big) \leqslant 0$$
$$C(X) = X_\mu - \overline{\mu} = 0$$

式中，X 为优化变量集合，包含学科间耦合变量 X_μ 和设计变量 X_D；$C(X)$ 为学科间约束；$F\big(X_D, U(X)\big)$ 为目标函数；$g\big(X_D, U(X)\big)$ 为状态约束；$U(X)$ 为输出变量；$\overline{\mu}$ 为子系统单一学科中的耦合变量值。

实际执行过程中，令

$$J_j = C_j^2 \leqslant 0.0001, \quad j = 1, 2, \cdots, 学科数$$

3. 同时分析与设计方法

同时分析与设计(simultaneous analysis and design 或 all at once，AAO)方法把设计变量、耦合变量和各学科的状态变量都看成系统级变量，在系统级进行优化，每次循环独立进行各子学科计算，不考虑学科可行。计算结束后，通过系统级设置共同承担的约束保证各子系统之间的联系，即在系统级优化和子系统计算间进行迭代求解最终得到系统的最优解，同时满足学科间的约束条件。在系统级优化模块中通过设置一致性约束，可以保证多学科解的一致性，这使得多学科系统分析中的计算迭代工作量得到有效减少，同时子学科模块可以并行计算，但是没有决策功能。对于变量较多的问题，按照同时分析与设计方法进行求解，在系统级优化层面中完成所有的设计决策，会使得系统级优化负担极重，因此其对中小型多学科设计优化问题更为适用。

4. 协同优化方法

协同优化（collaborative optimization，CO）方法由 Kroo[18]在飞机初步优化设计中首次提出。协同优化方法是将复杂系统优化问题分为一个系统级和并行的多个子系统级。其基本思想是：每个子系统可独立进行设计优化，只需要满足该子系统内部的约束，子系统优化的目标是使子系统设计优化方案与系统级优化提供给该子系统的目标方案的差异达到最小；而系统级优化过程协调各个子系统设计优化结果的不一致性，通过系统级优化和子系统级优化之间的多次迭代，最终得到符合学科间一致性约束的最优设计。

协同优化是典型的两级优化过程，结构形式简单，软件集成难度低，容易保持学科并行分析与优化的独立性，适合于耦合程度较弱的大型复杂工程系统的设计。目前没有关于协同优化方法收敛性的严格证明，在一些实际应用中也存在着难以收敛的现象。

5. 并行子空间优化方法

标准的并行子空间优化（concurrent subspace optimization，CSSO）方法由 Sobieski[23]提出，之后并行子空间优化方法得到了不断改进与发展。并行子空间优化方法中设计变量按学科进行分配，形成互不重叠的优化子空间，每个子空间优化本学科的设计变量，其他子空间的设计变量在优化过程中视为常数，计算收敛时，各子空间最优解的叠加就是系统最优解。早期的并行子空间优化方法采用的是基于全局灵敏度方程（global sensitivity equation，GSE）的近似方法，在进行某个学科级优化时，本学科的状态变量用本学科领域内的精确分析方法进行分析，而当需要用到别的学科领域内的状态变量和约束时则根据全局灵敏度方程进行近似计算。之后的发展过程中，响应面或神经网络训练等近似方法取代了基于全局灵敏度方程的近似方法，发展了基于响应面的并行子空间优化方法。

9.2.4 多学科设计优化的集成环境平台

多学科设计优化集成平台也称为多学科设计优化计算框架，是指能实现多学科设计优化方法、包括硬件和软件体系的计算环境，在这个计算环境中能够集成和运行各学科的计算，实现各学科之间的通信。

多学科设计优化集成环境平台应具有如下特征和功能：

(1)易于实现各种多学科设计优化方法的表达方式，用户通过人机界面应该比较容易地实现各种多学科设计优化方法的表达方式和数据流程。

(2)具有分布式计算环境的特征。

(3)能集成各学科原有的分析计算程序和某些商用软件。

(4)提供优化算法库。

(5)支持近似模型的生成，即计算量小，但其计算结果与高精度模型的计算结果相近的分析模型。

(6)支持并行计算。

(7)设计过程的可视化和监控。

(8)数据的存储、管理和提取。

(9)支持基于不确定性的设计优化。

多学科设计优化集成平台应该提供如下模块，即定量分析不确定性的方法、基于不确定性的优化方法，如稳健设计优化和可靠性设计优化。

目前，国际上影响较大的集成优化软件有 iSIGHT、ModelCenter、LMS Optimus、Visual DOC 等。其中，iSIGHT 占据的市场份额最大，它能将多学科代码集成并使流程自动化，提供实时监控和后处理功能，帮助数据分析。iSIGHT 提供了四个模块：试验设计、优化算法、近似方法和质量工程方法。用户可以通过软件提供的算法，也可以针对问题性质自选优化策略，寻找最优的优化策略。iSIGHT 还具有并行分布式计算的功能，实现了硬件资源、软件资源、数据资源的共享，这种任务分担的方法极大地提高了大规模数据处理的效率。随着网络技术的发展，这种分布式优化设计将会成为多学科设计优化的主要工具。iSIGHT 设计与开发平台强调利用各学科已有的先进的分析工具在优化设计中充分发挥作用，可以实现各种仿真软件和自编程序的集成，并提供先进的优化设计方法，实现设计过程的自动化和智能化，其设计思想是优化设计未来发展的必然之路。

9.3 多学科设计优化在 AUV 总体设计中的应用

9.3.1 AUV 的基本形式及设计要求

鉴于 AUV 的复杂性和在其设计过程中体现的多学科耦合效应，本节以某探测型 AUV 为例，在其设计过程中引入多学科设计优化的现代设计模式，将上述多学科设计优化在 AUV 总体设计领域中的关键技术和应用进行研究。

　　根据设计任务书，本例中的 AUV 工作潜深 2000m、航程 100km、航速 3kn，同时要求目标 AUV 能够完成深海的环境采集、目标探测定位与识别等任务，依此确定需要搭载的探测设备、导航设备、通信与定位设备、推进系统、自救系统、控制系统与能源动力系统，并进行总体布置设计。按照功能特点，将 AUV 划分为艏部探测段、中部能源段、控制段、艉部推进段四部分，如图 9.7 所示。根据各种装置和仪器的使用要求、基本的安装要求及浮态要求，同时减少优化过程中无法量化的主观因素，完成总布置的设计方案，如图 9.8 所示。采用流线式回转体外型，为了便于海船上安全坐放，平行中体设计为平底，并由艏段、艉段进行光顺过渡，图 9.9 为 AUV 的基本外形。

图 9.7　目标 AUV 舱段示意图[21]

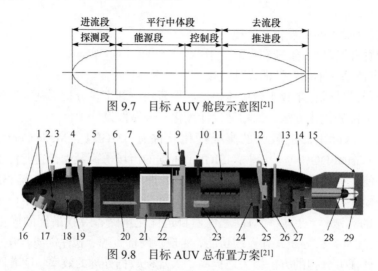

图 9.8　目标 AUV 总布置方案[21]

1, 2-避碰声呐；3-通信定位声呐；4-前视声呐；5-艏部垂直槽道推进器；6-承压电池组；7-可搭载不同功能的载荷；8-无线电天线；9-北斗天线；10-水声通信换能器；11-主控制舱；12-艉部垂直槽道推进器；13-频闪灯；14-舵机；15-艉部舵翼；16-摄像装置；17-照明装置；18-通信定位声呐控制舱；19-抛载系统控制舱；20-侧扫声呐；21-浅地层剖面仪；22-可抛压载；23-多波束侧扫声呐；24-水声通信控制舱；25-高度计；26-舵机控制器；27-多普勒测速声呐与惯导；28-主推进器；29-艉部舵翼连杆机构

图 9.9　目标 AUV 的基本外形[21]

在艇型与总布置基本方案确定的基础上开展多学科设计优化设计，这是因为这种优化能更有效地指导设计，对详细设计阶段、优化结果也更有意义。在 AUV 多学科设计优化中，将分别建立能源动力系统设计、非耐压结构设计（载体结构）、艇型设计、耐压结构（控制系统）和舵翼设计五个子系统的分析优化数学模型。

9.3.2 AUV 多学科设计优化数学模型的建立过程

1. 阻力性能分析的近似模型

Nystrom 艇型的形状阻力较小，可以适当降低长宽比，获得更优良的总布置条件，在现代常规潜艇上的应用也最为广泛。此处，以 Nystrom 艇型为例，艇型控制参数设为变量，采用 AUV 黏性流场数值计算方法，对计算结果应用近似模型技术得到 AUV 水下航行时的阻力或阻力系数，为 AUV 总体设计中阻力预报及方案选优提供评价依据。

1）阻力性能数值计算

图 9.10 为 iSIGHT 平台下根据试验设计完成艇型阻力计算的流程。采用 Nystrom 艇型方程生成艏艉的形状曲线，由于总布置方案已经确定，以及设备间相对位置不变，艏艉段长度可以确定，而控制舱、能源动力、浮力材料等导致 AUV 的直径及平行中体长度发生改变。因此，在试验设计中采用两个因子，分别为回转体的直径 d，平行中体的长度 L_p。计算过程中 DOE1 模块根据全因子设计方法生成 d 和 L_p 的参数矩阵，等分成 16 份，全部计算次数为 256 次，Calculator 用于控制计算次数并将计算次数 n 赋值给 GoFluent 模块用于输出第 n 个回转体受力文件。

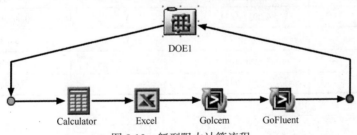

图 9.10　艇型阻力计算流程

Excel 模块中有二次开发的 VBA 代码，读取 DOE1 给出的参数，并生成适合 ICEM 程序读取的艏部和艉部型值文件 nose.txt 和 tail.txt，同时在 Excel 中利用梯形法计算该 Nystrom 艇型方程所生成回转体的体积 Vol。ICEM 读取 nose.txt 和 tail.txt 后绘制二维非结构网格，这种网格表面上看是在求解一个二维问题，事实上是利用轴对称特性将面网格绕中心轴旋转，在轴附近生成楔形网格，在远离轴处生成六面体网格；计算证明使用二维方法计算获得的结果与三维计算结果相差不超过 2%。但后者进行一次运算使用 4 个 CPU 并行计算需要 2h 以上，而前者使用 1 个 CPU 并行计算仅需 5min。这种优势使利用 CFD 方法对大量艇型进行优化成为可能。

对流场采用有限体积法求解 RANS 方程，湍流模型选择在近壁区算法更稳定且精度更好的剪切应力输运(shear-stress transport)k-ω 模型，即 SST k-ω 模型。考虑到后续的优化工作需要进行大量的重复计算，这里选择标准壁面函数。初步计算得到一个稳定收敛的解之后，利用 Fluent 的网格自适功能，对网格进行调整，使回转体壁面第一层网格高度更好地满足标准壁面函数，再进行二次计算，直到再次得到稳定的解。

2) 阻力分析近似模型

根据 256 次 CFD 计算，建立了二阶响应面模型来拟合艇型参数与阻力、排水体积之间的关系。二阶响应面模型的系数如表 9.1 所示。并在试验样本中任取 50 个样本点来检验二阶响应面近似模型的估算值与 CFD 计算值之间的误差，结果分别为 $\delta(\text{Drag})=1.48\%$、$\delta(\text{Vol})=0.20\%$。图 9.11 为检验样本点误差分布图。由计算结果可知，近似模型的精度较高，对阻力的估算误差与 CFD 相比仅为 1.26%，采用建立艇型阻力近似模型，替代原来复杂的数值计算，集成到 AUV 总体多学科设计优化设计之中，可以有效地降低计算成本并促进优化过程的正常收敛，从而可以保证优化的工程实用性。

表 9.1 艇型阻力二阶响应面模型的系数

艇型总阻力 Drag/N		艇型排水体积 Vol/m³	
常数项	32.68019869	常数项	1.682322862
X_1	−0.134795001	X_1	−0.008011061
X_2	0.003749611	X_2	−0.000560774
X_1^2	0.000496732	X_1^2	1.37×10^{-5}
X_2^2	-6.61×10^{-7}	X_2^2	1.69×10^{-17}
X_1X_2	3.03×10^{-5}	X_1X_2	2.67×10^{-6}

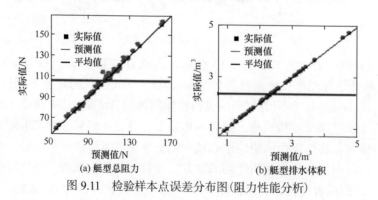

(a) 艇型总阻力   (b) 艇型排水体积

图 9.11 检验样本点误差分布图(阻力性能分析)

2. 耐压结构性能分析的近似模型

目标 AUV 的工作潜深为 2000m，不能直接使用潜水器规范中的公式与图表数据来完成强度与稳定性的计算。本部分用有限元分析方法来模拟计算 AUV 耐压结构的破坏强度和破坏过程，并建立多种近似模型替代直接数值计算，以期望提高优化效率并获得满意的结论。具体的理论基础及计算过程详见第 6 章结构优化方法。

3. 非耐压结构性能分析的近似模型

1）非耐压结构材料选择及设计参数

AUV 承载结构承受着艇内设备以及艇体自身的重量，其结构的设计与 AUV 的安全性紧密相关。设计中，需要遵循以下三条设计原则：首先，为保证能够抵抗吊放和运输过程中的冲击载荷，AUV 结构应当具有足够的强度；然后，在强度和刚度达到设计要求的条件下，结构重量应尽量减轻；最后，AUV 结构设计还要考虑制造、装配以及设备布置的方便性。这里采用有限元分析方法分析在双点吊放工况下复合材料 AUV 结构的力学性能，为结构优化提供依据。

对 AUV 承载结构进行强度和刚度分析时，将基本载荷定为 AUV 在空气中的重量。而设计载荷是用基本载荷乘以动载荷系数得到的，因为它必须要考虑 AUV 在工作中可能出现的超载、穿越水面时的特殊受力状况和母船运动对 AUV 所造成的影响。其他方面的考虑，如材料缺陷、计算误差和制造工艺等则通过安全系数来表示。在动载荷系数的规定上，不同国家的规范要求不尽相同，其制定原则主要是各个国家根据本国的海况、技术水平、辅助设备以及交通状况等因素确定的。不同国家规范中对动载荷系数、安全系数制定的标准如表 9.2 所示。

表 9.2　国内外 AUV 的动载荷系数和安全系数[21]

考察项目		所属规范			
		日本规范(2000)	俄罗斯规范(1994)	中国救生潜器	中国规范(1996)
海况级	吊放	3	4	3	3
	回收	4	4	4	4
动载荷系数		1.4375	1.8	3	1.7
安全系数		4	3.2	1.8	1.5

选择 AUV 从水中回收时的双点吊放工况进行计算，根据文献[24]中的相关规定，并结合不同国家对规范动载荷系数和安全系数制定的标准，设定承载结构和艇上设备动载荷系数为 2，承载结构的安全系数为 1.5。

根据总体结构设计方案，复合材料 AUV 舱段间采用横向加强舱壁连接，舱段两侧采用纵向隔板加强，在轻外壳与纵向隔板间浇注浮力材料，设置成夹心层结构。根据平纹编织布优于斜纹编织布的力学性能，实际加工采用正交平纹编织的碳纤维材料，每层按照 45°方向交错铺设，基体采用环氧树脂(E-51)。

2)非耐压结构有限元分析计算

建模过程中需要对其由下至上逐层进行材料参数的详细定义，即各层的材料性质、纤维主方向的方向角及层厚度等信息。在 ANSYS 中，第一层默认为最底层，其他各层沿单元自身坐标系的 z 轴逐层向上累加。AUV 承载结构，定义复合材料单层厚度为 0.5mm，相邻两层之间有 45°度交错。在建立结构的几何模型阶段，对实际结构进行了合理的简化，结构的连接处被耦合在一起，可简化计算并更接近真实情况，这样的建模分析将会比实际中的情况更偏安全。几何实体模型如图 9.12 所示。在 ANSYS 中，采用概念(concept)建模来建立整个 AUV 承载结构，这样可以将其变为有限元的量或板壳模型，在网格划分时可以实现以四边形单元为主导的计算精度高并且网格数量少的网格模型。选择 ANSYS/ Workbench 默认为面单元提供的适用复合材料的 shell99 单元对几何模型进行网格划分，shell99 单元是 8 节点三维壳单元，每个节点有 6 个自由度，该单元主要适用于薄到中等厚度的板和壳结构，一般要求宽厚比大于 10，并允许有多达 250 层的等厚材料层。所有的板壳都被切割成规则形状，并尽量将各面划分成四边形网格，以提高计算精度。为了反映曲板外壳、底部板、横舱壁、纵舱壁结构处复合材料铺层数量的不同，将不同的实常数赋予各个结构。针对双点吊放工况，有限元模型进行边界条件处理，选择线段作为起吊处刚性固定，即将起吊处 x、y、z 各方向的平动自由度及转动自由度全部约束。根据上述简化和约束，建立的网格模型如图 9.13 所示。网格划分结束后得到 AUV 模型有 12993 个节点，12315 个单元。网格质量平均值为 0.9449，完全优于结构分析时要求的网格精度 0.75，可保证计算结果的正常收敛。

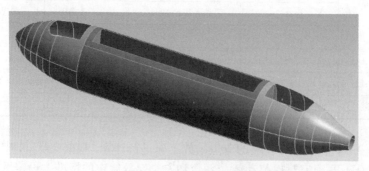

图 9.12　几何实体模型

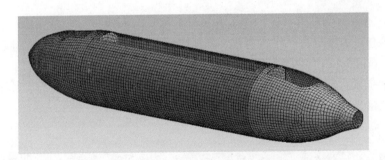

图 9.13　网格模型

AUV 纵舱壁与外壳板之间填充的浮力材料在宏观表现出一般各向同性材料的特点。采用的浮力材料技术指标如下：工作深度 3500m，密度 0.48g/cm³，弹性模量 1750MPa，抗压强度 33MPa，吸水率在试验深度 24h 内小于 3%。因此，在有限元模型中，纵舱壁与外壳板之间建立体(volume)，并采用 solid185 进行体单元的网格划分。AUV 内部结构紧凑，各种设备紧密相连，加载结构载荷时，分两种形式对受力情况进行模拟：一种是用加载重力加速度的方式来表示 AUV 结构自身的重力作用，另一种是以等效压力代替 AUV 内部各种仪器、耐压结构、浮力材料及外壳等设备的重力作用，将它们按照相应位置进行载荷施加。图 9.14 为加载后的模型。

图 9.14　加载后的模型

启动 ANSYS 计算分析软件的通用后处理求解器，在上述设定的双点吊放工况下，分析复合材料铺层形式承载结构的强度和刚度情况。以横舱壁厚度 10mm、纵舱壁厚度 8mm、底板厚度 10mm、外壳板厚度 6mm 为例，在双点吊放工况下给定加速度以及固定动载荷系数，材料选择正交形式平纹编织布，AUV 结构的应力、变形如图 9.15 所示。由计算结果可知：由于双点吊放工况下 AUV 结构主要处于受拉状态，总体最大变形为 1.34mm，位于底板安装固定承压电池的位置；而总体最大应力为 17.82MPa，发生在艉部横舱壁上方(吊点附近)与艉部外壳连接处。AUV 结构吊点位置应力值较高，在建模过程中，由于对 AUV 承载结构进行了适当简化，如将不同面的连接处简化为线连接，导致应力集中现象的出现，即个别节点的应力值过大。这种连接方式与工程实际不同，实际在 AUV 建造过程中，必然会对连接处进行结构补强，实现应力平缓地过渡。根据圣维南原理(Saint Venant's principle)，中段部分的结果相对精确，横舱壁起吊固定点的结果精确度欠佳。根据最大应力失效准则，在后处理中提取各个方向的正应力，其中，纤维在 x 方向最大拉应力为 17.29MPa<$[\sigma_b]$=244.73MPa。

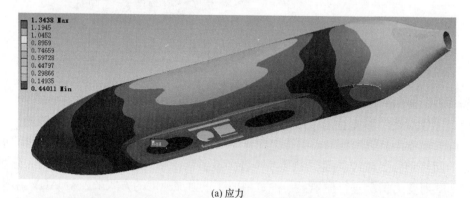

(a) 应力

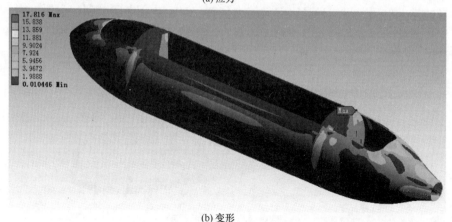

(b) 变形

图 9.15　AUV 结构分析结果

3) 非耐压结构分析近似模型

取变量为横舱壁厚度 n_1，纵舱壁厚度 n_2，底板厚度 n_3，外壳板厚度 n_4，变量为整型，取值范围分别为 4<n_1<16，4<n_2<16，10<n_3<22，4<n_4<16。将结构的最大变形 dis 和最大应力 sigma、结构质量 weight 作为响应，采用最优拉丁超立方试验设计在设计空间内安排 1000 次有限元计算。最优拉丁超立方设计使所有的试验点尽量均匀地分布在设计空间，具有非常好的空间填充性和均衡性。

根据 1000 次有限元计算，获得了相应的结构厚度与应力、变形、质量。根据结果，应用响应面模型来拟合因子与响应之间的关系。根据不同阶次响应面模型对比,选用四阶响应面模型来近似结构厚度与应力、变形、质量之间的关系。四阶响应面模型的系数如表 9.3 所示。

表 9.3　四阶响应面模型的系数

最大变形 dis/mm		最大应力 sigma/MPa		结构质量 weight/kg	
常数项	24.689494	常数项	354.4396	常数项	-5.54×10^{-8}
X_2	-0.790966	X_1	-81.9091	X_1	1.092196754
X_4	-6.129504	X_2	-3.92983	X_2	5.39217957
X_2^2	3.21×10^{-2}	X_4	-1.14213	X_3	1.785722668
X_4^2	0.8044383	X_1^2	9.821793	X_4	9.007783459
X_1X_4	-6.66×10^{-3}	X_2^2	0.15514	X_1X_3	-3.07×10^{-10}
X_2X_4	1.38×10^{-2}	X_1X_2	-0.13906	X_2X_3	2.25×10^{-10}
X_4^3	-4.72×10^{-2}	X_1X_3	-0.06652	X_2X_4	-1.72×10^{-10}
X_1^4	6.24×10^{-6}	X_2X_3	0.055329	X_4^3	-8.32×10^{-11}
X_2^4	-3.04×10^{-5}	X_2X_4	0.072838	X_4^4	4.11×10^{-12}
X_3^4	-1.89×10^{-6}	X_1^3	-0.52922		
X_4^4	1.02×10^{-3}	X_1^4	0.010733		

在试验样本中任取 40 个样本点来检验四阶响应面近似模型的估算值与有限元计算值之间的误差,结果分别为 $\delta(\text{dis})=2.22\%$、$\delta(\text{sigma})=2.45\%$、$\delta(\text{weight})=0.00\%$。图 9.16 为检验样本点误差分布图。

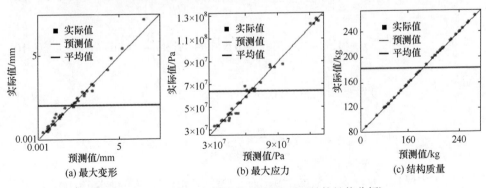

图 9.16　检验样本点误差分布图(非耐压结构性能分析)

4. 操纵性能分析计算模型

AUV 操纵性的优劣关系到航行的安全,对艇体的实际航速也有很大的影响。与一般水面船舶不同,其运动模式并非简单的水平面运动,而是六个自由度运动的强非线性和相互耦合，其操纵运动模型相当复杂。操纵性数学模型从 AUV 的水平面运动和垂直面运动两个方面考虑。

1) 操纵性水动力系数计算

考虑计算时间的可行性，预计多学科集成优化的可操作性，项目中选用经验公式方法进行水动力系数的估算。近似计算方法建立在"迭加原理"和"相当值"的基础上，即假定 AUV 的水动力系数(如线速度系数、角速度系数)等于艇体和各附体(舵、翼等)的水动力系数之和，同时计算艇体与各附体的相互影响；并认为艇体和各附体分别可用等值椭球体及等值平板的理论计算结果来确定。以下是用到的操纵性中主艇体与附体水动力系数的近似估算公式[25]。

对于垂直面运动，主艇体线性水动力系数按式(9.5)～式(9.8)计算：

$$Z_w'^{(\mathrm{hull})} = -\left[0.22 - 0.35\left(\frac{H}{B}-1\right) + 0.15\left|\frac{H}{B}-1\right|\right]\nabla^{2/3}/L^2 \qquad (9.5)$$

$$M_w'^{(\mathrm{hull})} = \left[1.32 + 0.037\left(\frac{L}{B}-6.6\right)\right]\left[1 - 1.13\left(\frac{H}{B}-1\right)\right]\nabla/L^3 \qquad (9.6)$$

$$Z_q'^{(\mathrm{hull})} = -\left[0.33 + 0.023\left(\frac{L}{B}-7.5\right)\right]\left(2-\frac{H}{B}\right)\nabla/L^3 \qquad (9.7)$$

$$M_q'^{(\mathrm{hull})} = -\left[0.575 + 0.10\left(\frac{L}{B}-7.5\right)\right]\left(1.65 - 0.65\frac{H}{B}\right)\nabla^{4/3}/L^4 \qquad (9.8)$$

对于水平面运动，主艇体线性水动力系数按式(9.9)～式(9.12)计算：

$$Y_v'^{(\mathrm{hull})} = -\left[0.22 - 0.35\left(\frac{B}{H}-1\right) + 0.15\left|\frac{B}{H}-1\right|\right]\nabla^{2/3}/L^2 \qquad (9.9)$$

$$N_v'^{(\mathrm{hull})} = -\left[1.32 + 0.037\left(\frac{L}{H}-6.6\right)\right]\left[1 - 1.13\left(\frac{B}{H}-1\right)\right]\nabla/L^3 \qquad (9.10)$$

$$Y_r'^{(\mathrm{hull})} = \left[0.33 + 0.023\left(\frac{L}{H}-7.5\right)\right]\left(2-\frac{B}{H}\right)\nabla/L^3 \qquad (9.11)$$

$$N_r'^{(\mathrm{hull})} = -\left[0.575 + 0.10\left(\frac{L}{H}-7.5\right)\right]\left(1.65 - 0.65\frac{B}{H}\right)\nabla^{4/3}/L^4 \qquad (9.12)$$

式中，L 为艇长，m；B 为型宽，m；H 为型深，m；∇ 为全排水量，m^3；水动力系数的上角标(hull)表示主艇体。

附体线性水动力系数计算的关键在于附体的线性水动力系数 $Y_v'^{(i)}$ 和 $Z_w'^{(i)}$ 的计算，本节中附体指的是水平翼、垂直舵。

水平翼线性水动力系数按式(9.13)计算：

$$\begin{cases} Z_w'^{(\mathrm{hf})} = -\dfrac{\overline{C}^{(\mathrm{hf})} b_0^{(\mathrm{hf})} \left(4.6 b_0^{(\mathrm{hf})} - 6.7 \overline{D}_H^{(\mathrm{hf})} \right)}{\left(2.04 \overline{C}^{(\mathrm{hf})} + b_0^{(\mathrm{hf})} \right) \times L^2} \\[4mm] \overline{C}^{(\mathrm{hf})} = \dfrac{A^{(\mathrm{hf})}}{b_0^{(\mathrm{hf})} - \overline{D}_H^{(\mathrm{hf})}} \end{cases} \tag{9.13}$$

垂直舵线性水动力系数按式(9.14)计算:

$$\begin{cases} Y_v'^{(\mathrm{vf})} = -\dfrac{\overline{C}^{(\mathrm{vf})} b_0^{(\mathrm{vf})} \left(4.6 b_0^{(\mathrm{vf})} - 6.7 \overline{D}_H^{(\mathrm{vf})} \right)}{\left(2.04 \overline{C}^{(\mathrm{vf})} + b_0^{(\mathrm{vf})} \right) \times L^2} \\[4mm] \overline{C}^{(\mathrm{vf})} = \dfrac{A^{(\mathrm{vfU})} + A^{(\mathrm{vfL})}}{2\left(b_0^{(\mathrm{vf})} - \overline{D}_H^{(\mathrm{vf})} \right)} \end{cases} \tag{9.14}$$

各附体的水动力系数 $Y_v'^{(i)}$ 和 $Z_w'^{(i)}$ 确定后，可以利用式(9.15)计算该附体的其余线性水动力系数。

$$\begin{cases} N_v'^{(i)} = Y_v'^{(i)} x^{(i)} / L, \quad Y_r'^{(i)} = Y_v'^{(i)} x^{(i)} / L, \quad N_r'^{(i)} = Y_v'^{(i)} (x^{(i)} / L)^2 \\[2mm] M_w'^{(i)} = -Z_w'^{(i)} x^{(i)} / L, \quad Z_q'^{(i)} = -Z_w'^{(i)} x^{(i)} / L, \quad M_q'^{(i)} = -Z_w'^{(i)} (x^{(i)} / L)^2 \end{cases} \tag{9.15}$$

式(9.13)~式(9.15)中，水动力系数的上角标 (i) 表示附体，其中 (i) 取 hf、vf，分别表示指挥水平翼、垂直舵；$x^{(i)}$ 为附体面积中心在 x 轴方向的坐标值；$A^{(i)}$ 为各附体实际面积；$b_0^{(i)}$ 为各附体内插翼展长；$\overline{C}^{(i)}$ 为附体外露翼平均弦长；$\overline{D}_H^{(i)}$ 为各艉附体处艇体平均直径。具体各参数的含义如图9.17所示。

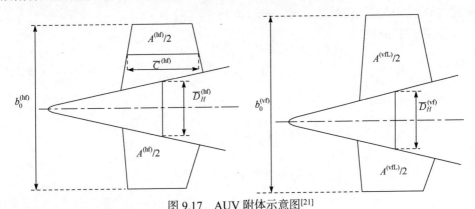

图 9.17　AUV 附体示意图[21]

2) 垂直面操纵性能指标

AUV 垂直面运动稳定性可以用以下两个简化的衡准值来检验[25]。

静稳定指标：

$$l'_a = -\frac{M'_w}{Z'_w} < 0 \tag{9.16}$$

动稳定指标：

$$K_{vd} = \frac{l'_q}{l'_a} > 1 \tag{9.17}$$

式中，l'_q 为相对阻尼力臂；l'_a 为相对倾覆力臂，且有 $l'_q = -\dfrac{M_q}{m+Z_q}$。

AUV 垂直面机动性评价参数为逆速和升速率。在定深等速航行时，艏艉升降舵逆速分别为

$$U_{ib} = \left(\frac{m'ghZ'_{\delta_b}}{Z'_{\delta_b}M'_w - Z'_wM'_{\delta_b}} \right)^{1/2} \tag{9.18}$$

$$U_{is} = \left(\frac{m'ghZ'_{\delta_s}}{Z'_{\delta_s}M'_w - Z'_wM'_{\delta_s}} \right)^{1/2} \tag{9.19}$$

艉升降舵升速率为

$$\square\, \frac{\partial U_\varsigma}{\partial \delta_s} = \frac{U^3}{57.3m'gh}\left(\frac{M'_w}{Z'_w} - \frac{M'_{\delta_s}}{Z'_{\delta_s}} + \frac{M'_\theta}{Z'_w} \right)Z'_{\delta_s} \tag{9.20}$$

3) 水平面操纵性能指标

AUV 水平面的运动稳定性也可用静稳定性和动稳定性两类评价。AUV 在水平面内简化的稳定性衡准条件可以表示如下[25]。

静稳定性指标：

$$l'_\beta = \frac{N'_v}{Y'_v} > 0 \tag{9.21}$$

动稳定性指标：

$$K_{hd} = \frac{l'_r}{l'_\beta} > 1 \tag{9.22}$$

式中，l'_β 为相对倾覆力臂；l'_r 为相对阻尼力臂，且有

$$l'_r = \frac{N'_r}{-(m'-Y'_r)} \tag{9.23}$$

AUV 水平面机动性评价参数有相对定常回转直径 D_s 和 Z 形机动处转期 t'_a。

根据线性运动方程，可以求解小舵角缓慢定常回转直径：

$$\begin{cases} Y_v'v' - \left(m' - Y_r'\right)r' = -Y_\delta'\delta \\ N_v'v' + N_r'r' = -N_\delta'\delta \end{cases} \tag{9.24}$$

由此可以解得

$$\begin{cases} r_s = K\delta \\ K = \left(\dfrac{V}{L}\right)K' = \left(\dfrac{V}{L}\right)\dfrac{N_v'Y_{\delta_r} - N_{\delta_r}'Y_v'}{N_v'\left(m' - Y_r'\right) + N_r'Y_v'} \cdot \dfrac{1}{\delta} \end{cases} \tag{9.25}$$

式中，K 为回转性指数（舵效指数），在数值上表示单位方向舵角引起的定常回转角速度。

定常回转角速度 $r_s = V / R_s$，所以相对定常回转直径 D_s 可以按式（9.26）求解：

$$D_s = \frac{2R_s}{L} = \frac{2}{K'\delta} = 2\frac{N_v'\left(m' - Y_r'\right) + N_r'Y_v'}{N_v'Y_\delta' - N_\delta'Y_v'} \cdot \frac{1}{\delta} \tag{9.26}$$

Z 形机动处转期 t_a' 可以按式（9.27）求解：

$$t_a' \approx 2\sqrt{\frac{I_z' - N_r'}{N_{\delta_r}'}} \tag{9.27}$$

5. 能源动力系统分析计算模型

能源需求学科设计的任务是根据 AUV 在规定续航时间下的总用电量及额定电压确定所携带的能源类型、数量，并根据电池耐压舱的尺寸确定布置形式。设计时，需兼顾能源动力系统的可维护性、可靠性和成本以及使用安全性、技术成熟度等设计因素。

AUV 的能源动力系统必须保证安全性高、可靠性好、使用方便、价格低廉，尤其作为 AUV 上的动力源，能源的重量和体积受到严格限制，因此还要求其单位体积、单位重量的比能量高。目前，综合性能最好的电池体系是锂电池，并且通过以往多个 AUV 的试验经验来看，锂电池技术成熟度、性能及成本都可以满足目前的使用要求。选定锂电池后，能源动力设计学科需要根据 AUV 完成单次作业的用电总量，确定锂电池总容量、锂电池型号、单组锂电池串联个数和锂电池并联组数。

蓄电池总容量根据巡航速度下主推电机的功率、观察导航等设备功率和续航时间确定，见式（9.28）：

$$E_{\text{battery}} = \left(P_M T + P_H T\right)/\eta_B \tag{9.28}$$

式中，E_{battery} 为蓄电池总容量，$\mathrm{kW \cdot h}$；P_M 为主机功率，kW；P_H 为设备功率，

kW；T 为续航时间，h；η_B 为电池放电效率，一般取 $\eta_B=0.9$。

单组蓄电池串联个数和蓄电池并联组数由主推电机的额定电压、设备工作额定电压和蓄电池总容量确定。单组动力电池串联个数 n_1、单组控制电池串联个数 n_2 由式(9.29)确定：

$$n_1 = \frac{U_M}{U_0}, \quad n_2 = \frac{U_H}{U_0} \tag{9.29}$$

式中，U_M 为主机额定电压；U_H 为设备工作额定电压；U_0 为单个电池平均放电电压。

动力电池并联组数 n_3、设备电池并联组数 n_4 由式(9.30)确定：

$$n_3 = \frac{P_M T}{n_1 U_0 A_0}, \quad n_4 = \frac{P_H T}{n_2 U_0 A_0} \tag{9.30}$$

式中，A_0 为单个电池的标称容量，$A \cdot h$。

最后，确定蓄电池总数量 n_{battery} 为

$$n_{\text{battery}} = n_1 \times n_3 + n_2 \times n_4 \tag{9.31}$$

9.3.3 AUV 多学科设计优化结果

1. 子系统级优化模型

1) 能源动力设计子系统

该方案中，整个能源动力系统分成两套不同电压回路，一路电压为 100V 动力用电，另一路为 24V 设备用电。设计中所选用的电池为单体铝塑膜动力锂电池，如图 9.18 所示，输出电压为 3.3V，容量为 50A·h，确定单组动力电池数量为 100/3.3≈32 块；单组设备电池数量为 8 块。单块承压锂电池的尺寸为 250mm×210mm×15mm，质量为 1.5kg，单块电池体积为 0.000788m³，单块电池比能量为 209523.8W·h/m³，单块电池质量密度为 1904.762kg/m³，电池布置方案如图 9.19 所示。

图 9.18　单体铝塑膜动力锂电池[21]

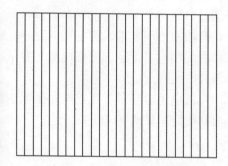

图 9.19　电池布置示意图[21]

在能源动力设计子系统优化过程中，以动力电池的组数作为设计变量参与优化过程，输出变量为蓄电池总电量、总重量及需要的充油电池舱长度。计算中，将能源动力设计子系统输入输出变量前加字母"a"以示区分，该子系统分析模型的设计输入与输出变量见表 9.4。

表 9.4　能源动力设计子系统分析模型的输入输出说明

子系统 a	描述	变量符号	说明
常量	单块电池体积/m³	avolume_one	
	单块电池比能量/(W·h/m³)	acaoacity_one	
	单组电池密度/(kg/m³)	aweight_one	
输入变量	动力电池组数	ax1	整型变量
	设备电池组数	ax2	整型变量
输出变量	动力电池总电量/(kW·h)	acapacity1	满足续航力要求
	设备电池总电量/(kW·h)	acapacity2	满足设备用电要求
	蓄电池总质量/kg	aweight	使其最小
	充油电池舱长度/m	alength	满足艇型布置要求

2) 耐压结构设计子系统

耐压舱采用矩形环肋加强圆柱舱，耐压结构设计子系统数学模型采用项目中建立的耐压舱的强度及稳定性的近似计算模型。根据控制系统硬件布置要求，可对耐压舱的内径及长度进行限定，因此有限元结果建立近似模型时，选取 4 个设计变量，分别为耐压舱厚度、肋骨间距、肋骨高度、肋骨宽度。根据 6.3.1 节的计算结果，选择工作潜深为 2000m，计算压力 P_j 为 30MPa 的钛合金材料的矩形环肋圆柱舱的应力与失稳压力的 RBF 近似模型。耐压舱厚度、肋骨间距、肋骨高度、肋骨宽度作为设计变量参与优化过程，耐压舱的应力值、失稳压力值及质量、浮容积作为样本对应的响应值在耐压结构子系统分析模型中进行输出。计算中，将耐压结构设计子系统输入输出变量前加字母"b"以示区分，变量列表如表 9.5 所示。

表 9.5　耐压结构设计子系统分析模型的输入输出说明

子系统 b	描述	变量符号	说明
常量	耐压舱内半径/m	bradius	bradius=0.165
	耐压舱长度/m	blength	blength=0.545
输入变量	耐压舱厚度/m	bx1	0.004≤bx1≤0.020
	肋骨间距/m	bx2	0.060≤bx2≤0.200
	肋骨高度/m	bx3	0.005≤bx3≤0.020
	肋骨宽度/m	bx4	0.005≤bx4≤0.020

续表

子系统 b	描述	变量符号	说明
输出变量	周向应力/MPa	bsigma1	bsigma1≤0.85σ_s
	轴向应力/MPa	bsigma2	bsigma2≤1.2σ_s
	肋骨应力/MPa	bsigma3	bsigma3≤0.6σ_s
	局部失稳压力/MPa	bpcr1	bpcr1≥P_j
	整体失稳压力/MPa	bpcr2	bpcr2≥1.2P_j
	耐压舱质量/kg	bweight	使其最小
	耐压舱浮容积/m³	bvolume	满足艇型布置要求

3)非耐压结构设计子系统

在设计非耐压载体结构时,需要考虑的与其他系统设计相关的变量包括直径、电池段长度、艏艉形状系数、承压电池的质量、控制耐压舱的质量,系统内部设计变量包括不同结构处碳纤维复合材料的铺层数。在建立强度分析近似模型时,将以上变量共同确定为载体结构的 8 个变量,将这 8 个因子均匀地分为 600 个水平,形成一个拉丁超立方设计表,根据这个拉丁超立方设计表来取值分别独立运行 600 次吊放工况的计算模型。这一过程可以通过 iSIGHT 集成基于参数化的有限元计算模型,通过试验设计表自动逐次更新设计变量的样本点,求得各样本点的响应值,包括最大变形位移、x 方向应力值、y 方向应力值以及结构的质量、浮容积等,整个计算过程约为 200h。本节选择 RBF 模型集成到最终的多学科综合优化过程中。计算中,将载体结构设计子系统输入输出变量前加字母"c"以示区分,输入输出变量如表 9.6 所示。

表 9.6 载体结构子系统分析模型的输入输出说明

子系统 c	描述	变量符号	说明
输入变量	平行中体直径/m	cx1	0.65≤cx1≤1.0
	平行中体长度/m	cx2	1.7≤cx2≤8.0
	承压电池的质量/kg	cx3	36.0≤cx3≤400.0
	控制耐压舱的质量/kg	cx4	50.0≤cx4≤200.0
	纵向板厚度/mm	cx5	2≤cx5≤12
	横向板厚度/mm	cx6	2≤cx6≤12
	底板厚度/mm	cx7	4≤cx7≤20
	外壳板厚度/mm	cx8	2≤cx8≤12

续表

子系统 c	描述	变量符号	说明
	载体结构变形值/m	czdis	满足变形条件
	x 方向最大拉伸应力/MPa	cxstress1	满足应力条件
	y 方向最大拉伸应力/MPa	cystress1	满足应力条件
输出变量	x 方向最大压缩应力/MPa	cxstress2	满足应力条件
	y 方向最大压缩应力/MPa	cystress2	满足应力条件
	非耐压结构浮容积/m³	cvolume	满足浮态条件
	载体结构总质量/kg	cweight	使其最小

4) 艇型设计子系统

艇型设计时,平行中体长度的确定需要根据 AUV 航行功率计算出电池组的数量,继而确定电池舱段的尺寸,同时电池舱尺寸、质量又影响 AUV 的艇型主尺寸。艇型设计子系统主要完成 AUV 阻力性能的计算,选择基于 CFD 完成系列艇型 AUV 的水动力计算,并将计算结果进行回归,建立阻力估算近似模型。

在 AUV 设计时,艇型主尺寸由设备及能源的总布置方案确定。总布置方案是设计中主观因素最大的部分,由于 AUV 设计任务书确定了 AUV 搭载的主要设备,因此舱段长度与艉段长度完全可由设备布置方案确定。而平行中体主要负责布置能源舱段,与能源动力设计、耐压结构设计、载体结构设计相关联。舱艉段主要是提供探测设备及推进系统,其主要形式已确定,因此舱艉段长度可以当成已知量,不参与优化过程。近似模型计算过程中选择两个参数作为设计变量,即艇体直径及平行中体长度。推进设计子系统主要根据巡航速度下的阻力给出主机功率,由于不涉及螺旋桨的设计,在优化过程中,将推进系统效率给予经验值 0.5,作为常数参与总体优化。计算中,将艇型设计子系统输入输出变量前加字母"d"以示区分,该子系统分析模型的设计输入输出变量如表 9.7 所示。

表 9.7 艇型设计子系统分析模型的输入输出说明

子系统 d	描述	变量符号	说明
	舱段长度/m	dlength1	dlength1=1.02
常量	艉段长度/m	dlength2	dlength2=2.55
	舱部形状系数	dn1	dn1=1.8
	艉部形状系数	dn2	dn2=2.0

子系统 d	描述	变量符号	说明
输入变量	直径/m	dx1	0.5≤dx1≤1.0
	平行中体长度/m	dx2	1.0≤dx2≤3.0
输出变量	阻力/N	ddrag	满足续航力要求
	排水体积/m³	dvolume	满足浮态条件
	主机功率/kW	dpower	满足续航力要求

5)舵翼设计子系统

舵翼设计子系统主要根据垂直舵面积，计算水平面相对定常回转直径，任务书中规定，巡航速度下满舵回转直径不大于 5 倍艇长，因此按照 5 倍艇长设计舵面积。同时计算出艇型水平静不稳定系数、水平面动稳定系数作为水平面操纵性的约束条件。主艇体的参数值与艇型设计子系统一致，在主艇体优化的基础上，设计相应的舵面积满足操纵回转条件。计算中，将舵翼设计子系统输入输出变量前加字母"e"以示区分，该子系统分析模型的设计输入输出变量如表 9.8 所示。

表 9.8　舵翼设计子系统分析模型的输入输出说明

子系统 e	描述	变量符号	说明
常量	巡航速度/kn	evelocity	evelocity=3
	最大舵角/(°)	erudder	erudder =15
	艏段长度/m	elength1	elength1=1.02
	艉段长度/m	elength2	elength2=2.55
	艏部形状系数	en1	en1=1.8
	艉部形状系数	en2	en2=2.0
输入变量	直径/m	ex1	0.5≤ex1≤1.0
	平行中体长度/m	ex2	1.0≤ex2≤3.0
	舵面积/m²	ex3	0.100≤ex3≤0.500
输出变量	相对定常回转直径/m	ediameter	满足回转直径条件
	水平面静不稳定系数	ecoe1	ecoe1>0
	水平面动稳定系数	ecoe2	ecoe2>1

2. 系统级优化模型

各个子系统模块的数学模型建立完成后，在确定整个系统的优化目标、设计变量和约束条件后,使用 iSIGHT-FD 集成程序批处理命令及学科分析的近似模型,建立多学科设计优化过程完成 AUV 的总体设计优化。其中，耐压结构设计子系统、载体结构设计子系统及艇型设计子系统采用学科分析近似模型；舵翼设计子系统采用根据规范建立的计算程序，能源动力设计子系统及系统级约束条件的设置在 iSIGHT-FD 提供的计算器 Calculator 中完成。

AUV 总体设计的任务是对 AUV 主尺寸进行寻优选择，在满足任务书要求的前提下，尽可能地提升 AUV 总体性能指标。因此，根据各子系统的计算要求，总体性能指标在系统级分析优化模型中表现为各部分质量最小：

$$\min \text{weight}(X) = \text{aweight+bweight+cweight}$$
$$= f_a(\text{ax1,ax2}) + f_b(\text{bx1},\cdots,\text{bx4}) + f_c(\text{cx1},\cdots,\text{cx8})$$

系统级分析优化模型中给出的约束条件除了设计变量的取值范围和协调条件，还包括三个约束条件，分别是：AUV 在 3kn 巡航速度下续航时间不少于 18h；巡航速度下满舵回转直径不大于 5 倍艇长；满足具备一定储备浮力的条件。其中，AUV 的浮力 buoyancy 由 AUV 搭载设备浮容积、非耐压结构浮容积、耐压舱浮容积和固体浮力材料浮容积四部分组成,其中 AUV 搭载设备浮容积统计为 $0.187\,\text{m}^3$，耐压舱浮容积 bvolume 和非耐压结构浮容积 cvolume 作为子系统 b 和 c 的设计输出。固体浮力材料可以做成各种形状填充在载体结构空隙处，去除结构框架、耐压舱及设备等已知占用的体积外，同时应考虑实际无法利用的设备安装、维修等所需空间，浮容积由平行中体长度决定，并给出填充因子，设定浮力材料填充因子为常数 k，取 0.45。

3. 同时分析与设计的优化过程

利用准备好的学科分析模型或代理模型，按照多学科集成优化框架同时分析与设计的思想,组织好输入输出关系。同时分析与设计数据流向图如图 9.20 所示。将所有的设计变量在系统级优化中进行设置，各子系统只完成计算，将所有约束条件在系统级优化中设置为约束条件，即保证了各子系统之间的联系。在进行子系统的综合优化设计时，每次循环各子系统级独立负责计算分析，不进行优化。所有的变量在系统级进行优化，子系统级的任务是根据系统级传递的设计变量值计算相应的目标函数，并返回给系统级，按照一定的优化算法进行优化。子系统级之间可以并行执行，在计算收敛前，通过在系统级设置的协调规则进行学科间不一致的调整。

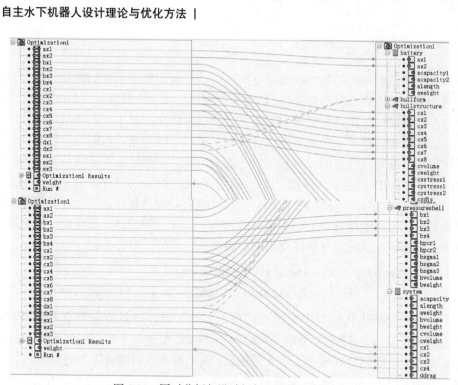

图 9.20   同时分析与设计框架下的数据流向图

4. 协同优化的优化过程

协同优化子系统之间单独优化，互相不发生数据传递。各子系统所得的结果汇总到系统级进行协调，最终得到一组满足各个学科且总体性能最优的参数。采用基于约束松弛的协同优化框架，优化的目标仍为使电池、耐压结构和非耐压结构的总质量最小，即

$$\min\, \text{weight}(X) = \text{aweight}+\text{bweight}+\text{cweight}$$
$$= f_a(\text{ax1},\text{ax2}) + f_b(\text{bx1},\cdots,\text{bx4}) + f_c(\text{cx1},\cdots,\text{cx8})$$

根据协同优化的思想，将各子学科的耦合变量选出，为其在系统级中设定相应的系统级变量，例如，艇型设计子系统与舵翼设计子系统中，都以艇体直径、艇体长度作为设计变量，而两个学科间是互相独立的，无法传递数据，所以在此将以上两个变量选为系统级变量。上述这些变量均通过系统级加以协调，趋于一致。为便于区分，系统级变量在变量名称前均加字母 s，如直径 dx1 的系统级符号为 sdx1。由以上分析，可以确定子系统的一致性约束如下。

非耐压结构设计子系统：

$$J_1 = (\text{cx1} - \text{scx1})^2 + (\text{cx2} - \text{scx2})^2 + (\text{cx3} - \text{scx3})^2 + (\text{cx4} - \text{scx4})^2$$

艇型设计子系统：

$$J_2 = (dx1 - sdx1)^2 + (dx2 - sdx2)^2$$

舵翼设计子系统：

$$J_3 = (ex1 - sex1)^2 + (ex2 - sex2)^2$$

子系统级各自要在进行单独优化后，方能将结果传递到系统级。子系统级的设置遵照各单学科分析与建模时所做的设置，其输入变量、约束、目标函数、建模方法和所采用的优化算法均相同。当参数设定好后，还需设置数据传递方向，将子系统级和系统级加以关联。

5. 计算结果及分析

计算过程中，系统级优化分别采用 iSIGHT-FD 中提供的二次拉格朗日非线性规划算法(non-linear programming by quadratic Lagrangian，NLPQL)及多岛遗传算法(multi-island genetic algorithm，MIGA)。在同时分析与优化框架(在表中用 AAO 表示)及协同优化(在表中用 CO 表示)框架下，采用不同的优化算法，系统级中输出的 AUV 主尺寸与主要性能参数、应满足的约束条件如表 9.9 所示，最优解对应的设计变量值如表 9.10 所示，最优解对应的各子系统的输出变量如表 9.11 所示。

表 9.9　优化后 AUV 主尺寸与性能指标

	参数名称	AAO 方法/NLPQL	AAO 方法/MIGA	CO 方法/NLPQL	CO 方法/MIGA
主尺寸及指标	长度/m	5.560	5.593	5.942	5.876
	直径/m	0.838	0.821	0.855	0.842
	电池质量/kg	204	204	204	204
	耐压舱质量/kg	173.23	178.11	197.21	188.82
	载体质量/kg	267.45	258.73	283.79	291.78
	总质量/kg	1329.86	1309.67	1385.75	1381.87
约束条件	续航力条件/(kW·h)	1.08	1.01	1.23	1.18
	平衡条件/kg	29.76	23.12	27.89	28.90
	操纵性条件/m	0.755	0.833	0.892	0.911

表 9.10　最优解对应的设计变量值

设计变量	AAO 方法/NLPQL	AAO 方法/MIGA	CO 方法/NLPQL	CO 方法/MIGA
ax1	4	4	4	4
ax2	1	1	1	1
bx1	0.010	0.010	0.012	0.011
bx2	0.112	0.098	0.012	0.012

设计变量	AAO 方法/NLPQL	AAO 方法/MIGA	CO 方法/NLPQL	CO 方法/MIGA
bx3	0.012	0.011	0.012	0.013
bx4	0.013	0.011	0.011	0.009
cx1	0.817	0.812	0.842	0.829
cx2	2.533	2.562	2.915	2.853
cx3	207.53	205.31	218.94	219.74
cx4	175.82	178.93	189.73	182.24
cx5	8.92	8.35	9.02	8.97
cx6	7.24	7.38	7.55	8.01
cx7	11.09	10.37	11.89	11.72
cx8	6.89	7.14	7.78	7.81
dx1	0.817	0.812	0.842	0.829
dx2	2.53	2.56	2.91	2.85
ex1	0.817	0.812	0.842	0.829
ex2	2.53	2.56	2.91	2.85
ex3	0.274	0.268	0.289	0.284

表 9.11　最优解对应的输出变量值

输出变量	AAO 方法/NLPQL	AAO 方法/MIGA	CO 方法/NLPQL	CO 方法/MIGA
acapacity1	21.133	21.133	21.133	21.133
acapacity2	5.283	5.283	5.283	5.283
aweight	204.000	204.000	204.000	204.000
alength	0.580	0.580	0.580	0.580
bsigma1	648.930	610.030	632.640	641.820
bsigma2	573.810	571.140	553.250	567.720
bsigma3	473.280	455.110	462.140	458.220
bpcr1	33.920	34.980	34.120	35.370
bpcr2	38.370	39.910	41.370	42.010
bweight	173.230	178.110	197.210	188.820
bvolume	0.0467	0.0458	0.0472	0.0470
czdis	1.93	1.96	1.69	1.78
cxstress1	32.78	35.62	31.08	31.92
cystress1	31.39	34.18	30.11	30.28
cxstress2	19.89	20.79	18.92	18.95
cystress2	18.83	19.68	18.03	17.97
cvolume	0.12	0.11	0.13	0.13
cweight	198.78	186.78	228.72	223.11
ddrag	131.31	122.8	145.76	141.91
dvolume	2.347	2.339	2.613	2.525

续表

输出变量	AAO 方法/NLPQL	AAO 方法/MIGA	CO 方法/NLPQL	CO 方法/MIGA
dpower	1.57	1.53	1.66	1.67
ediameter	28.411	28.580	30.363	30.026
ecoe1	0.013	0.011	0.013	0.014
ecoe2	8.571	8.289	7.348	7.691

对于采用碳纤维材料整体结构形式的 AUV 多学科设计优化，通过在系统级采用智能优化算法，在协同优化和同时分析与设计优化框架下均能得到令人满意的优化解。但是相比之下，以基于同时分析与优化框架，并且采用多岛遗传算法进行优化设计的方法得到的结果更优，AUV 载体结构质量为 258.73kg。

协同优化框架属于二级优化框架，需要引入一致性约束来协调各子学科的耦合变量，最终目的为使各学科的同一变量完全相等，但这个过程由于采用了松弛约束的方法，会使优化时间耗费巨大，当系统级优化采用协同优化方法时结果会出现收敛困难的情况。同时分析与设计优化框架作为单级优化框架，节省了计算时间，但是最优解与变量初始值相关，需要多次改变初始值才能判断最终收敛解的有效性。同时，相对来说，同时分析与设计优化框架的系统级在应用序列二次规划算法时，可以承受 AUV 总体设计的计算负担，若优化问题更加复杂化，则更能体现出采用智能优化算法的优越性。多岛遗传算法所需设定的参数较多，改变参数会对结果产生很大影响，若选取不准，则应用到协同优化框架上，同样很难得到最优解，在计算中通过多次计算，多岛遗传算法的控制参数设置为种群大小 160，进化代数 500，交叉概率 0.85，变异概率 0.1。综上，兼顾优化效率与优化精度，可以将基于同时分析与设计优化框架和多岛遗传算法的这套体系作为 AUV 的多学科设计优化的首选方法。

参 考 文 献

[1] Sobieski J S. A linear decomposition method for large optimization problems—Blueprint for development[R]. NASA TM-83248. Washington: NASA, 1982.

[2] Sobieski J S. Multidisciplinary Optimization for Engineering Systems: Achievements and Potential[M]// Bergmann H W. Optimization: Methods and Applications, Possibilities and Limitations. Berlin: Springer, 1989.

[3] Korte J J , Salas A O, Dunn H J , et al. Multidisciplinary approach to linear aerospike nozzle optimization[C]. The 33rd Joint Propulsion Conference and Exhibit, Seattle, 1997.

[4] Demko D. Tools for multi-objective and multi-disciplinary optimization in naval ship design[D]. Blacksburg: Virginia Polytechnic Institute and State University, 2005.

[5] Neu W L, Hughes O, Mason W H, et al. A prototype tool for multidisciplinary design optimization of ships[C]. Proceedings of the 9th Congress of the International Maritime Association of the Mediterranean, Naples, 2000.

[6] Peri D, Campana E F. High fidelity models in the multi-disciplinary optimization of a frigate ship[J]. Computational

Fluid & Solid Mechanics, 2003: 2341-2344.

[7] Belegundu A, Halberg E, Yukish M, et al. Attribute-based multidisciplinary optimization of undersea vehicles[C]. Proceedings of the 8th AIAA/USAF//NASA/ISSMO Symposium on Multidisciplinary Analysis and Optimization, Long Beach, 2000.

[8] Yukish M, Simpson T W. Requirements on MDO imposed by the undersea vehicle conceptual design problem[C]. Proceedings of the 8th AIAA/USAF//NASA/ISSMO Symposium on Multidisciplinary Analysis and Optimization, Long Beach, 2000.

[9] McAllister C, Simpson T, Kurtz P, et al. Multidisciplinary design optimization testbed based on autonomous underwater vehicle design[C]. Proceedings of the 9th AIAA/ISSMO Symposium on Multidisciplinary Analysis and Optimization, Atlanta, 2002.

[10] Cramer E J, Dennis J E J, Frank P D, et al. Problem formulation for multidisciplinary optimization[J]. SIAM Journal on Optimization, 1994, 4(4):754-776.

[11] McAllister C, Simpson T, Lewis K, et al. Robust multiobjective optimization through collaborative optimization and linear physical programming[C]. Proceedings of the 10th AIAA/ISSMO Multidisciplinary Analysis and Optimization Conference, New York, 2004.

[12] Kam W N. Undersea weapon design and optimization[C]. NATO Research & Technology Organization, AVT Spring Meeting, Paris, 2002.

[13] Vlahopoulos N, Hart C G. A multidisciplinary design optimization approach to relating affordability and performance in a conceptual submarine design[J]. Journal of Ship Production and Design, 2010, 26(4): 273-289.

[14] 卜广志. 鱼雷总体综合设计理论与方法研究[D]. 西安: 西北工业大学, 2003.

[15] Liu W, Cui W C. Multidisciplinary design optimization (MDO): A promising tool for the design of HOV[J]. Journal of Ship Mechanics, 2004, 8(6): 95-112.

[16] 操安喜. 载人潜水器多学科设计优化方法及其应用研究[D]. 上海: 上海交通大学, 2008.

[17] Wei L, Peng G, Anxi C, et al. Application of hierarchical bilevel framework of MDO methodology to AUV design optimization[J]. Journal of Ship Mechanics, 2006, 10(6):122-130.

[18] Kroo I. Distributed multidisciplinary design and collaborative optimization[D]. Stanford: Stanford University, 2004.

[19] Sobieski J S, Agte J, Sandusky R J. Bi-level integrated system synthesis (BLISS)[C]. Proceedings of the 7th AIAA/USAF/NASA/ISSMO Symposium on Multidisciplinary Analysis and Optimization, St.Louis, 1998.

[20] AIAA Multidisciplinary Design Optimization Technical Committee. Current State of the Art on Multidisciplinary Design Optimization (MDO)[R]. AIAA White Paper. New York: AIAA, 1991.

[21] 杨卓懿. 无人潜器总体方案设计的多学科优化方法研究[D]. 哈尔滨: 哈尔滨工程大学, 2012.

[22] Borland C J, Benton J R, Frank P D, et al. Multidisciplinary design optimization of a commercial aircraft wing—An exploratory study[C]. Proceedings of the 5th AIAA/USAF/NASA/ISSMO Symposium on Multidisciplinary Analysis and Optimization, Panama City Beach, 1994.

[23] Sobieski J S. Optimization by decomposition: A step from hierarchic to non-hierarchic systems[C]. Proceedings of NASA/Air Force Symposium on Recent Advances in Multidisciplinary Analysis & Optimization NASA Cp, Hampton, 1989.

[24] 中国船级社. 潜水系统和潜水器入级规范 2018[S/OL]. https://www.ccs.org.cn/ccswz/font/fontAction!article.do?articleId=4028e3d666135c3901667564845100fe[2019-09-05].

[25] 中国船舶工业综合技术经济研究院. 潜艇操纵性设计计算方法[S]. GJB/Z 205—2001. 北京: 国防科学技术工业委员会, 2001.

索　引

彩　图

图 2.30　采用高硼硅玻璃球作为设备耐压舱的 AUV 内部图[66]

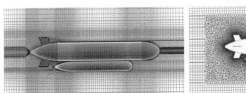

(a) 多块结构网格划分形式

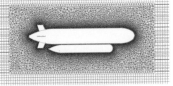

(b) 混合网格形式

(c) 艉部结构网格划分形式

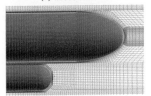

(d) 艏部结构网格划分形式

图 3.3　"WL-3" AUV 网格划分形式[9]

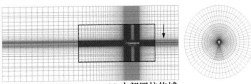

(a) 内部圆柱体域

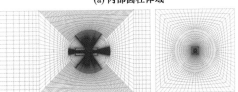

(b) 内部圆球体域

图 3.4　斜航水动力计算网格区域划分形式[9]

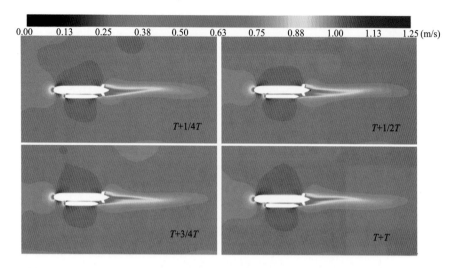

图 3.12　f=0.3Hz、V=1m/s 工况下 AUV 做纯升沉运动时纵剖面处速度分布云图[9]

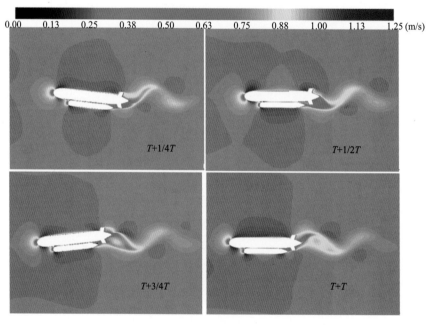

图 3.15　f=0.3Hz、V=1m/s 工况下 AUV 做纯俯仰运动时纵剖面速度分布云图[9]

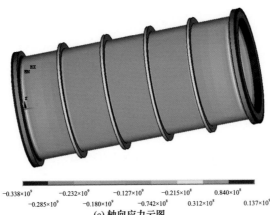

-0.338×10^9	-0.232×10^9	-0.127×10^9	-0.215×10^8	0.840×10^8
-0.285×10^9	-0.180×10^9	-0.742×10^8	0.312×10^8	0.137×10^9

(c) 轴向应力云图

0.206×10^9	0.214×10^9	0.222×10^9	0.230×10^9	0.238×10^9
0.210×10^9	0.218×10^9	0.226×10^9	0.234×10^9	0.242×10^9

(d) 肋骨应力云图

图 6.2 环肋圆柱壳有限元计算应力、应变云图[12]

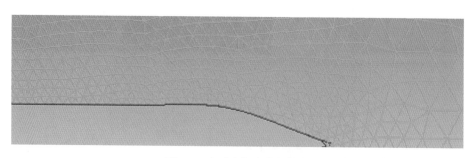

图 7.5 自适应加密前网格[9]

图 7.6 自适应加密后网格[9]